Manejo de Patologías ambulatorias en Gastroenterología y Hepatología

Coordinador: Luis Cueva Beteta

*En Trafford Publishing creemos en la responsabilidad que todos, tanto individuos como empresas,
tenemos al tomar decisiones cabales cuando estas tienen impactos sociales y ecológicos. Usted, en
su posición de lector y autor, apoya estas iniciativas de responsabilidad social y ecológica cada vez
que compra un libro impreso por Trafford Publishing o cada vez que publica mediante nuestros
servicios de publicación. Para conocer más acerca de cómo usted contribuye a estas iniciativas, por
favor visite:http://www.trafford.com/publicacionresponsable.html*

*Nuestra misión es ofrecer eficientemente el mejor y más exhaustivo servicio de publicación de libros en
el mundo, facilitando el éxito de cada autor. Para conocer más acerca de cómo publicar su libro a su
manera y hacerlo disponible alrededor del mundo, visítenos en la dirección www.trafford.com*

Trafford rev. 11/03/2009

 www.trafford.com

Para Norteamérica y el mundo entero
llamadas sin cargo: 1 888 232 4444 (USA & Canadá)
teléfono: 250 383 6864 ♦ fax: 812 355 4082 ♦ correo electrónico: info@trafford.com

PRÓLOGO

La especialidad de Aparato Digestivo es la más demandada, dentro del área médica, desde Atención Primaria, por lo que los especialistas de Aparato Digestivo debemos asumir esta tarea y actuar en dos líneas:
Por una parte, procurando dar una respuesta ágil y de calidad a esta demanda.
Por otra, procurando la Continuidad Asistencial.
Es necesario, por tanto, establecer protocolos consensuados de derivación desde Atención Primaria, y también resumir las pautas de tratamiento y seguimiento de las patologías digestivas más frecuentes, que serán de utilidad tanto para el médico de Atención Primaria como para cualquier especialista.
Habrá que contar también con las tecnologías de la información e incorporar canales innovadores de comunicación con los pacientes y con los profesionales que demandan nuestra asistencia especializada. El incremento de la edad de la población y los hábitos de vida actuales, con su incidencia en la patología digestiva, junto con las expectativas de los ciudadanos en cuanto a medidas preventivas, seguramente las harán necesarios.

Este libro, confeccionado por un grupo de especialistas de Aparato Digestivo, jóvenes y con gran talento, trata de ayudar en esta tarea.

Román Manteca González

Jefe de Servicio de Aparato Digestivo
Hospital Regional Universitario Carlos Haya. Málaga

iv

PRESENTACIÓN

El objetivo de esta obra es servir como guía rápida de consulta para cualquier médico general o especialista en el manejo de pacientes con patología digestiva no urgente, es decir, en los centros de salud o la consulta especializada. Para el manejo de Urgencias digestivas, el lector deberá consultar otro tipo de libros o manuales. Al no pretender ser un texto de consulta exhaustivo, en los nueve capítulos se han considerado solo las patologías digestivas más frecuentes susceptibles de manejo ambulatorio, sin profundizar demasiado en aspectos fisiopatológicos y haciendo hincapié en los aspectos diagnósticos y terapéuticos.

El último capítulo ha sido desarrollado por especialistas en Medicina Familiar y Comunitaria, haciendo referencia a las patologías mencionadas y desarrolladas en los capítulos previos por especialistas en Gastroenterología, pero desde el punto de vista de Atención Primaria.

Se ha desarrollado un detallado índice temático, de tablas, algoritmos y figuras, para facilitar el acceso y consulta rápida de los temas.

En la bibliografía recogida al final de cada capítulo, se ha resaltado en "negrita" la considerada más importante y digna de revisión.

Luis Cueva Beteta

AGRADECIMIENTOS

Al laboratorio AstraZeneca Farmacéutica Spain S.A., por el patrocinio de esta obra.

A Susana Escalero, de Astra Zeneca, por su confianza incondicional.

A Marita, Paqui y Pepe Moscardo, por su contribución en la portada.

A Esther, por su paciencia y comprensión.

ADVERTENCIA:

Los autores y el coordinador no asumen ninguna responsabilidad por los daños que pudieran derivarse por el contenido de esta obra.

Cada médico es responsable de cotejar los datos respecto al estado actual de la ciencia en el tratamiento individualizado de sus pacientes, consultando otras fuentes bibliográficas y las informaciones que ponen a su disposición obligatoriamente los laboratorios fabricantes.

Se ha tenido especial cuidado en que los contenidos se correspondan a lo aceptado en el momento de la publicación, pero advertimos de la posibilidad de algún error no detectado que agradeceremos al lector nos comunique para subsanarlo en futuras ediciones.

CAPÍTULOS Y AUTORES

1. **PATOLOGÍA ESOFÁGICA**
   Luis Cueva Beteta - Inmaculada Santaella Leiva - Fernando González-Panizo Tamargo

2. **DISPEPSIA Y HELICOBACTER PYLORI**
   Cristina Montes Aragón - Asunción Durán Campos - Ana Belén Sáez Gómez

3. **HIPERTRANSAMINASEMIA Y HEPATOPATÍAS CRÓNICAS NO VÍRICAS**
   David Marín García - Inmaculada Santaella Leiva - Juan Miguel Lozano Rey

4. **HEPATOPATÍAS VIRALES**
   Inmaculada Santaella Leiva - Miguel Jiménez Pérez - Luis Cueva Beteta

5. **CIRROSIS HEPÁTICA Y COMPLICACIONES**
   Rocío González Grande - Isabel Pinto García - Guarionex Uribarri Sánchez

6. **PATOLOGÍA PANCREÁTICA**
   Luis Cueva Beteta - Leticia Lucía Mongil Poce - José María Moscardó Cardona

7. **PATOLOGÍA INTESTINAL**
   Luis Vázquez Pedreño - Isabel Pinto García - Cristina Montes Aragón

8. **ENFERMEDAD INFLAMATORIA INTESTINAL Y PATOLOGÍA ANORECTAL**
   Raúl Vicente Olmedo Martín - Víctor Amo Trillo

9. **PATOLOGÍA DIGESTIVA EN ATENCIÓN PRIMARIA**
   Maria Elisa Meléndez Barrero - Rebeca Cuenca Del Moral

ÍNDICE TEMÁTICO

PATOLOGÍA ESOFÁGICA

Luis Cueva Beteta – Inmaculada Santaella Leiva - Fernando González-Panizo Tamargo

En este capítulo nos ocuparemos de las patologías esofágicas más frecuentes susceptibles de manejo ambulatorio: la Enfermedad por Reflujo Gastroesofágico, los trastornos motores esofágicos, el Esófago de Barrett y otras lesiones esofágicas preneoplásicas, mencionando brevemente la actitud ante algunas lesiones gástricas premalignas.

ENFERMEDAD POR REFLUJO GASTROESOFAGICO

1.- CONCEPTO

La existencia de reflujo de contenido gástrico hacia el esófago constituye una condición fisiológica propia de la motilidad digestiva, adquiriendo carácter patológico en aquellos individuos en los que a consecuencia del mismo presentan un riesgo aumentado de desarrollar complicaciones físicas, y/o cuando los síntomas derivados del mismo condicionan una alteración de la calidad de vida relacionada con la salud.

Es importante recalcar que el termino reflujo gastroesofágico (RGE) se refiere al paso del contenido gástrico hacia el esófago (sin nauseas, vómitos o eructos) y la presentan en mayor o menor medida todos los individuos, por lo que la presencia de reflujo fisiológico en si mismo no tiene importancia clínica. La Enfermedad por Reflujo Gastroesofágico (ERGE) es consecuencia del RGE patológico.

La nueva clasificación establecida en el Consenso de Montreal en 2006, define a la Enfermedad por Reflujo Gastroesofágico (ERGE) como la afección que aparece cuando el reflujo del contenido del estómago hacia el esófago produce síntomas molestos o complicaciones.

En la práctica clínica hacemos el diagnóstico de ERGE cuando se presenta pirosis (independientemente de la presencia de lesiones en la mucosa esofágica) con una frecuencia ≥ 2 veces por semana, o con síntomas moderados/intensos más de un día a la semana, siempre que éstos afecten negativamente el bienestar del paciente.

2.- CLÍNICA Y CLASIFICACIÓN

La pirosis es el síntoma mas típico y frecuente de la ERGE, de modo que entre un 14-20% de la población la presenta al menos una vez por semana.

Clásicamente se han identificado 3 grupos distintos de pacientes con ERGE:

- ERGE no erosiva (ENE), con síntomas típicos pero endoscopia sin hallazgos esofágicos patológicos.
- ERGE erosiva (EE), es decir con esofagitis.
- Esófago de Barrett.

Menos del 50% de los pacientes presentan alteraciones inflamatorias de la mucosa esofágica (esofagitis) a consecuencia de la ERGE. El esófago de Barrett consiste en la sustitución del epitelio escamoso normal del esófago por epitelio metaplásico intestinal especializado independientemente de su extensión, y ocurre en el 2% de las endoscopias que se realizan por sospecha clínica de ERGE, y en el 15% de las endoscopias con EE.

El grupo de pacientes con ENE es el más prevalente y heterogéneo, y con las pruebas diagnósticas disponibles (gastroscopia y pHmetría) se incluían hasta hace poco varias entidades diferentes entre los que tenían exposición ácida normal, como podemos ver en la parte derecha de la **Figura 1.** Debido a ello la respuesta al tratamiento con Inhibidores de bomba de protones (IBP) en este grupo no siempre es satisfactoria, sobre todo en los que tienen exposición ácida normal.

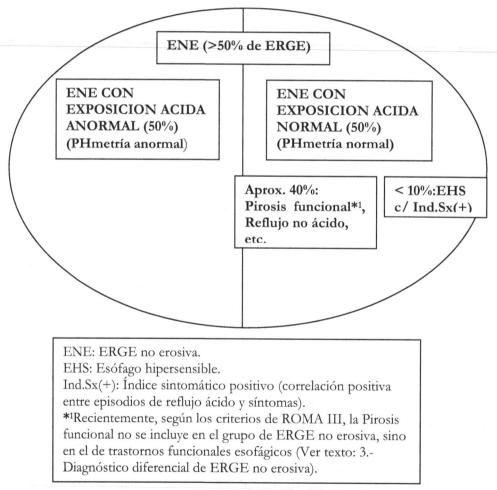

Figura 1. Subtipos de ERGE no erosiva

Recientemente en Montreal (2006), la ERGE se dividió de forma más genérica en dos grupos sindrómicos diferentes: síndromes esofágicos y síndromes extraesofágicos.

Los síndromes esofágicos comprenden:
- Síndromes sintomáticos (es decir, el síndrome típico de reflujo y el síndrome de dolor torácico por reflujo).
- Síndromes por lesión del esófago (es decir, esofagitis por reflujo, estenosis por reflujo, esófago de Barrett y adenocarcinoma esofágico).

Los síndromes extraesofágicos se dividen en los que tienen:
- Asociaciones ya establecidas con la ERGE (es decir, síndromes de tos por reflujo, laringitis por reflujo, asma por reflujo y erosión dental por reflujo).
- Asociaciones propuestas con la ERGE (es decir, faringitis, sinusitis, fibrosis pulmonar idiopática y otitis media recurrente).

3.- DIAGNÓSTICO DIFERENCIAL DE ERGE NO EROSIVA

La **Figura 1** muestra la clásica subdivisión del grupo de ENE, que incluía en el grupo de los que tienen exposición ácida normal a los pacientes con Esófago hipersensible, Pirosis funcional y reflujo no ácido. Actualmente, la aplicación de nuevas técnicas como la impedanciometría o el Bilitest, conjuntamente con la pHmetría y manometría esofágica, han permitido diferenciar mejor estas entidades. Se denomina Esófago hipersensible cuando hay síntomas de ERGE con exposición ácida normal (corroborada con pHmetría de 24 hrs), pero con un índice sintomático positivo, es decir, con una relación temporal entre los síntomas de pirosis y los episodios de reflujo ácido normal (fisiológico).

En el caso que la pHmetría sea normal y con un índice sintomático negativo, se habla de Pirosis funcional, que se define estrictamente como la existencia de sensación de quemazón retroesternal que cumple los siguientes cuatro criterios:
1. Falta de evidencia de que el reflujo gastroesofágico ácido sea la causa de los síntomas (pHmetría normal).
2. Exclusión de alteraciones estructurales o metabólicas que pudieran ser causa de los síntomas.
3. Excluir la existencia de un trastorno motor con base histopatológica (acalasia o esclerodermia con afectación esofágica).
4. Cronicidad, es decir que el inicio de los síntomas se haya producido al menos seis meses antes del diagnóstico y que los síntomas hayan estado presentes al menos durante los últimos tres meses.

Actualmente se considera que si hay una relación temporal entre la aparición de pirosis y la presentación del reflujo ácido, o si los síntomas mejoran al ser tratados con IBP, el paciente debe ser diagnosticado de ERGE, aun cuando no se registre reflujo ácido anormal (esto es, el Esófago hipersensible). Por ello, y según los nuevos criterios de ROMA III, la Pirosis funcional no se incluye dentro de la clasificación de ERGE, sino dentro de los trastornos funcionales esofágicos.

Por otro lado, no hay consenso en incluir el reflujo no ácido dentro de la ERGE, aunque la tendencia general es que sí dada la fisiopatología similar.

4.- EPIDEMIOLOGIA

Hasta un 7% de la población adulta refiere pirosis a diario, y se calcula que la prevalencia real (incluyendo aquellos con síntomas atípicos) de la enfermedad es mayor de 20%.

No hay diferencias importantes en la prevalencia de síntomas típicos según el sexo y la edad, si bien los varones y las personas mayores de 60 años presentan una ERGE mas grave desde el punto de vista sintomático y/o endoscópico, y siendo la ENE más frecuente en mujeres, con menor peso y con menor tiempo de síntomas que la ERGE erosiva.

5.- PATOGENIA Y FACTORES PREDISPONENTES

La heterogeneidad clínica de la ERGE se explica porque es una entidad de etiopatogenia multifactorial en la que la importancia de cada uno de los mecanismos patogénicos es variable. En la actualidad sabemos que la hipotética secuencia de RGE (sintomatología, lesiones y complicaciones) no siempre está presente e incluso la enfermedad puede comenzar con manifestaciones extraesofágicas, donde la fisiopatología es más compleja e intervienen otros factores.

Aunque no es objetivo de este manual profundizar en la fisiopatología de la enfermedad, es necesario mencionar algunos conceptos importantes:

- La capacidad defensiva y de resistencia de la mucosa esofágica, que podría estar genéticamente determinada, es clave y resulta un factor determinante en la producción de lesiones. En el desarrollo de síntomas interviene, además, la propia sensibilidad visceral esofágica.

- El RGE se convierte en patológico cuando se produce un desequilibrio entre los factores de agresión y los mecanismos esofágicos de defensa.
  Los principales mecanismos esofágicos de defensa son: la barrera antirreflujo (Esfínter Esofágico Inferior, esfínter diafragmático, esófago abdominal, Ligamento Freno-Esofágico, Angulo de His), el aclaramiento esofágico (peristalsis esofágica y secreción salival), la resistencia de la mucosa esofágica (mecanismos preepiteliales como la capa de mucosidad e iones bicarbonato, mecanismos epiteliales por las "tight junctions" y mecanismos postepiteliales por el flujo sanguíneo mucoso) y la sensibilidad visceral esofágica.

- Dentro de los factores agresivos, el ácido clorhídrico es el elemento crítico y principal mediador de la afectación tisular, junto a la interacción con la pepsina. Otro factor fundamental es el tiempo de exposición al ácido, que se correlaciona con la gravedad de las lesiones.

- El principal mecanismo patogénico implicado es la disfunción del esfínter esofágico inferior (EEI), ya sea con hipotonía o relajaciones transitorias.

- La sensibilidad visceral es distinta entre los individuos e incluso se modifica con el paso de los años, e interviene en el desarrollo de los síntomas.

- ¿Por qué presentan pirosis los pacientes con ERGE no erosiva?

Se ha encontrado en la mucosa de estos pacientes cambios histológicos como hiperplasia de células basales, elongación papilar y número aumentado de células inflamatorias, sobre todo eosinófilos. Recientemente con Microscopía Electrónica se han encontrado espacios intercelulares dilatados en la mucosa esofágica de pacientes con EE y ENE. Esto permitiría una permeabilidad mucosa incrementada al ácido luminal, movimiento paracelular del material ácido y estimulación de las terminaciones nerviosas submucosas. Se ha comprobado recientemente que los pacientes con ENE tienen un mayor tiempo de contacto con ácido y un espacio intercelular medio mayor que los controles, y que el tratamiento con inhibidores de la bomba de protones (IBP) en ERGE erosiva y no erosiva puede normalizar el tamaño de estos espacios intercelulares; la resolución de los síntomas acompaña esta normalización. En el futuro, los síntomas y su respuesta al tratamiento quizá puedan ser determinados por cambios mucosos microscópicos.

6.- FACTORES PREDISPONENTES DE ERGE

- La presencia de Hernia de hiato (disminución del tono del EEI).
- Embarazo (aumento de la presión intraabdominal y relajación del EEI por acción de la progesterona).
- Enfermedades del tejido conectivo (dismotilidad esofágica).
- Síndrome de Zollinger-Ellison (hipergastrinemia, hipersecreción ácida y aumento del volumen de secreción gástrica).
- Obesidad (aumento de la presión intraabdominal).
- Tabaquismo (disminución del tono del EEI).
- Alcohol (disminución del tono del EEI, aumento a la exposición ácida, disminución del aclaramiento esofágico).
- Ciertos alimentos como el café, las grasas y el chocolate. También la ingesta rápida de alimentos favorece las relajaciones transitorias del EEI y el reflujo postprandial.
- Fármacos como los antagonistas de calcio, las benzodiazepinas y los nitratos (disminución del tono del EEI).
- AINES (disminución del tono del EEI, descenso de prostaglandinas, efecto local).

Se ha sugerido que la infección por Helicobacter pylori incluso podría tener un efecto protector, ya que reduce la secreción gástrica ácida en los pacientes infectados.

En cuanto a la Hernia de hiato, se ha establecido que hay una clara relación entre el tamaño de la hernia y la gravedad de las lesiones esofágicas secundarias al reflujo. Sin embargo, aunque la Hernia de hiato se suele asociar a la ERGE, no es sinónimo de la presencia de RGE patológico y por tanto su hallazgo aislado en un paciente asintomático no es indicación de tratamiento.

7.- DIAGNÓSTICO

El diagnóstico se basa en un síndrome clínico compatible, la evidencia de esofagitis péptica y/o la constatación del reflujo gastroesofágico patológico. No existen indicadores sintomáticos fiables para predecir la presencia de esofagitis.

Dado que el diagnóstico de ENE se basa generalmente en la ausencia de hallazgos endoscópicos, los pacientes con pirosis funcional, esofagitis eosinofílica, trastornos de la motilidad, etcétera pueden ser erróneamente clasificados como ENE, y estos pacientes no se espera que respondan adecuadamente a los IBP, aún a dosis altas. Debido a esta heterogeneidad la respuesta sintomática es menos consistente que en los pacientes con EE.

Los síntomas típicos (pirosis y regurgitación) en ausencia de síntomas o signos de alarma son suficientes (especificidad y valor predictivo positivo mayores al 80%) para indicar tratamiento. La respuesta positiva (remisión de síntomas) al ensayo terapéutico con IBP ("test de IBP") tiene valor diagnóstico en la ERGE, pero el resultado negativo no lo excluye.

El test de IBP tiene una sensibilidad aceptable (75%) y una especificidad baja (50%). En casos de síntomas atípicos, especialmente el dolor torácico no cardiaco frecuente (>12 semanas, $\geq$ 3 veces por semana), está indicado el test de IBP, que puede resultar de bastante utilidad.

La endoscopia puede reservarse para las situaciones de incertidumbre diagnóstica (diagnóstico diferencial con otras enfermedades) o ante la falta de respuesta al tratamiento médico, excepto cuando haya síntomas o signos de alarma en cuyo caso la endoscopia es obligada. Se ha cuestionado su realización en caso de coexistencia de disfagia, síntoma que si bien refiere la mayoría de pacientes con cáncer de esófago, no es raro en la población general (14%) y es frecuente en pacientes con ERGE (mas del 30%) que responden muy pronto al tratamiento. No obstante debe investigarse si la disfagia persiste o se agrava. La endoscopia tiene alta especificidad para el diagnóstico de esofagitis (casi 100%), cuya presencia asegura el diagnóstico (ERGE erosiva); en cambio, la sensibilidad es baja (< 50%) y la ausencia de esofagitis no excluye el diagnóstico de ERGE (ENE). La sensibilidad diagnóstica disminuye aún más si la endoscopia se realiza en pacientes que reciben tratamiento antisecretor por la posibilidad elevada de falsos negativos. Para la gravedad de la esofagitis, la siguiente clasificación endoscópica (de los Angeles) es la más usada pero no parece que tenga influencia en la elección del tratamiento medico.

- Grado A: 1 o mas lesiones mucosas <s 5 mm. de longitud que no se extienden entre las crestas de 2 pliegues de la mucosa.
- Grado B: 1 o mas lesiones mucosas >s 5 mm. de longitud que no se extienden entre las crestas de 2 pliegues de la mucosa.
- Grado C: 1 o mas lesiones de la mucosa que se extienden entre las crestas de 2 o mas pliegues de la mucosa, afectando a menos del 75% de la circunferencia esofágica.
- Grado D: 1 o m as lesiones de la mucosa que afectan, por lo menos, al

75% de la circunferencia esofágica.

En los casos en que no haya evidencia endoscópica de enfermedad (ENE), se recomienda una pHmetría de 24 horas que no es el "Gold Standard", pero su máximo rendimiento está descrito en los siguientes casos:

- Los casos de diagnóstico incierto como ENE y manifestaciones extraesofágicas.
- En casos de fracaso de un tratamiento medico o quirúrgico.

8.- TRATAMIENTO

La remisión de los síntomas y la cicatrización de la esofagitis, cuando existe, son los objetivos básicos del tratamiento de la ERGE.

8.1.- MEDIDAS GENERALES Y TRATAMIENTO MÉDICO

La mejor estrategia es el tratamiento antisecretor con IBP. Ha perdido vigencia y se considera obsoleta la antigua estrategia en sentido ascendente, esto es, iniciarlo con medidas higiénico-dietéticas asociadas a alcalinos, indicando procinéticos y/o antiH$_2$ al fracasar los anteriores y reservando los IBP para el último nivel. Actualmente se considera adecuado el tratamiento en forma descendente, es decir, iniciando con el fármaco más efectivo a la dosis óptima (IBP) independientemente sea EE o ENE, para conseguir remisión rápida de los síntomas y/o curación de las lesiones y después individualizar el tratamiento a largo plazo a la dosis mínima necesaria.

La eficacia terapéutica, medida en tasa y velocidad de cicatrización de la esofagitis y de remisión de los síntomas, guarda relación directa con la inhibición que se consiga de la secreción ácida; se estima que la mayor eficacia para la cicatrización de la esofagitis se consigue cuando se mantiene el pH gástrico por encima de 4 más de 16 horas diarias.

La potencia antisecretora de los IBP, superior a la de los antiH$_2$, hace que sean los fármacos más eficaces y de primera elección. La eficacia es similar con los cinco IBP disponibles en el mercado administrados a la dosis convencional recomendada, obteniendo similares tasas de cicatrización de la esofagitis, salvo esomeprazol que se ha mostrado discretamente superior al resto en diversos ensayos clínicos comparativos; con este último se ha visto que la ventaja terapéutica es tanto mayor cuanto más grave es la esofagitis, obteniéndose incluso una respuesta sintomática más rápida (**Tabla 1**).

En cuanto a las tasas de cicatrización de la esofagitis, es del 60% a las 4 semanas y del 80% a las 8 semanas de tratamiento en las formas leves (grados A y B), siendo bastante inferior para las formas mas graves (grados C y D) debido a la cicatrización mas lenta. Por tanto, la duración del tratamiento debe ser tanto mayor cuanto más grave sea la esofagitis.

A su vez la remisión de los síntomas es mucho más precoz, y aunque al cabo de 4 semanas más del 20% todavía presenta pirosis, por lo general los pacientes se encuentran asintomáticos entre 5 a 10 días de iniciado el tratamiento.

Tabla 1. Dosis equivalentes y marcas comerciales conocidas de IBP					
	Omeprazol	Lansoprazol	Pantoprazol	Rabeprazol	Esomeprazol
Marcas comerciales®	Omeprazol EFGR.	Estomil, Monolitum, Opiren flas, Pro Ulco	Anagastra, Pantecta, Ulcotenal	Aciphex, Pariet	Axiago, Nexium
Dosis equivalentes	10 mg.	15 mg.	20 mg.	10 mg.	10 mg.*
	20 mg.	30 mg.	40 mg.	20 mg.	20 mg.
	40 mg.	60mg.*	80 mg.*	40 mg.*	40 mg.

* Presentación no comercializada.

Es importante tomar el IBP en dosis única poco antes de una comida (15-30 minutos), habitualmente antes del desayuno por mayor comodidad para el paciente; si se hace antes del almuerzo se consigue mejor inhibición acida nocturna. Cuando se indique dosis doble, es preferible fraccionar la dosis total en 2 tomas (antes del desayuno y cena) pues se obtiene mayor inhibición de la secreción ácida, manteniendo más tiempo el pH gástrico por encima de 4. La hipótesis del escape ácido nocturno como causa de fracaso del tratamiento con IBP está cuestionada, tanto en cuanto a su importancia clínica como a la eficacia de asociar antagonistas H2.

Las recomendaciones sobre el estilo de vida y la dieta de los pacientes son racionales y van dirigidas a corregir situaciones y factores que facilitan el reflujo gastroesofágico, pero la evidencia sobre su eficacia es muy limitada, aunque hay datos de observación clínica que sugieren que pueden ser útiles e incluso suficientes como único tratamiento en pacientes con síntomas infrecuentes y leves. Entre estas destacan:

- Dormir con la cabecera de la cama elevada, en casos de regurgitación y síntomas de predominio nocturno.
- Adelgazar si presenta sobrepeso, así como evitar el decúbito durante las 2-3 horas posteriores a la ingesta de alimentos.
- Reducir el consumo de café, comidas copiosas, condimentos y ciertos alimentos como grasas, chocolate, ajo, cebolla, etcétera.
- Evitar tabaco y alcohol.
- Evitar AINEs y medicamentos que pueden disminuir el tono del esfínter esofágico, como diazepam, antagonistas de calcio, nitratos, teofilina, dopamina, morfina, prostaglandinas, anticolinérgicos, etcétera.

Los alcalinos y procinéticos han perdido vigencia para el tratamiento de la ERGE, quedando limitado su uso en el caso de los primeros para el control puntual de síntomas de ERGE leve en aquellos pacientes que los presentan esporádicamente y no cumplen de forma estricta los criterios sintomáticos de ERGE. En el caso de los procinéticos (metoclopramida, domperidona, cisaprida y cinitaprida) se indicaban en la ERGE, en particular en los casos de predominio de regurgitación, por su acción farmacológica de incrementar el tono del esfínter esofágico inferior y potenciar el peristaltismo esofágico; sin embargo esto no se ha visto reflejado en un efecto terapéutico significativo en los ensayos clínicos, ni en monoterapia ni asociado a antisecretores, por lo que se ha relegado su uso.

Los IBP son también el tratamiento de elección a largo plazo para evitar la recidiva sintomática y de la esofagitis.

Para evitar la recidiva de la esofagitis grado C o D se precisa, en general, IBP a diario y en algunos casos, a dosis doble.

En los casos de ERGE leve (ENE y esofagitis leve grado A) se han ensayado 2 tipos de tratamiento a largo plazo, reduciendo ambos el consumo total de IBP al año:

- El tratamiento a demanda, que consiste en cursos de 2 a 4 días de tratamiento con IBP, iniciados a criterio del paciente cuando presente síntomas o sospeche su aparición.

- El tratamiento intermitente, que consiste en administrar el IBP durante un corto período de tiempo (7-14 días) cada vez que el paciente presente recidiva sintomática.

Ambos han resultado eficaces y son la recomendación actual de las guías clínicas para el mantenimiento a largo plazo de la ERGE leve. Dada la buena asociación entre la remisión de los síntomas (sobre todo pirosis) y la cicatrización de la esofagitis, el mantenimiento de la remisión sintomática durante el tratamiento a largo plazo predice bien la ausencia de recidiva de la esofagitis y hace innecesario el control endoscópico. Sin embargo, es racional indicar el control endoscópico en los casos de esofagitis grave (grados C y D). Los casos de esofagitis grado B son límite, pueden tratarse como los grados A o C y D (ver **Algoritmo 1**).

Es importante tener en cuenta que aunque la ERGE es una enfermedad crónica y el tratamiento de mantenimiento a largo plazo es en principio indefinido, un grupo de pacientes (hasta el 30% a los 5 años, sobre todo los de ERGE leve) puede presentar remisión clínica espontánea prolongada, por lo que es oportuno hacer un ensayo de retirada del IBP tras un período prudencial de estabilidad clínica (6-12 meses), con el objeto de valorar la verdadera necesidad del tratamiento. Es obvio que esta estrategia se debe aplicar a los que están con tratamiento continuado, pues los que tienen tratamiento a demanda o intermitente dejaran de tomarlo ante la ausencia de recidiva sintomática, demostrando que el tratamiento es prescindible.

El fracaso terapéutico es muy raro con IBP, pero puede observarse. La estrategia a seguir en estos casos es:

1. Comprobar que existe buen cumplimiento terapéutico por parte del paciente y que la administración del fármaco es óptima.

2. Investigar que no haya situaciones o factores que puedan favorecer o

agravar el reflujo gastroesofágico, en especial el nocturno (malos hábitos de vida y alimentación, consumo de AINEs u otros fármacos, etcétera).

3. Si el tratamiento ha sido adecuado y no hay situaciones o factores que puedan agravar el RGE, se debe solicitar una pHmetría (que se realizará sin suspender el tratamiento).

Se considera en la práctica a un paciente refractario cuando presenta síntomas y/o esofagitis tras 12 semanas de tratamiento médico adecuado (dosis estándar o doble) con IBP. Esto puede deberse a un efecto antisecretor subóptimo expresado por escape ácido, que se determina mediante pHmetría de 24 horas al registrar pH intragástrico inferior a 4 durante al menos una hora.

Se considera que existe resistencia al IBP cuando se registran valores del pH gástrico inferiores a 4 durante más del 50% del tiempo de registro de la pHmetría. En estos casos se puede cambiar a otro IBP, pero en general la mejor alternativa es aumentar la dosis.

En los casos de refractariedad al tratamiento adecuado y pHmetría normal, hay que sospechar reflujo no ácido o trastornos esofágicos motores/funcionales.

Dado que la pHmetría esofágica de 24 horas no permite la detección de episodios de reflujo no ácido, se debería solicitar (en los centros disponibles) una impedanciometría y una manometría.

La impedanciometría se realiza con una sonda de pHmetría que tiene una serie de sensores a lo largo del catéter que miden la impedancia (resistencia eléctrica), detectando así los cambios producidos en la misma en el esófago por el material refluido, debido a las alteraciones inducidas en la corriente eléctrica entre 2 electrodos adyacentes durante el pasaje de un bolo. La colocación secuencial de los electrodos sobre el catéter permite detectar y analizar la dirección del movimiento del pasaje de un bolo de líquido o gas: anterógrado (deglución) y retrógrado (reflujo), en órganos huecos como el esófago. Esta medición, en combinación con la pHmetría, permite diferenciar los reflujos ácidos y no ácidos y determinar la altura que alcanza el material refluido en el esófago.

Finalmente, si todas las pruebas anteriores son normales debería solicitarse una manometría, la cual mide la presión del EEI y la movilidad del esófago asociada a la ingesta de líquidos, detectando trastornos esofágicos motores.

8.2.- TRATAMIENTO QUIRÚRGICO

Consiste en crear un mecanismo de contención en la unión gastroesofágica que evite el reflujo gastroesofágico. Para ello se diseñaron distintas técnicas que tienen como denominador común construir una funduplicatura en la unión esofagogástrica, que envuelva al esófago de forma completa (funduplicatura tipo Nissen, la mas utilizada) o parcial (tipo Dor o Toupet). La morbilidad postquirúrgica es baja (5-10%) y consiste básicamente en disfagia y/o flatulencia.

Hace años se indicaba cirugía en aquellos pacientes refractarios al tratamiento, pero actualmente esta situación es poco frecuente con los potentes IBP disponibles en el mercado. Además, la falta de respuesta a IBP suele deberse a la coexistencia de un trastorno funcional (dispepsia, pirosis funcional) o a incumplimiento terapéutico más que a una resistencia real al tratamiento.

Actualmente, la indicación más frecuente de tratamiento quirúrgico la constituyen los pacientes que responden favorablemente al tratamiento médico y lo precisan de forma continuada. En ellos, la corrección quirúrgica es la opción que podría liberar al paciente del tratamiento farmacológico de por vida. En estudios recientes se ha determinado que en el seguimiento a largo plazo (10 años) la eficacia de la cirugía es similar al tratamiento con IBP a dosis estándar o doble, con el inconveniente en el grupo quirúrgico de que hasta un 40% de los pacientes volvía a requerir tratamiento con IBP y otro porcentaje no despreciable presentaba disfagia y síntomas dispépticos. También se debe considerar que los resultados de la cirugía dependen en gran medida de la experiencia del cirujano, mientras que el tratamiento farmacológico es uniforme. Por tanto, el paciente debe ser informado de las ventajas e inconvenientes a largo plazo de ambas alternativas terapéuticas antes de que tome una decisión.

8.3.- TRATAMIENTO ENDOSCÓPICO

Se están investigando diferentes técnicas como la radiofrecuencia, uso de instrumentos de sutura e implantación de materiales en la unión esofagogástrica, pero debido a que aún están en fase de evaluación no pueden recomendarse fuera del ámbito de los ensayos clínicos.

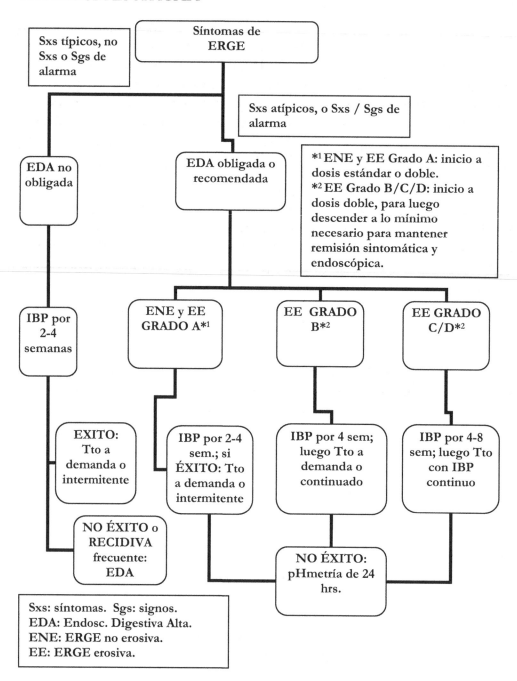

Algoritmo 1. Manejo diagnóstico terapéutico de la ERGE.

TRASTORNOS MOTORES ESOFÁGICOS (TME)

Son un grupo de anomalías motoras que afectan a la musculatura lisa del cuerpo esofágico y/o del esfínter esofágico inferior (EEI), causadas por alteración neuro-hormonal o del mecanismo de control muscular.

Se dividen en función del conocimiento de su etiología en PRIMARIOS, aquellos no asociados a ninguna otra situación que pudiera ser su causa, y SECUNDARIOS, los que son dependientes de otra enfermedad.

1.- TRASTORNOS MOTORES ESOFÁGICOS PRIMARIOS

Son procesos de etiología desconocida limitados al esófago. Se ha sugerido que la existencia de una obstrucción funcional en el EEI sería la responsable de los distintos tipos de trastorno motor que podrían ser considerados estadios más o menos avanzados de una misma patología.

Se clasifican en función de criterios diagnósticos principalmente manométricos, y de acuerdo con estos se pueden agrupar para relacionarlos, en la medida de lo posible, con las diferentes opciones terapéuticas (**Tabla 2**).

Tabla 2. Clasificación de los trastornos esofágicos motores.
Relajación inadecuada del EEI:
• Acalasia clásica
• Alteraciones atípicas de la relajación del EEI
Hipercontracción:
• Esófago "en cascanueces"
• EEI hipertensivo
Hipocontracción:
• Motilidad esofágica inefectiva
Contracciones incoordinadas:
• Espasmo esofágico difuso

1.1.- ACALASIA

Se caracteriza por la pérdida del peristaltismo del cuerpo esofágico y la disfunción del EEI, que presenta incapacidad para relajarse tras la deglución. Como consecuencia, la acumulación de alimentos en la luz y la progresiva dilatación del cuerpo esofágico dan lugar a la aparición de los síntomas.

1.1.1.- Etiopatogenia

Se caracteriza por una infiltración inflamatoria del plexo mientérico de Auerbach que da lugar a una degeneración neuronal en la pared esofágica que afecta predominantemente a neuronas inhibitorias productoras de óxido nítrico y péptido intestinal vasoactivo, lo que da lugar a una actividad colinérgica mantenida que provoca un aumento de la presión basal del EEI, una insuficiente relajación del mismo y una aperistalsis esofágica por la pérdida del gradiente de presiones que permite las contracciones secuenciales.

1.1.2.- Diagnóstico

- Estudio radiológico con bario: en fases iniciales se encuentra un esófago con pérdida de la peristalsis esofágica pero con diámetro normal; en fases más avanzadas se observa una dilatación del mismo de aspecto tortuoso, con ausencia de vaciamiento y un afilamiento distal en forma de "pico de pájaro" o "cola de ratón". Puede existir un nivel hidroaéreo superior por los alimentos retenidos y desaparición de la cámara aérea gástrica.
- Manometría: ver **Tabla 3**.

Tabla 3. Criterios diagnósticos manométricos de la Acalasia
• Presión de reposo del EEI normal o elevada[1]
• Relajaciones del EEI incompletas (<80%) o inexistentes[2]
• Presión basal del cuerpo esofágico elevada[2] (igual o superior a la gástrica)
• Aperistalsis[1]
• Comportamiento vigoroso del cuerpo esofágico/contracciones de amplitud superior a 60 mmHg y con frecuencia repetitivas o de duración prolongada[3]
• Prueba colinérgica positiva[2]
[1] Criterio obligado. [2] Criterios opcionales. [3] Específico de acalasia vigorosa.

Existe una variante en la que las contracciones esofágicas simultáneas son mayores de 60 mm Hg, denominada Acalasia Vigorosa.

1.1.3.- Diagnóstico diferencial

Se hará con procesos que cursen con alteraciones motoras tipo acalasia: Acalasia secundaria o pseudoacalasia como puede ser la infección por Tripanosoma cruzi (enfermedad de Chagas), el cáncer, enfermedades infiltrativas del EEI (amiloidosis, Fabry, sarcoidosis) o enfermedades sistémicas como la diabetes mellitus e, incluso, la cirugía de la unión esófago-gástrica.

1.1.4.- Tratamiento

Su objetivo es disminuir la presión de reposo del EEI para disminuir el obstáculo al tránsito esofágico y aliviar la sintomatología.

- Farmacológico: Los nitratos (dinitrato de isosorbida a dosis de 5 mg por vía oral o sublingual antes de las comidas o a dosis de 20 mg cada 12 horas en su forma retardada) o los antagonistas de calcio (a dosis de 10 mg por vía oral o sublingual antes de las comidas) pueden mejorar la disfagia pero su uso está limitado por los efectos adversos y la falta de efectividad a largo plazo. Están indicados en pacientes con sintomatología leve o en aquellos que no es posible o rechazan otra opción terapéutica. Un ansiolítico, la trazadona, también ha mostrado efectividad en estudios controlados.

- La inyección de toxina botulínica tipo A en el EEI, administrado por vía endoscópica, inhibe la liberación calcio-dependiente de acetilcolina pudiendo compensar el efecto de la pérdida selectiva de la neurotransmisión inhibidora. Parece ser más efectiva en pacientes mayores y en aquellos con acalasia vigorosa, pero la transitoriedad de su efecto hace que se reserve para aquellos con comorbilidad importante. Además, puede dificultar y reducir la eficacia de una miotomía posterior.

- Dilatación neumática del cardias: es el tratamiento no quirúrgico más efectivo. El reflujo gastroesofágico es la complicación más frecuente y se suele controlar bien con un IBP. Las principales contraindicaciones son una situación cardiorrespiratoria desfavorable y la falta de colaboración del paciente. La existencia de un divertículo epifrénico no se ha demostrado que incremente el riesgo de perforación y la existencia de una hernia hiatal no es una contraindicación formal.

- Cardiomiotomía quirúrgica: puede indicarse como primera alternativa y es el tratamiento de elección cuando ha fracasado o no ha podido realizarse la dilatación neumática.

- Selección del tratamiento: Según la disponibilidad, la comorbilidad y la preferencia del paciente se ha recomendado como primer tratamiento la dilatación neumática, considerando la cardiomiotomía tras tres sesiones de dilatación sin éxito. Los fármacos miorrelajantes y la inyección de toxina botulínica tienen un papel colateral y se reservan para pacientes con elevado riesgo quirúrgico o que rechazan la cirugía.

1.2.- ESPASMO ESOFÁGICO DIFUSO

Disfunción en la que se produce una actividad motora no propulsiva en forma de contracciones simultáneas que interrumpen la peristalsis normal. Suele ocurrir en mayores de 50 años. Se ha relacionado con situaciones de estrés y el reflujo gastroesofágico, que aparecerá en el 30-50% de los pacientes.

1.2.1.- Clínica

Dolor torácico de características variables que a veces es difícil distinguir del cardiaco y que además también responde a nitratos, pero que se suele desencadenar con las comidas. Ocasionalmente, puede aparecer por la noche despertando al paciente.

Puede haber disfagia intermitente, no progresiva. Se suele desencadenar con situaciones de estrés, ingesta rápida o al tomar líquidos muy calientes.

1.2.2.- Diagnóstico

Es manométrico y caracterizado por contracciones simultáneas que aparecen interrumpiendo un trazado normal. Se suele asociar con contracciones repetitivas u ondas de gran amplitud. Ver **Tabla 4**.

Tabla 4. Criterios diagnósticos del Espasmo Esofágico difuso
• Ondas simultáneas ($\geq$30%)
• Ondas peristálticas normales
• Ondas de gran amplitud*
• Ondas de gran duración*
• Ondas triples*
• Actividad espontánea*
• Hipertonía del EEI**
• Relajación anormal del EEI**
*Criterio opcional **Pueden estar presentes.

1.2.3.- Tratamiento

Es adecuado ensayar un tratamiento con IBP a dosis altas, incluso en pacientes con pHmetría negativa. Los miorrelajantes (usados del mismo modo que en la acalasia) pueden ser útiles, aunque sus resultados son impredecibles.

Los antidepresivos y las benzodiazepinas se pueden usar si existe psicopatología.

La dilatación endoscópica no suele ser eficaz pero se puede intentar en pacientes con hipertonía del EEI.

La cirugía se reserva para pacientes con clínica florida que no respondan a otras medidas, aunque no existen estudios controlados al respecto.

1.3.- TRASTORNOS MOTORES POR HIPERACTIVIDAD CONTRÁCTIL

Existen contracciones de gran amplitud y/o duración prolongada. Los principales son: **Esófago "en cascanueces"** cuando afecta al cuerpo, y el **EEI hipertensivo.** Cuando ambas alteraciones coinciden se denominará **Esófago hipercontráctil.**

1.3.1.- Clínica

Existe una "peristalsis sintomática" en forma de dolor torácico.

También se pueden desencadenar con situaciones de estrés y con el reflujo gastroesofágico.

1.3.2.- Diagnóstico
Ver **Tabla 5.**

Tabla 5. Criterios diagnósticos de TME por Hiperactividad contráctil	
• Esófago "en cascanueces"	• EEI hipertensivo

• Ondas peristálticas de amplitud media elevada*[1]
   • Difusa: en todo el cuerpo esofágico
   • Segmentaria: en algún nivel del cuerpo esofágico
 • Ondas peristálticas de duración aumentada*[2]
 • Esfínter esofágico inferior normal
 • Ausencia de reflujo por pHmetría
	• Presión de reposo del EEI elevada (hipertonía)
	 • Relajación del EEI normal
	 • Peristalsis esofágica normal.

*[1] Criterio obligado. *[2] Criterios opcionales. EEI: esfínter esofágico inferior.	

1.3.3.- Tratamiento
Se acepta el mismo que para el espasmo esofágico difuso, aunque quizá más dirigido al aspecto psicosomático ya que este tipo de alteraciones se pueden encontrar en hasta el 80% de los pacientes, según algunas series.

1.4.- TRASTORNOS MOTORES POR HIPOACTIVIDAD CONTRÁCTIL
Se caracteriza por contracciones de baja amplitud (<30 mm Hg) o incluso interrupción de la peristalsis, no realizándose un aclaramiento eficaz. Es común la incompetencia del EEI produciéndose generalmente reflujo gastroesofágico, por lo que se ha sugerido que esta patología pudiera ser consecuencia de este daño crónico.

1.4.1.- Clínica
Los síntomas más frecuentes son pirosis y regurgitación.

1.4.2.- Tratamiento
Debe ir dirigido al control del reflujo ácido. Se puede añadir metoclopramida o cinitaprida.

2.- TRASTORNOS MOTORES ESOFÁGICOS SECUNDARIOS

La función motora del esófago se puede alterar en diferentes enfermedades sistémicas, metabólicas y neuromusculares, y en múltiples procesos infiltrativos, inflamatorios u obstructivos.

Las manifestaciones clínicas serán las propias de la enfermedad de base y las debidas al trastorno motor; habitualmente se presenta disfagia alta en los procesos neurológicos y disfagia media o baja, con o sin síntomas de reflujo, en los que afectan al músculo liso.

Citamos algunas de las patologías más frecuentes:

- En las enfermedades del tejido conjuntivo, y típicamente en la esclerodermia, hasta el 75% de los pacientes presentan hipotonía del EEI y una alteración progresiva de la peristalsis esofágica. El reflujo gastroesofágico suele ser grave. Se deben administrar antisecretores potentes a dosis altas. La cirugía no suele estar indicada por el riesgo de disfagia secundaria al trastorno del peristaltismo pero, en casos seleccionados de pacientes jóvenes, puede ser necesaria.

- En la diabetes mellitus, la neuropatía autonómica puede producir un cuadro similar al del espasmo esofágico difuso.

- En la amiloidosis, el alcoholismo o la esclerosis múltiple se puede presentar un esófago distal hipocontráctil.

ESÓFAGO DE BARRETT

1.- INTRODUCCIÓN

Según datos del Instituto Nacional de Estadística en el año 2000, la incidencia en España del Cáncer de esófago es de $8x10^5$ casos nuevos/año en hombres y $0.8x10^5$ casos nuevos/año en mujeres, todavía muy lejos de las zonas de mayor incidencia a nivel mundial.

La incidencia global de cáncer esofágico ha aumentado en un 15-20% en las últimas 3 décadas, y si bien hacia 1975 el 75% presentaba una histología de tipo escamoso, éste patrón se ha invertido, constituyéndose en la actualidad el adenocarcinoma (ADC) como el tipo de neoplasia maligna más frecuente en el esófago, con un incremento en su incidencia de alrededor del 450%.

El principal estímulo conocido para el desarrollo de Adenocarcinoma Esofágico (AE) es la presencia mantenida de un reflujo gastroesofágico (RGE) patológico, que se traduce ocasionalmente en el desarrollo de un Esófago de Barrett (EB), entidad premaligna adquirida caracterizada por la sustitución distal del epitelio escamoso propio del esófago por epitelio columnar gástrico.

El EB presenta una relación directamente proporcional a la intensidad de la ERGE, siendo más frecuente en aquellos pacientes con historia de larga evolución, síntomas nocturnos y complicaciones como úlceras y sangrado. Factores asociados a la ERGE, como la existencia de reflujo biliopancreático, disfunción esfinteriana o descenso en amplitud de las ondas peristálticas esofágicas, se han relacionado de manera más acusada con esta entidad. Uno de los últimos factores de riesgo sugeridos que parecen presentar relación con el desarrollo de EB es la obesidad, siendo más acusada la relación con el perímetro abdominal que con el Índice de Masa Corporal (IMC). También hemos de tener en cuenta que otros factores que agraven el RGE como el tabaquismo, la presencia de una hernia de hiato o determinados fármacos, favorecerán indirectamente la aparición de esta patología.

2.- EPIDEMIOLOGÍA

El EB es una entidad que se presenta en un 5-10% de pacientes con clínica de ERGE, y en el 1 % de las endoscopias en pacientes no seleccionados. Presenta un riesgo aumentado de AE que se estima entre 30 y 125 veces superior al de la población general.

Se ha observado que es más frecuente en varones de raza blanca en la edad media de la vida, lo que sugiere la posible existencia de una serie de condicionantes genéticos.

3.- DIAGNÓSTICO

El diagnóstico del EB está basado en la demostración de metaplasia intestinal especializada (MIE) en una biopsia de mucosa esofágica de aspecto anormal (hasta el momento no se ha determinado aumento del riesgo de AE en ausencia de MI). Así pues depende de 3 pilares: endoscopia, biopsia e histología, cada uno de los cuales presenta una serie de problemas prácticos que describiremos, y que condiciona la clásica dificultad diagnóstica que presenta esta entidad.

3.1.- ENDOSCOPIA

El diagnóstico endoscópico se establece por la visión de epitelio columnar donde debería haber escamoso, es decir, la unión escamocolumnar se sitúa proximal a la unión gastroesofágica. Éste concepto, aparentemente sencillo, lleva pareja la definición endoscópica de 2 entidades:

- *Línea escamocolumnar o Línea Z:* paso del epitelio escamoso pálido esofágico al columnar gástrico de aspecto asalmonado.
- *Unión gastroesofágica (GE):* línea imaginaria donde termina el esófago y comienza el estómago. Actualmente a efectos prácticos se acepta que lo constituye el límite proximal de los pliegues gástricos. No obstante para la determinación del mismo se recomienda visión bajo mínima insuflación para evitar en la medida de lo posible gran variabilidad inter/intraobservador.

Dificultan esta medición la hernia de hiato, el movimiento, la esofagitis (de ahí la necesidad de que el paciente reciba tratamiento supresor ácido previo al diagnóstico endoscópico).

Una vez que se ha eliminando la clásica exigencia de una extensión mínima de 3 cm de epitelio columnar para diagnosticar EB, se han introducido conceptos como el EB de segmento corto y ultracorto (que en la práctica clínica son muy difíciles de distinguir de Línea Z irregular, siendo de gran importancia diferenciar en la histología la metaplasia intestinal especializada de la cardial o fúndica). La metaplasia intestinal cardial, definida como la presencia de MIE sobre una unión GE normal, está considerada una entidad aparte del EB y se presenta en pacientes mayores. Además no existe claro predominio masculino. Se ha relacionado con la infección por H. pylori y gastritis crónica. Estos pacientes presentan clínica dudosa de ERGE. El riesgo para el desarrollo de adenocarcinoma gástrico del cardias es discreto, y la mayoría de pacientes no desarrollará una condición patológica relevante. Así pues no está recomendado biopsiar una unión GE endoscopicamente normal ni hacer seguimiento endoscópico.

3.2.- BIOPSIA

Actualmente todavía no se ha determinado el número óptimo de biopsias, no obstante, generalmente se acepta el Protocolo de Seattle, biopsiando cada 1 cm en los 4 cuadrantes de la mucosa sospechosa. Además es aconsejable utilizar fórceps Jumbo.

En la mayoría de los centros, los endoscopios disponibles sólo permiten una visión grosera de la mucosa, lo que lleva aparejado frecuentemente un error de muestreo por incapacidad para biopsiar el área con metaplasia, con alto número de falsos negativos. En el intento de paliar dicho problema, y con el fin de optimizar la biopsia, se han utilizado diversas ayudas al endoscopista, desde las clásicas tinciones que ya casi parecían desechadas, pasando por la endoscopia de magnificación a nuevas técnicas algunas de las cuales ya se están utilizando con cierta frecuencia.

3.2.1.- Cromoendoscopia

a) **Azul de Metileno:** colorante vital captado por las células absortivas del epitelio intestinal. Tinción preferente en áreas de metaplasia. La más utilizada. Se ha sugerido que presenta potencial efecto deletéreo para la mucosa.

b) **Lugol:** tiñe el glucógeno de las células escamosas no queratinizadas. Las alteraciones de la mucosa como inflamación, displasia y carcinoma se tiñen en menor cuantía.

c) **Tinta china:** marca el límite entre epitelio metaplásico y la mucosa esofágica normal. Utilizado para el seguimiento.

d) **Ácido acético:** acentúa la palidez escamosa y el tono rojizo columnar.

e) **Indigo carmín:** acentúa la topografía de la superficie epitelial.

3.2.2.- Endoscopia de magnificación

Utilizada para definir la superficie epitelial de la MI. Se suele combinar con métodos de realce (ácido acético) o colorantes (azul de metileno o índigo carmín).

3.2.3.- Técnicas con resultados prometedores

a) **Endoscopia de fluorescencia:** usa Ácido 5-aminolevulínico. Las áreas de MI presentan decoloración. Por ahora no recomendada.

b) **Narrow-band imaging:** posee alta resolución, y realza la estructura de la mucosa y el patrón vascular. Sin colorantes. Ha demostrado tasas de sensibilidad y especificidad superiores a la endoscopia tradicional.

c) **Espectroscopia de Raman:** identifica áreas con mayor probabilidad de contener displasia. Es utilizada para dirigir la toma de biopsias.

En general son caras, poco accesibles y no validadas.

3.3.- HISTOLOGÍA

Definida por la presencia de metaplasia intestinal especializada. Es muy importante contar con la presencia de un patólogo especializado, ya que en la práctica diaria muchos anatomopatólogos continúan describiendo la metaplasia gástrica como EB.

Las probabilidades de evaluación correcta de displasia de alto grado (DAG) se han estimado en torno al 30% en patólogos no especializados, y alrededor de un 35% diagnostica correctamente una MI pero no el grado de displasia.

Así pues en caso de muestras conflictivas se ha de requerir la evaluación por 2 patólogos.

3.4.- A TENER EN CUENTA AL REALIZAR EL DIAGNÓSTICO

-Si el diagnóstico es positivo: la hipótesis de progresión cronológica (ausencia de displasia – Displasia de Bajo Grado – Displasia de Alto Grado – Carcinoma) presenta grandes variaciones en la series estudiadas por lo que es conveniente tener prudencia en las medidas a tomar. Además es importante distinguir entre displasia y cambios reactivos por esofagitis.

-Si el diagnóstico es negativo: valorar las probabilidades de falso negativo por la invisibilidad endoscópica y el parcheado de la MI.

4.- CLASIFICACIÓN

4.1.- ENDOSCÓPICA

4.1.1.-Largo o clásico

Segmento del esófago mayor o igual a 3 cm cubierto por epitelio columnar, generalmente de tipo intestinal. Se presenta en pacientes con RGE intenso y prolongado. Presenta riesgo elevado de ADC.

4.1.2.- Corto o ultracorto

Definido por cualquier extensión menor de 3 cm de epitelio columnar intestinal en el esófago. Se presenta en pacientes con RGE menos importante e incluso asintomáticos. No está probado que presenten mayor riesgo de ADC en relación a la población general.

4.1.3.-Criterios C&M de Praga

Determinados en el Congreso Europeo del año 2006 en Viena, donde un comité de expertos se reunió en un intento de crear una guía explícita para el reconocimiento y graduación de la extensión del EB en la práctica clínica, con el fin de terminar con las diferencias inter/intraobservador. Constituye el primer estudio que establece el grado de extensión del EB de modo estandarizado, utilizando criterios validados y consensuados, y basándose en la anchura de la lengüeta metaplásica circunferencial y longitudinal máxima. Desafortunadamente no incluye aquellos segmentos de EB menores de 1 cm.

No obstante parece que en el futuro la correcta determinación del tamaño del segmento patológico quedará mejor definida por su superficie total, valorada mediante métodos informáticos que actualmente quedan lejos de la práctica clínica diaria.

4.2.- HISTOLÓGICA

4.2.1.- Negativo para displasia

4.2.2.- Indefinido para displasia

4.2.3.- Displasia de Bajo Grado (DBG)

Entre un 10-30% evolucionará a DAG o ADC. Historia natural poco conocida.

4.2.4.- Displasia de Alto Grado (DAG)

Entre un 10-60% evolucionará a ADC; el 27% recurrirá a los 5 años.

- **Focal:** afectación de 5 o menos glándulas en una biopsia. Hasta el 14% desarrollará ADC a los 3 años.
- **Difusa:** afectación de más de 5 glándulas en una biopsia o cualquier número en varias muestras. Hasta el 50% desarrollará ADC a los 3 años.

La presencia de carcinoma concomitante según el grado de displasia se ha estimado en:
a) No displasia: 3-4%.
b) Displasia de bajo grado: 7-8%.
c) Displasia de alto grado: 16 - 43%.

5.- TRATAMIENTO

El tratamiento del EB está dirigido a conseguir dos objetivos fundamentales, el control de la ERGE y el tratamiento y prevención de las complicaciones.

5.1.- CONTROL DEL ÁCIDO Y DE LA ERGE
5.1.1.- IBP

Consiguen una discreta regresión del EB y reducen las tasas de proliferación celular. Existe el peligro de que los nuevos islotes mucosos de epitelio esofágico oculten una MI subyacente. No reduce el riesgo de ADC o la mortalidad. Existe un subgrupo de pacientes en los que es necesario el uso de dosis doble para control de la esofagitis y los síntomas asociados.

5.1.2.- Cirugía

La funduplicatura es de elección en aquellos pacientes con ausencia de respuesta a IBP y sin comorbilidad grave. La tasa de fracaso a los 5 años se cifra en torno al 20%. Sin embargo, se ha observado que no previene la displasia o el cáncer.

5.2.- TRATAMIENTO DE LA DISPLASIA

5.2.1.- Terapias ablativas

Es de suma importancia asociarlas con la administración diaria de IBP a dosis única o doble.

5.2.1.1.-Terapia fotodinámica

- **Con sodio porfímero:** es la única terapia que ha demostrado un descenso significativo del riesgo de ADC en el EB en un estudio randomizado prospectivo.
- **Con Ácido 5-aminolevulínico:** exitoso en DAG pero con efectos secundarios graves.

En general los efectos secundarios son: fotosensibilidad cutánea hasta en un 68% y estenosis esofágica hasta en un 36%, según las series.

5.2.1.2.- Ablación térmica

- **Argón plasma:** usado en DAG y ADC de pequeño tamaño. No se dispone de seguimientos a largo plazo.
- **Multipolar:** usado en DBG y ausencia de displasia. Se consigue ablación de la mucosa de Barrett completa en torno al 80-90% de los casos, con múltiples aplicaciones. Faltan también estudios con seguimiento a largo plazo.

5.2.1.3.- Radiofrecuencia

Elimina el EB hasta en el 70% de los casos a los 12 meses. Se han descrito como complicaciones estenosis y perforaciones.

5.2.1.4.- Crioterapia

Actualmente se dispone de pocos datos.

5.2.2.- Cirugía

Clásicamente de elección en la DAG. Actualmente ha disminuido su uso ya que la ablación endoscópica presenta tasas de supervivencia similares y ha aumentado la seguridad de las técnicas.

En caso de imposibilidad de realizar la ablación endoscópica por carencia del material necesario o falta de experiencia en la técnica, la intervención de elección es la Esofaguectomía, con una tendencia cada vez mayor al mínimo intervencionismo.

Es importante tener en cuenta que el índice de mortalidad de esta cirugía está en relación con el volumen hospitalario es: menos de 2 intervenciones anuales: 23%; entre 9 y 19 intervenciones anuales, 12%; más de 20 intervenciones anuales, mortalidad menor del 5%. La morbilidad posterior esta en relación al desarrollo de estenosis y fístulas anastomóticas.

5.2.3.- A tener en cuenta

-El paciente debe conocer sus opciones.

-Hemos de valorar la edad, factores concomitantes, la duración del EB y el riesgo de desarrollo de cáncer.

-Experiencia en técnicas endoscópicas y quirúrgicas.

-En líneas generales, el tratamiento endoscópico presenta mayor riesgo de desarrollo de ADC (aunque cada vez menor) y la cirugía presenta más complicaciones (aunque las intervenciones cada vez son menos invasivas).

6.- QUIMIOPREVENCIÓN

La prevención farmacológica del desarrollo de ADC en aquellos pacientes con EB constituye una estrategia prometedora. En la actualidad los únicos agentes farmacológicos que se han asociado con un menor riesgo de desarrollar ADC esofágico son los AINES (han demostrado una disminución en determinados biomarcadores como la aneuploidía y la tetraploidía).

Sin embargo, en el momento actual no se pueden hacer recomendaciones respecto al uso de AAS u otros AINES. Tampoco respecto al uso de IBP en pacientes asintomáticos con EB.

7.- CRIBADO

El cribado del EB permanece como un punto controvertido no estando en la actualidad recomendado para la población general. Existen dos situaciones clínicas con características especiales:

- **Todos los individuos con ERGE de larga evolución** deberían someterse a endoscopia al menos "una vez en la vida".
- **Los varones de raza blanca mayores de 50 años con síntomas crónicos de RGE** constituyen el principal grupo de riesgo reconocido, con evidencia científica objetiva, aunque se desconoce la magnitud del riesgo.

  Aún así todavía no se ha establecido un consenso del cribado, y por tanto por ahora debería ser individualizado.

7.1.- A FAVOR DEL CRIBADO
-La ERGE es un factor de riesgo de EB (considerado un paso intermedio entre esofagitis y ADC).
-El EB es el único precursor conocido del ADC.
-El ADC es cada vez más frecuente. Si se detecta en fases avanzadas, presenta mal pronóstico.

7.2.- EN CONTRA DEL CRIBADO
-Mas del 90% de los ADC afectan a individuos sin diagnóstico previo de EB.
-La mayoría de pacientes con EB no fallecen por ADC.
-La incapacidad actual para predecir la presencia de EB previamente a la endoscopia (cerca del 90% de pacientes con ERGE no presentan EB).
-El sistema actual de vigilancia no es lo suficientemente fiable (falta evidencia científica). Se ha determinado en algunos estudios que por cada EB diagnosticado, en torno a otros 20 pasan inadvertidos.
-Hay un creciente número de pacientes con EB y ausencia de clínica de RGE (en algunos estudios alcanza cifras en torno al 40%).
-Coste-efectividad elevado. Invasividad de la endoscopia.

8.- SEGUIMIENTO

Como en el caso del cribado, existe una ausencia de evidencia científica clara, a pesar de que la literatura sugiere que podría existir, y de que el diagnóstico **endoscópico de** ADC previo a la presentación de sintomatología supone un aumento significativo de la supervivencia.

La baja tasa de supervivencia del ADC avanzado impulsa a la gran mayoría de endoscopistas a llevar a cabo seguimiento endoscópico.

A la hora de incluir a un paciente en un programa de seguimiento endoscópico hemos de tener en cuenta una serie de normas generales:

- El seguimiento debe ser determinado por el grado de displasia.
- Cualquier grado de displasia debería ser confirmado por un patólogo experto.
- Es necesario el entendimiento y aceptación del proceso por parte del paciente, y la adherencia al mismo.
- Sólo requieren seguimiento endoscópico aquellos que tienen MI.
- Excluir aquellos pacientes con comorbilidad grave o mal pronóstico vital a corto-mediano plazo (5 años).
- Es necesario el tratamiento antisecretor intenso (2-4 semanas previas) con el fin de optimizar las biopsias.
- Hay que tener en cuenta que se trata de una exploración larga que precisa de un ajuste de la agenda.
- Es preferible el uso de Pinzas jumbo y endoscopio terapéutico. Técnica "turn-and-suck".

En la **Tabla 6** se observan las recomendaciones de la ACG (American College of Gastroenterology), la AGA (American Gastroenterology Association) y la ASGE (American Society of Gastrointestinal Endoscopy) para el seguimiento del EB según el grado de displasia. Si bien se observa que tienen mínimas variaciones en cuanto a los intervalos de seguimiento, sobre todo debemos tener en cuenta que:

- El manejo de pacientes con displasia de alto grado depende de la experiencia endoscópica y quirúrgica del centro, y la edad, comorbilidad y preferencias del paciente.
- La duración y periodicidad del seguimiento tras la resección endoscópica aún no ha sido determinado.

Tabla 6. Seguimiento del EB según el grado de displasia		
Recomendaciones ACG 2008		
Grado de displasia	Confirmación	Seguimiento
No	Repetir EDA con biopsia en 1 año	Cada 3 años*1
Bajo grado	Repetir EDA con biopsia en 6 meses	Anual hasta que no se halle displasia en 2 determinaciones seguidas*2
Alto grado	Repetir EDA con biopsia en 3 meses	Trimensual o intervención
Alto grado e irregularidad mucosa		Resección endoscópica para estudio histológico en profundidad
Recomendaciones AGA		
Grado de displasia	Confirmación	Seguimiento
No	Repetir EDA con biopsia en 1 año	Cada 5 años
Bajo grado	Repetir EDA para confirmación histológica	Anual si se confirma Cada 3 años si no se confirma
Alto grado	Repetir EDA para excluir cáncer	Cirugía-endoscopia-vigilancia según experiencia y focalidad
Recomendaciones ASGE 2000		
Grado de displasia	Confirmación	Seguimiento
No	Repetir EDA con biopsia en 1 año	Cada 3-5 años
Bajo grado	Repetir EDA con biopsia en 1 año	Anual
Alto grado	Repetir EDA con biopsia	Cirugía-endoscopia-vigilancia cada 3 meses

EDA: Endoscopia digestiva alta.

*1 Las recomendaciones de la SFED 2000, establecen un intervalo de seguimiento de 2 años en el caso de EB clásico, y de 3 años en el caso de EB de segmento corto.

*2 Las recomendaciones de la SFED (Sociedad Francesa de Endoscopia digestiva) del 2000 establecen un intervalo de 6 meses-1 año.

MANEJO DE OTRAS LESIONES PRENEOPLÁSICAS

Aunque esta sección trata de patología esofágica, nos referiremos también a algunas patologías preneoplásicas gástricas.

Debemos tener en cuenta que, dado que la historia natural de la gran mayoría de estas lesiones no es bien conocida ya que los estudios son escasos y en la mayoría de los casos con periodos de seguimiento cortos, muchas de las recomendaciones siguientes se basan en el consenso de grupos de expertos.

1.- CANCER ESCAMOSO DEL TRACTO AERODIGESTIVO

Probablemente con la exposición al alcohol y al tabaco como nexo común, la incidencia de Cáncer esofágico escamoso (CEE) sincrónico o metacrónico en pacientes con carcinoma escamoso de cabeza, cuello, pulmones o esófago es elevada, y se ha estimado que varía según los estudios entre el 3 y el 30 %.

No existe evidencia científica suficiente en el momento actual para establecer recomendaciones para el triaje endoscópico del CEE en estos pacientes, pero sí parece razonable la realización de una endoscopia de despistaje de CEE sincrónico en aquellos pacientes con carcinoma escamoso del tracto aerodigestivo (cabeza, cuello, pulmones o esófago).

2.- ACALASIA

Está asociada con un riesgo incrementado de desarrollo de CEE. La incidencia calculada llega a alcanzar el 9% presentando un aumento del riesgo con respecto a la población general de hasta 140 veces en algunas series.

Por lo general se precisa de un largo periodo de tiempo de enfermedad sintomática (en torno a 15 años) para el desarrollo de CEE, estableciéndose el diagnóstico en la mayoría de los casos más allá de la edad media de la vida.

El pronóstico del CEE en el contexto de la acalasia es pobre, y no está claro si el tratamiento de la misma conlleva un descenso del riesgo. Incluso en algunos casos las medidas terapéuticas se han asociado con el desarrollo de otras neoplasias (adenocarcinoma esofágico en pacientes que desarrollan EB tras miotomía).

En el momento actual no está indicado el seguimiento endoscópico. De llevarse a cabo, sería razonable iniciarlo a partir de los 15 años de enfermedad sintomática. No se han establecido intervalos en el seguimiento.

3- ESOFAGITIS POR CÁUSTICOS

Los pacientes con antecedente de esofagitis cáustica severa presentan un riesgo de desarrollo de CEE en torno al 5-6%, y que es más intenso cuanto más grave haya sido la lesión mucosa inicial. Apoyando esta afirmación, se ha observado que hasta el 4% de los CEE presentan antecedente de ingesta de cáusticos.

El CEE desarrollado en este contexto se presenta en la edad media de la vida, con localización fundamental en tercio medio esofágico, y parece que en algunas series presenta incluso mejores tasas de supervivencia que el CEE esporádico. El intervalo de tiempo establecido para la aparición del mismo se ha establecido en torno a 40 años desde la lesión mucosa inicial.

Actualmente no se ha aprobado un programa de seguimiento endoscópico, si bien se recomienda que de llevarse a cabo, debería iniciarse a los 15-20 años del episodio de esofagitis cáustica, y con intervalos mínimos de 1-3 años. Debe de prestarse especial atención a los casos de aparición de disfagia.

4.- TILOSIS

La Tilosis es una enfermedad genética rara que presenta una fuerte asociación con el desarrollo de CEE, llegando incluso a aparecer en pacientes jóvenes. La edad media al diagnóstico del CEE es de 45 años y la localización, preferentemente distal.

La Tilosis tipo A (o de presentación tardía) se manifiesta entre los 5 y 15 años, y presenta una tasa media de desarrollo de CEE del 27%.

La Tilosis tipo B (presentación precoz) se presenta a partir del primer año de vida y no se ha asociado a malignidad.

Se recomienda iniciar el seguimiento endoscópico a los 30 años, con intervalos no menores de 1-3 años.

5.- PÓLIPOS GÁSTRICOS

Suelen ser un hallazgo incidental durante una endoscopia alta, ya que raramente causan algún síntoma. Son mucho menos frecuentes que los pólipos colónicos y, según algunas series, tienen una incidencia del 1-2% en estudios de endoscopia digestiva alta.

La mayoría (un 75%) son pólipos hiperplásicos, que suelen ser pequeños, únicos o múltiples, sesiles o pediculados, y generalmente localizados en el antro. Aunque inicialmente considerados benignos, tienen un bajo potencial de malignización (0.5-7%), pudiéndose encontrar en algunos de ellos focos adenomatosos en su interior (generalmente en pólipos mayores de 2 cm) y que raramente degeneran en neoplasias invasivas.

En pacientes con pólipos gástricos hiperplásicos y presencia de Helicobacter pylori se ha demostrado que el tratamiento erradicador consigue una regresión en unos meses en casi un 80% de los pólipos, por lo que podría ser una opción inicial de tratamiento. De todas formas, los pólipos de mayor tamaño deberían ser extirpados, ante el riesgo de contener focos de displasia o adenocarcinoma.

Los pólipos de glándulas fúndicas son pequeños, sesiles, y de coloración similar a la mucosa normal o ligeramente más pálidos. Se encuentran en el cuerpo y fundus gástrico. Presentan una configuración microquística característica en la anatomía patológica. Aquellos que se presentan de forma esporádica se comportan como lesiones benignas, mientras que los que aparecen asociados a poliposis adenomatosa familiar pueden desarrollar displasia. Los de aparición esporádica se han relacionado con la toma crónica de inhibidores de la bomba de protones.

Los pólipos adenomatosos representan un 10% del total y se encuentran generalmente en el antro, aunque pueden aparecer en cualquier lugar del estómago.

Histológicamente son similares a los pólipos de colon, pudiendo tener una apariencia tubular, vellosa o túbulo-vellosa. Muchas veces se asocian a gastritis crónica y metaplasia intestinal. Tienen mayor potencial de malignización que los pólipos colónicos (aproximadamente un 10%), y es mayor el riesgo a mayor tamaño, mayor componente velloso, mayor grado de displasia asociada y mayor edad del paciente, por lo que deben ser resecados.

Por ello, cuando se encuentren hallazgos radiológicos compatibles con pólipos gástricos, obligan a su despistaje endoscópico.

Debido a la imposibilidad de distinguir endoscopicamente la histología de los pólipos, se recomienda la biopsia, y para algunos autores, la extirpación de todos aquellos mayores de 5 mm.

En principio, los pólipos menores de 2 cm son susceptibles de ser extirpados endoscopicamente. Si la escisión endoscópica no es factible, debe biopsiarse el pólipo. Si la histología es adenomatosa o con algún grado de displasia, debe valorarse la extirpación quirúrgica.

Si la histología no presenta hallazgos displásicos pero existe una duda razonable de la representatividad de las biopsias tomadas, debería considerarse la escisión quirúrgica.

Si la histología es benigna y no puede extirparse endoscopicamente, no se recomiendan otras alternativas.

En el caso de múltiples pólipos resulta adecuado extirpar endoscopicamente los de mayor tamaño y llevar a cabo una mapeo con biopsias del resto. El manejo posterior se hará en función de los resultados histológicos.

Tras la resección de un pólipo adenomatoso debe llevarse a cabo una endoscopia de revisión al cabo de un año, y si esta resultara normal, cada 3-5 años.

En el caso de la extirpación de pólipos con displasia de alto grado o focos de cáncer, el seguimiento debe individualizarse.

Tras la extirpación adecuada de pólipos gástricos no displásicos y no adenomatosos (hiperplásicos o de glándulas fúndicas), no se precisa de seguimiento endoscópico.

Un tema de controversia es la necesidad de realizar una colonoscopia a los pacientes a los que se les encuentran pólipos gástricos, dado que se ha visto que estos pacientes tienen más incidencia de pólipos colónicos y cáncer, y ésta se recomienda, sobre todo, ante el hallazgo de pólipos adenomatosos.

6.- METAPLASIA INTESTINAL GÁSTRICA Y DISPLASIA

La metaplasia gástrica intestinal está reconocida como una entidad premaligna que podría ser el resultado de una respuesta adaptativa a determinados estímulos ambientales, como la infección por H. pylori, tabaco y el consumo de sal. Se presenta con un riesgo aumentado de desarrollo de cáncer de 10 veces o incluso más.

Existen datos basados en algunos estudios que demuestran un aumento en la detección de estadios malignos precoces y por tanto el aumento de la supervivencia mediante el seguimiento endoscópico (fundamentalmente en estudios europeos).

Aquellos pacientes con riesgo elevado de desarrollo de cáncer gástrico debido a su raza o antecedentes familiares podrían beneficiarse del seguimiento endoscópico; éste debería incluir un mapeo gástrico con biopsias lo más completo posible.

El hallazgo de displasia de alto grado debería suponer la realización de gastrectomía o extirpación endoscópica si es factible.

Con respecto a la displasia de bajo grado, en la actualidad no existen recomendaciones firmes al respecto.

7.- ANEMIA PERNICIOSA

Presentan riesgo elevado de cáncer gástrico (1-3%) y tumores carcinoides (1-7%), presentando el mayor riesgo dentro del primer año desde el diagnóstico.

Aún no se han establecido los posibles beneficios de un seguimiento endoscópico, pero algunos expertos recomiendan la valoración endoscópica precoz en aquellos pacientes diagnosticados de anemia perniciosa y/o ante la aparición de síntomas digestivos. No hay datos suficientes para apoyar un seguimiento endoscópico posterior. En relación a los pacientes que desarrollan tumores carcinoides, en la actualidad el seguimiento es controvertido, y debería individualizarse.

8.- HISTORIA PREVIA DE CIRUGÍA GÁSTRICA

Existe un aumento del riesgo de desarrollo de cáncer del muñón gástrico en aquellos pacientes con gastrectomía parcial por úlcera gástrica o duodenal, y se ha cifrado entre el 0,5 y el 9%.

Aunque no en todas las series se encuentra aumento del riesgo, se ha aceptado que éste parece incrementarse 15 a 20 años tras la cirugía.

Actualmente se recomienda realizar una endoscopia de despistaje a los 15-20 años del procedimiento quirúrgico, pero no hay acuerdo en cuanto a las pautas de seguimiento endoscópico posterior.

Se recomienda también llevar a cabo una endoscopia fuera de este intervalo, en aquellos pacientes con sintomatología digestiva alta, y para mapeo con biopsias para despistaje de H. pylori, gastritis crónica y/o metaplasia intestinal (no olvidar que estos pacientes han sido intervenido de enfermedad ulcerosa péptica).

BIBLIOGRAFÍA

1. **Marzo M, Alonso P, Bonfill X, Fernández M, Ferrándiz J, Martínez G et al. Guía de Práctica Clínica. Manejo del paciente con enfermedad por reflujo gastroesofágico (ERGE). Gastroenterol Hepatol 2002;25: 85-110.**

2. **De Vault KR, Castell DO. Updated guidelines for the diagnosis and treatment of gastroesophageal reflux disease. Am J Gastroenterol 2005;100: 190-200.**

3. **Rodrigo L. Actualización terapéutica de las enfermedades digestivas. Ed. Acción Médica 2006; pp 3-12.**

4. Vakil N et al. The Montreal definition and classification of gastroesophageal reflux disease: a global evidence-based consensus. Am J Gastroenterol 2006; 101: 1900-1920.

5. Garrigues V, Ponce J. Aspectos menos conocidos de la enfermedad por reflujo gastroesofágico: pirosis funcional y reflujo no ácido. Gastroenterol Hepatol 2008; 31: 522-529.

6. Spechler SJ, Castell DO. Classification of oesophageal motility abnormalities. Gut 2001; 49: 145-51.

7. Mittal RK, Bahlla V. Oesophageal motor functions and its disorders. Gut 2004; 53: 1536-42.

8. Ruiz de León San Juan C, Sevilla Mantilla J, Pérez de la Serna, Diaz-Rubio. Trastornos motores esofágicos. Medicine 2004; 9(1): 1-9.

9. Richter JE. Oesophageal motility disorders. Lancet 2001; 358: 823-828.

10. Gerson, L. B., Shetler, K. & Triadafilopoulos, G. (2002) Prevalence of Barrett's oesophagus in asymptomatic individuals. Gastroenterology, 123 (2), 461–467.

11. **Boyer, J., Robaszkiewicz, M. & The council of the French Society of Digestive Endoscopy. (2000) Guidelines of the French society of digestive endoscopy: surveillance of Barrett's oesophagus. Endoscopy, 32, 498–499.**

12. Rex, D. K., Cummings, O. W., Shaw, M., et al. (2003) Screening for Barrett's oesophagus in colonoscopy patients with and without heartburn. Gastroenterology, 125 (6), 1670–1677.

13. **Kenneth K. Wang, M.D. and Richard E. Sampliner, M.D. The Practice Parameters Comitee of the American College of Gastroenterology (2008). Updated Guidelines for the Diagnosis, Surveillance and Therapy of Barrett's Oesophagus. American Journal of Gastroenterology 2008.**

14. Csendes, A., Smok, G., Burdiles, P., et al. (2003) Prevalence of intestinal metaplasia according to the length of the specialized columnar epithelium lining the distal oesophagus in patients with gastroesophageal reflux. Diseases of the Esophagus, 16 (1), 24–28.

15. Conio, M., Blanchi, S., Lapertosa, G., et al. (2003) Long-term endoscopic surveillance of patients with Barrett's esophagus. Incidence of dysplasia and adenocarcinoma: a prospective study. American Journal of Gastroenterology, 98 (9), 1931–1939.

16. Henry, J. P., Lenaerts, A. & Ligny, G. (2001) Diagnosis and treatment of gastroesophageal reflux in the adult: guidelines recommended by French and Belgian consensus. Revue Medicale de Bruxelles, 22 (1), 27–32.

17. Smith, A. M., Maxwell-Armstrong, C. A., Welch, N. T., et al. (1999) Surveillance for Barrett's esophagus in the UK. British Journal of Surgery , 86, 276–280.

18. **Van Sandick, J. W., Bartelsman, J. F. W., van Lanschot, J. J. B., et al. (2000) Surveillance of Barrett's esophagus: physicians' practices and review of current guidelines. European Journal of Gastroenterology and Hepatology, 12, 111–117.**

19. Mandal, A., Playford, R. J. & Wicks, A. C. (2003) Current practice in surveillance strategy for patients with Barrett's esophagus in the UK. Alimentary Pharmacology and Therapeutics, 17 (10), 1319–1324.

20. Mac Neil-Covin, L., Casson, A. G., Malatjalian, D.,et al. (2003) A survey of Canadian gastroenterologists about the management of Barrett's esophagus. Canadian Journal of Gastroenterology, 17 (5), 313– 317.

21. **Endoscopia Digestiva diagnóstica y terapéutica. J.L.Vázquez Iglesias. Ed. Panamericana, 2008.**

22. Ellis, F. H., Jr, & Loda M. (1997) Role of surveillance endoscopy, biopsy and biomarkers in early detection of Barrett's adenocarcinoma. Diseases of the Esophagus, 10 (3), 165–171.

23. FINBAR study. World J Gastroenterol 2007; 13(10):1585-1594.

24. **The practice parameters Comitee of the American College of Gastroenterology. Updated guidelines for the diagnosis, surveillance, and therapy of Barrett,s esophagus. Gastroenterology 2002.**

25. Diana Mahoney Barrett's Esophagus Risk May Not Be Tied to BMI. Clinical Endocrinology news. July 2007.

26. Sharma P, Dent J, Armstrong D, Bergman JJ, Gossner L et al. The development and validation of an endoscopic grading system for Barrett`s esophagus: the Prague C & M criteria. Gastroenterology 2006; 131(5):1392-9.

27. Cruz-Correa, M., Gross, C. P., Canto, M. I., et al. (2001) The impact of practice guidelines in the management of Barrett esophagus: a national prospective cohort study of physicians. Archives of Internal Medicine , 161 (21), 2588–2595.

28. **Sharma P, McQuaid K, Dent J et al. A critical review of the diagnosis and management of the Barrett,s esophagus: the AGA Chicago workshop. Gastroenterology 2004;127:310-30.**

29. **ASGE Guideline: the role of the endoscopy in the surveillance of premalignant condition of the upper GI tract. Gastrointestinal Endoscopy, 63. 4, 2006.**

30. **Wang K, Wongkeesong M, Buttar NS. American Gastroenterological Association medical position statement: role of the gastroenterologist in the management of oesophageal carcinoma. Gastroenterology 2005.;128:1468-70.**

31. Brucher BLDM, Stein HJ, Bartels H, et al. Achalasia and esophageal cancer: incidence, prevalence and prognosis. World J Surg 2001; 125:745-9.

32. Petit T, Georges C, Jung G-M, et al. Systematic esophageal endoscopy screening in patients previously treated for head and neck squamous-cell carcinoma. Ann Oncol 2001;12:643-6.

33. Sleisenger & Fordtran. Enfermedades gastrointestinales y hepáticas. Fisiopatología, diagnóstico y tratamiento. Ed. Panamericana. 7ª Ed. 2006.

DISPEPSIA Y HELICOBACTER PYLORI: INDICACIONES DE DIAGNÓSTICO Y ERRADICACIÓN

Asunción Durán Campos – Cristina Montes Aragón – Ana Belén Sáez Gómez

En cuanto a la dispepsia, nos centraremos en el abordaje diagnóstico-terapéutico de la dispepsia funcional (la más frecuente), y en lo relacionado al Helicobacter pylori, de acuerdo a las Recomendaciones de la II Conferencia Española de Consenso, hemos esquematizado el tema en 3 partes: Indicaciones de diagnóstico y erradicación (cuando tratar y por tanto a que pacientes investigar), diagnóstico (métodos diagnósticos y en que situaciones aplicarlos) y tratamiento (de primera línea, de rescate, etcétera).

DISPEPSIA

1.- DEFINICIÓN Y CLASIFICACIÓN

La dispepsia es un motivo frecuente de consulta tanto en atención primaria, como especializada. Aproximadamente un 20% de la población padece síntomas dispépticos en el curso de un año. Al menos un 50% de los mismos no acuden al médico y optan por la automedicación, sin embargo la alta frecuencia de los síntomas conlleva, por lo general, a un gran consumo de recursos sanitarios. Es importante, por ello la búsqueda de una definición que consiga englobar de forma correcta al cuadro clínico relatado por el paciente, y conseguir un manejo óptimo del mismo.

Desde ROMA II, en 1999, se define la dispepsia como "cualquier malestar situado en la parte central del abdomen superior". Añade el término de molestia o "discomfort", como sensación negativa no dolorosa, tal como hinchazón abdominal, saciedad precoz, distensión y náuseas, continuos o intermitentes, relacionados o no con la ingesta. No incluye la pirosis y la regurgitación, por tratarse de síntomas específicos de enfermedad por reflujo gastroesofágico, ni se considera característico el dolor en hipocondrios.

Recientemente los criterios de ROMA III definen la dispepsia como: "síntoma o conjunto de síntomas que la mayoría de los médicos consideran tienen su origen en la región gastroduodenal, siendo estos síntomas la pesadez postprandial, la saciedad precoz y el dolor o ardor epigástrico".

Tradicionalmente la dispepsia se dividía en ulcerosa y no ulcerosa, clasificación no adecuada, ya que la úlcera constituye únicamente una de las posibles causas de dispepsia. Por lo tanto la dispepsia puede dividirse en tres tipos:

- **Dispepsia no investigada**: incluye aquel grupo de pacientes que presentan síntomas por primera vez, en los que no se ha realizado ningún estudio.
- **Dispepsia orgánica**: pacientes en los que existe una causa identificable orgánica ó metabólica que justifique los síntomas. La enfermedad ulcerosa, el cáncer gástrico, y las alteraciones

biliopancreáticas, son algunas de las causas más frecuentes de dispepsia orgánica. (**Tabla 7**).

- **Dispepsia funcional**: pacientes en los que tras realizar pruebas no hay una causa clara que justifique los síntomas.

Tabla 7. Causas de dispepsia orgánica.
Causas digestivas frecuentes - Enfermedad ulcerosa péptica (duodenal, gástrica). - Fármacos (AINES, digoxina, teofilina, etcétera). - Reflujo gastroesofágico.
Causas digestivas menos frecuentes - Carcinoma gástrico. - Carcinoma esofágico. - Colelitiasis. - Isquemia mesentérica crónica. - Pacientes diabéticos (gastroparesia). - Pancreatitis crónica. - Cáncer de páncreas. - Cirugía gástrica. - Patología de tracto digestivo inferior. - Obstrucción parcial intestinal. - Enfermedad infiltrativa. - Enfermedad celíaca.
Causas no digestivas: - Alteraciones metabólicas (uremia, hiper ó hipotiroidismo, hipocalcemia, Addison, etcétera). - Síndromes de pared abdominal.

2.- DISPEPSIA FUNCIONAL

La dispepsia funcional es aquella en la que no se identifica causa orgánica ó metabólica que la justifique, por lo que se supone un trastorno de la función ó percepción del tracto digestivo superior del paciente.

La definición más usada hasta la actualidad surgió en 1999 con los criterios de Roma II, en los que se establece el diagnóstico de dispepsia funcional cuando el paciente presenta:

- Dolor o molestia abdominal en la parte central del abdomen superior, de forma persistente o recurrente.

- Ausencia de enfermedad orgánica (incluyendo diagnóstico endoscópico).

- Ausencia de mejoría con la defecación, ni asociado a cambios del ritmo intestinal.

Estas manifestaciones clínicas deben presentarse al menos durante 12 semanas en el último año.

Desde el punto de vista clínico se subdividía a su vez en:

- Dispepsia tipo ulcerosa: cuando el síntoma predominante es el dolor.
- Dispepsia tipo dismotilidad: cuando las molestias son la plenitud y pesadez postprandial, náuseas o saciedad precoz.
- Dispepsia inespecífica: cuando los síntomas no pueden englobarse en ninguna de los anteriores.

Esta clasificación según el síntoma predominante es poco útil en la práctica clínica, ya que en la mayoría de los pacientes es frecuente una superposición de los síntomas.

En 2006, los nuevos criterios de Roma III modificaron el tiempo de evolución necesario para el diagnóstico de dispepsia, reduciendo el tiempo a un mínimo de 6 meses, debiendo estar presente de forma activa en los últimos 3 meses uno o más de los siguientes síntomas:

- Plenitud postprandial.
- Saciedad precoz.
- Dolor epigástrico.
- Ardor epigástrico.
- Sin evidencia de lesiones estructurales.

La antigua subdivisión de ulcerosa y no ulcerosa es sustituida por dos nuevas categorías, que son el síndrome de dolor epigástrico y el síndrome del distrés postprandial.

En el síndrome de dolor epigástrico deben estar presentes los siguientes síntomas:

1) Dolor o ardor localizado en epigastrio de intensidad moderada, mínimo una vez por semana.
2) El dolor es intermitente.
3) No se localiza o generaliza a otras regiones del abdomen.
4) No cumple criterios de trastornos funcionales biliares y del esfínter de Oddi.
5) No alivia con la defecación.
6) Puede ser de tipo quemante.
7) Se induce o alivia con la ingesta de la comida, pero puede ocurrir con el ayuno.
8) Puede coexistir con el síndrome de distrés postprandial.

El síndrome del distrés postprandial se caracteriza por:

1) Sensación molesta de plenitud postprandial tras una comida de volumen normal, y saciedad precoz que impide terminar la comida, al menos varias veces en la semana.
2) Pueden apoyar el diagnóstico la presencia de hinchazón, en el abdomen superior, vómitos y eructos.
3) Puede coexistir con el síndrome de dolor epigástrico.

Una vez establecidas las distintas definiciones, es importante tener claro el manejo de un paciente con dispepsia en un primer momento, tanto en atención primaria como en atención especializada.

3.- MANEJO INICIAL DEL PACIENTE CON DISPEPSIA

La aproximación inicial del paciente con dispepsia se basa en primer lugar en una historia clínica detallada, que nos permita orientar el diagnóstico a enfermedades digestivas y extradigestivas, que sean responsables de la misma. Además es necesario investigar las características del dolor, el estilo de vida del paciente, ingesta de fármacos, y sobre todo la presencia de síntomas y signos de alarma, que puedan orientar a una causa orgánica. La exploración física presenta escaso valor diagnóstico, y no es adecuado basar el tratamiento y las exploraciones únicamente por el patrón de síntomas del paciente (ulceroso o dismotilidad), ya que éstos se solapan muy frecuentemente.

3.1.- PRUEBAS COMPLEMENTARIAS

La endoscopia es la prueba de referencia para investigar las lesiones de la mucosa gástrica, y descartar el origen orgánico de la dispepsia. Posee un elevado rendimiento diagnóstico para la úlcera péptica y el cáncer gástrico. Disminuye el grado de incertidumbre de médico y paciente, observando incluso en algunos casos mejoría de la sintomatología tras la realización de la misma.

Presenta el inconveniente de ser una prueba en ocasiones mal tolerada, y no está exenta de complicaciones (hemorragia, perforación, etcétera). No siempre es accesible y tiene un coste elevado.

La radiología baritada según diferentes estudios muestra un menor rendimiento, tanto en la detección de ulceras pépticas, como erosiones duodenales. Las limitaciones aparecen en la detección de lesiones pequeñas. Además se somete al paciente a un número importante de radiaciones, por lo que sólo estaría indicada en aquellos que se niegan a la realización de una endoscopia.

Las pruebas de detección del Helicobacter pylori (Hp) serán comentadas posteriormente en este capitulo.

Existen otras pruebas específicas que se indican ante la sospecha específica de un trastorno orgánico tales como: la ecografía, la pHmetría de 24 horas, manometría esofágica, test de vaciamiento gástrico, etcétera, muchas de la cuales sólo están disponibles en centros especializados.

3.2.- ESTRATEGIAS DIAGNÓSTICO-TERAPÉUTICAS EN LA DISPEPSIA NO INVESTIGADA

Una vez realizada esta primera aproximación las estrategias diagnóstico-terapéuticas que actualmente se consideran más eficaces en la dispepsia no investigada son:
1) Tratamiento empírico con un inhibidor de la bomba de protones.
2) Endoscopia inicial, para la investigación de lesiones con toma de biopsias para Helicobacter Pylori.

3) Estrategia de "test and treat", que consiste en realizar una prueba diagnóstica no invasiva para Hp con erradicación posterior.

El tratamiento empírico con inhibidores de la bomba de protones es la estrategia inicial en pacientes menores de 45 años y sin síntomas de alarma. La duración del tratamiento es de 4 semanas, tras las cuales se realizaría endoscopia en los casos de persistencia de los síntomas. Esta estrategia es eficaz inicialmente en los casos de dispepsia no investigada, pero en el seguimiento, es muy frecuente que recidiven los síntomas en la práctica totalidad de los pacientes, en el plazo de un año (**Algoritmo 2**).

La endoscopia es la prueba de referencia para investigar las lesiones de la mucosa gástrica, y descartar el origen orgánico de la dispepsia. La realización de una endoscopia inicial estaría indicada en aquellos pacientes con dispepsia de comienzo reciente, con edades superiores a los 55 años, así como aquellos que presenten cualquiera de los siguientes síntomas o signos de alarma:

- Dolor continuo, predominantemente nocturno.
- Pérdida de peso, anorexia.
- Vómitos de repetición.
- Masa abdominal.
- Disfagia u odinofagia.
- Sangrado intestinal.
- Anemia.

La estrategia "test and treat" está cada vez más extendida en el mundo occidental por su menor coste, fácil aplicabilidad y mejor tolerancia por el paciente. Estudios recientes parecen demostrar un mayor coste-efectividad de esta estrategia frente al tratamiento empírico con IBP o la endoscopia inicial, siempre y cuando la prevalencia de Hp en la población evaluada sea media o alta. La eficacia de esta prueba se basa, fundamentalmente, en la resolución de los síntomas de pacientes con enfermedad ulcerosa. Allí donde la frecuencia de infección es alta, la prevalencia de úlcera también lo es y la estrategia "test and treat" resulta coste efectiva. En España la prevalencia de infección es de alrededor de un 60%, y un 20-30% de dichos pacientes presenta úlcera, por lo que está estrategia parece adecuada en nuestra población.

4.- TRATAMIENTO

El abordaje terapéutico de la dispepsia funcional presenta importantes limitaciones derivadas de la heterogeneidad de los síntomas y las diferentes posibilidades patogénicas. El objetivo del tratamiento es aliviar los síntomas y mejorar la calidad de vida de los pacientes, pero intenta sustentarse en los mecanismos fisiopatológicos (**Figura 2**).

4.1.- MEDIDAS HIGIÉNICO-DIETÉTICAS

A pesar de la escasa evidencia disponible, hay ciertas medidas lógicas que pueden ser útiles, como evitar el consumo de alcohol o tabaco, y el consumo de grasas,

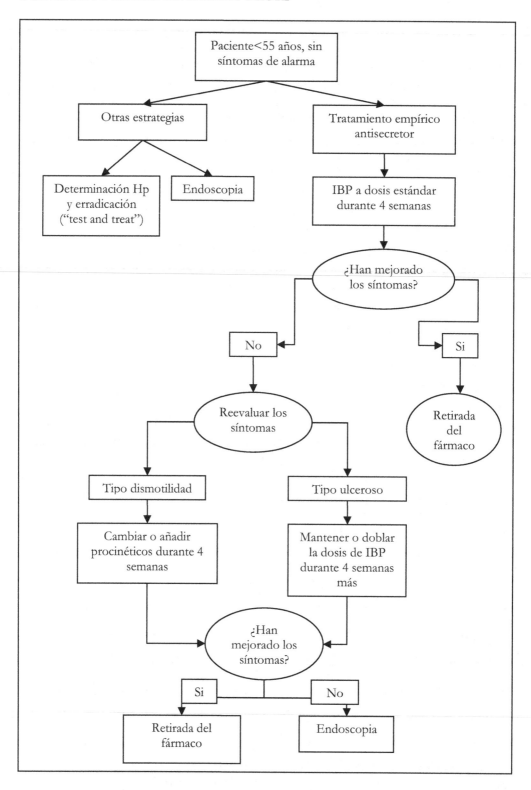

Algoritmo 2. Evaluación de la dispepsia no investigada.

40

que enlentece el vaciamiento gástrico. Se aconsejará al paciente que identifique aquellos alimentos que suelen sentarle mal para reducir su consumo, así como comer despacio, masticando adecuadamente los alimentos. En casos de vaciamiento lento, recomendar ingerir comidas frecuentes de escaso volumen puede ser una medida útil.

Es importante explicar la naturaleza de la enfermedad y obtener la confianza del enfermo. El enfermo debe recibir información en términos sencillos de los mecanismos implicados en el origen de su enfermedad. Se debe transmitir al paciente la sensación de que sus síntomas no son imaginarios, pero que la percepción negativa de los mismos, empeora su evolución. Hay que hacerle comprender el carácter crónico y fluctuante de los mismos.

4.2.- FÁRMACOS QUE ACTÚAN SOBRE EL ÁCIDO GÁSTRICO

Aunque la secreción ácida no está aumentada en estos pacientes, los inhibidores de la bomba de protones y los antiH$_2$, demostraron ser superiores al placebo en una revisión sistemática reciente. Su eficacia es especialmente evidente en los pacientes en los que predominan los síntomas de tipo ulceroso.

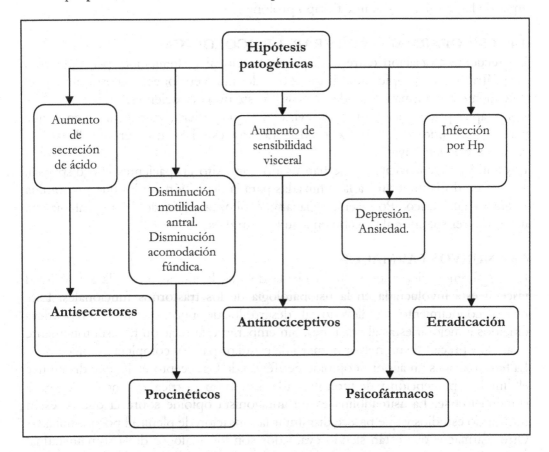

Figura 2. Tratamiento según mecanismos fisiopatológicos.

Los inhibidores de la bomba de protones presentan ventajas sobre los antiH$_2$, por su mayor potencia antisecretora y la comodidad de una sola toma diaria, 15-30 minutos antes de la ingesta, evitando tomarla en situaciones de ayuno prolongado, donde pierde efectividad. Los distintos IBP disponibles en el mercado, sus dosis habituales y equivalentes se detallan en la **Tabla 1** (página 30).

4.3.- FÁRMACOS QUE ACTÚAN SOBRE LA MOTILIDAD

La utilidad de estos fármacos parece mayor en la dispepsia tipo dismotilidad. En las diferentes revisiones sistemáticas disponibles, la cisaprida se ha mostrado claramente superior al placebo en los síntomas de dispepsia funcional, aunque fue retirada en España por sus efectos secundarios sobre el ritmo cardiaco, reservándola para los casos en los que se demuestra una gastroparesia. La dosis utilizada es de 10 mg. 3-4 veces/día. Existen pocos estudios con metoclopramida (10 mg. 3-4 veces/día), cinitaprida o clebopride. Por último levosulpirida (25 mg.) ha demostrado ser superior al placebo en el control de los síntomas dispépticos en varios estudios, aunque se asocia en ocasiones a hiperprolactinemia, alteraciones menstruales o turgencia mamaria. Debe administrarse 3 veces al día, 20 minutos antes de las comidas y durante tiempo prolongado.

4.4.- PSICOFÁRMACOS Y TERAPIA PSICOLÓGICA

La frecuente asociación entre la dispepsia funcional y alteraciones psicológicas o psiquiátricas, ha propiciado el estudio de intervenciones psicosociales y el tratamiento con fármacos antidepresivos en este tipo de pacientes.

Las terapias psicológicas han sido revisadas en un reciente metaanálisis en el que parecen ser eficaces, pero la calidad de los estudios no permite llegar a conclusiones definitivas.

Los antidepresivos tricíclicos se han usado con éxito en pacientes con dispepsia, aunque en dosis inferiores a las utilizadas para la depresión, en las que predomina el efecto analgésico. Por ejemplo la amitriptilina a dosis de 50 mg. al día, ha mostrado ser superior al placebo en algunos estudios.

4.5.- NUEVOS FÁRMACOS

En los últimos diez años se ha evidenciado que la alteración de la sensibilidad visceral está involucrada en la fisiopatología de los trastornos funcionales. Este nuevo conocimiento ha llevado al desarrollo de nuevas dianas terapéuticas dirigidos a mejorar estas alteraciones. Sin embargo esta relación no está totalmente aclarada y precisa de un mayor número de estudios para su completa aceptación.

La fedotozina es un agonista opioide periférico de los receptores K, que disminuye el dintel de percepción y de molestias a la distensión gástrica, que no ha llegado a comercializarse. La asimadolina es un antagonista opioide sobre el que se están realizando estudios y que parece disminuir la sensación de plenitud postprandial.

Otros fármacos que están siendo evaluados son los análogos de la somatostatina, como el octeotride, o agonistas parciales del 5-HT$_4$ como el tegaserod, que además posee un efecto procinético. Por último, parece existir una disminución de la relajación del fundus gástrico durante la ingesta, y que se relaciona con la saciedad precoz, lo que ha llevado a investigar fármacos que actúen a dicho nivel, como la paroxetina.

HELICOBACTER PYLORI: INDICACIONES DE DIAGNÓSTICO Y ERRADICACIÓN

1.- INDICACIONES DE DIAGNÓSTICO Y ERRADICACIÓN

1.1.- ULCERA GÁSTRICA Y DUODENAL

La erradicación de Helicobacter pylori (Hp) cicatriza las lesiones, disminuye drásticamente la recidiva y sus complicaciones (hemorragia y perforación).

- Por tanto, la erradicación de Hp está indicada en todos los casos de úlcera gástrica o duodenal activas o asintomáticas, aunque previamente bien documentadas, complicadas o no. (Grado de recomendación: A; Nivel de evidencia: 1a).

1.2.- PACIENTES CON EROSIONES DUODENALES Y/O GÁSTRICAS NO TRATADOS CON ACIDO ACETILSALICÍLICO (AAS) O ANTIINFLAMATORIOS NO ESTEROIDEOS (AINES)

En estos pacientes la duodenitis erosiva puede considerarse dentro del espectro de la enfermedad ulcerosa duodenal, y por tanto se aconseja la erradicación. Las erosiones gástricas pueden constituir un grupo heterogéneo de lesiones, siendo variable su extensión, número e incluso las alteraciones histológicas subyacentes, no disponiéndose de evidencia científica suficiente para indicar la erradicación.

- Por lo tanto, el tratamiento erradicador está indicado en erosiones duodenales pero no gástricas. (Grado de recomendación: B; Nivel de evidencia: 2b).

1.3.- LINFOMA MALT GÁSTRICO

La erradicación de Hp en los pacientes con linfoma MALT de bajo grado se sigue de la regresión tumoral en la mayoría de los casos, si bien la normalización histológica comporta, en ocasiones, muchos meses. El tratamiento exclusivo con erradicación de Hp debe reservarse a los linfomas MALT de bajo grado, estadio IE-1, en centros especializados que dispongan de ecoendoscopia y que aseguren un estudio de extensión, la comprobación de regresión total de las lesiones, y un adecuado seguimiento a largo plazo. La importancia de realizar una ecoendoscopia antes de practicar un tratamiento erradicador radica en que cuando se hallan afectadas sólo la mucosa y submucosa, es muy probable que la erradicación sea suficiente para la curación del proceso maligno; en cambio cuando está afectada la muscular, el paciente necesitará además un tratamiento oncológico

- En el resto de los linfomas MALT gástricos (alto grado o estadios más avanzados), la erradicación constituye sólo una parte del tratamiento, debiendo recurrirse a otras terapias complementarias. (Grado de recomendación: A; Nivel de evidencia 1a).

1.4.- PREVENCIÓN DEL CÁNCER GÁSTRICO

La infección por Hp produce gastritis crónica y se acepta la secuencia habitualmente incompleta de: gastritis crónica superficial - gastritis crónica atrófica – metaplasia intestinal – displasia – cáncer. El tratamiento erradicador produce regresión de lesiones histológicas y por ello sería posible en teoría actuar profilácticamente sobre el cáncer gástrico erradicando el germen de los infectados, la mayoría asintomáticos. Dada la prevalencia de Hp en el mundo, esta medida de prevención del cáncer gástrico es irrealizable y su rendimiento en términos de coste/beneficio desaconsejable.

- Por tanto, no se recomienda la erradicación en la gastritis crónica. En la gastritis atrófica y metaplasia intestinal, no hay evidencias para aconsejar la erradicación, (ya que no hay datos concluyentes que tras la erradicación se produzca regresión de las lesiones pre-neoplásicas), aunque parece razonable en los casos de metaplasia intestinal con criterios histológicos de alto riesgo. (Grado de recomendación: C; Nivel de evidencia: 4). Estudios posteriores han demostrado que la atrofia gástrica, pero no la metaplasia intestinal, puede ser reversible tras la erradicación de Hp. Por tanto, si pretendemos prevenir el desarrollo de cáncer gástrico en los pacientes Hp-positivos, el tratamiento erradicador debería administrarse de forma precoz, probablemente antes de que se desarrolle atrofia gástrica, y desde luego antes de que haya aparecido metaplasia intestinal.

- Se puede recomendar erradicar en la gastritis linfocítica y enfermedad de Menètriér, a pesar que la evidencia de su utilidad es escasa. (Grado de recomendación: C; Nivel de evidencia: 4).

-También se recomienda erradicación en pacientes operados de gastrectomía parcial por cáncer gástrico e infección por Hp para prevención de recidiva en el muñón; y en familiares de primer grado de pacientes con cáncer gástrico. (Grado de recomendación: C; Nivel de evidencia: 4).

- En los pacientes sometidos a una resección mucosa endoscópica de un cáncer gástrico precoz también se debe erradicar la infección por Hp, porque ello permitirá evaluar con más fiabilidad la eventual persistencia de estas lesiones neoplásicas y porque disminuye la recurrencia del cáncer gástrico.

1.5.- DISPEPSIA FUNCIONAL

No está indicada la erradicación en el paciente con dispepsia funcional, aunque se considera aceptable el tratamiento erradicador en los pacientes cuya clínica persista tras haberse efectuado tratamiento sintomático con IBP (inhibidores de la bomba de protones) y/o procinéticos. (Grado de recomendación: C; Nivel de evidencia: 4).

1.6.- ENFERMEDAD POR REFLUJO GASTROESOFÁGICO (ERGE)

La infección por Hp tiene menor prevalencia en pacientes con ERGE que en controles, y la erradicación aumenta el reflujo y la pirosis en algunos pacientes, tanto "de novo" como empeorando el preexistente.

- Por todo ello no se aconseja la erradicación del Hp en pacientes con ERGE, sin otra patología gastroduodenal.

- Hay indicación de erradicación en asociación de ERGE y úlcera péptica (el beneficio de la erradicación sobre la úlcera es muy superior al posible, pero no demostrado, efecto adverso sobre el reflujo).

(Grado de recomendación: A; Nivel de evidencia: 1b).

Se postuló que pacientes con ERGE e infectados por Hp, que están en tratamiento de mantenimiento con IBP durante largo tiempo, desarrollaban mayor atrofia de mucosa gástrica (manifestación con connotaciones premalignas), por lo que se sugirió la erradicación. Sin embargo estudios posteriores no lo han confirmado, por lo que no hay aún una clara posición al respecto.

- Por tanto, el tratamiento de mantenimiento con IBP no es indicación de tratamiento erradicador. (Grado de recomendación: B; Nivel de evidencia: 1c).

1.7.- PACIENTES EN TRATAMIENTO CON AINES, AAS O ANTIINFLAMATORIOS ESPECÍFICOS DE LA COX-2 (COXIB)

- AINE no selectivos: no se recomienda la erradicación como gastroprotección. Una vez finalizado el tratamiento con AINE, se hará erradicación en pacientes con antecedentes de úlcera o que la hayan desarrollado en el transcurso del tratamiento con AINE. (Grado de recomendación: A; Nivel de evidencia: 1c).

- AAS a dosis bajas y COXIB: se recomienda erradicación en pacientes con factores de riesgo como historia previa de úlcera o de hemorragia digestiva. (Grado de recomendación: B; Nivel de evidencia 3a).

1.8.- PROCESOS EXTRAINTESTINALES QUE SE HAN RELACIONADO CON LA INFECCIÓN POR HELICOBACTER PYLORI

Numerosos procesos extraintestinales han sido relacionados con la infección por Hp: cardiopatía isquémica, rosácea, urticaria crónica idiopática, alopecia areata, diabetes mellitus, tiroiditis autoinmune, síndrome de Sjögren, síndrome de Raynaud, síndrome de Schonlein-Henoch, migraña, colelitiasis, encefalopatía hepática, anemia ferropénica, retraso estaturo-ponderal y/o dolor abdominal recurrente en niños. Los trabajos referentes a los resultados tras la erradicación del Hp en estos procesos son discordantes y mayoritariamente desaconsejan la erradicación.

- En resumen, no se recomienda la erradicación en procesos extraintestinales, que se habían relacionado con Hp. (Grado de recomendación: B; Nivel de evidencia: 1c).

 Además, estudios recientes demuestran que el efecto beneficioso del tratamiento erradicador sobre la respuesta de la anemia ferropénica al hierro administrado por vía oral no está suficientemente establecido.

2.- DIAGNÓSTICO DE LA INFECCIÓN POR HELICOBACTER PYLORI

Se parte de la base de que la infección por Hp sólo debe ser diagnosticada cuando esté indicado aplicar un tratamiento erradicador. Disponemos en la actualidad de una amplia variedad de métodos para diagnosticar esta infección. Hemos enfocado este apartado desde dos puntos de vista: por un lado, el método diagnóstico a seguir en distintas situaciones clínicas y por otro, el papel actual de cada método diagnóstico por separado.

2.1.- DIAGNÓSTICO DE LA INFECCIÓN POR HELICOBACTER PYLORI EN DISTINTAS SITUACIONES CLÍNICAS

2.1.1.- Síntomas de dispepsia y endoscopia normal
En esta situación no está indicada la toma sistemática de biopsias para el diagnóstico de la infección por Hp. (Grado de recomendación: A; Nivel de evidencia: 1b).

2.1.2.- Diagnóstico endoscópico de úlcera gástrica o duodenal
El hallazgo de una úlcera gástrica o duodenal durante la realización de una endoscopia digestiva alta obliga a descartar la presencia de Hp. En esta situación, el diagnóstico de la infección debe basarse en métodos sobre muestras de biopsia. El endoscopista debe tomar dos muestras de biopsia de antro y una de cuerpo.
- **El test rápido de la ureasa** es el de primera elección por su sencillez, disponibilidad, fiabilidad, economía y por ofrecer un resultado en pocas horas. Requiere una única muestra de biopsia de antro gástrico. Un test rápido positivo confirma la infección.
(Grado de recomendación: A; Nivel de evidencia: 1b).
- **Diagnóstico por anatomía patológica.** En caso de negatividad del test de la ureasa o por motivo de estudio de gastritis, las dos muestras de biopsia restantes (una de antro y una de cuerpo gástricos) deben ser enviadas a anatomía patológica para su estudio histológico para el diagnóstico de la infección. (Grado de recomendación: A; Nivel de evidencia 1b).
Lógicamente y con independencia de la infección por Hp, la presencia de úlcera gástrica obliga a la toma de biopsias para descartar su posible naturaleza neoplásica.
- **Prueba del aliento.** Por último, dada la relevancia de la infección por Hp en la etiopatogenia de la úlcera péptica gastroduodenal y la eficacia del tratamiento erradicador en la curación de la misma, la negatividad de los dos test anteriores (test rápido de la ureasa e histología) obliga a la realización de un test de aliento con ^{13}C-urea antes de descartar definitivamente la etiología infecciosa de la úlcera. (Grado de recomendación: A; Nivel de evidencia 1c).

2.1.3.- Hemorragia digestiva alta secundaria a úlcera gástrica o duodenal
En una hemorragia digestiva alta en la que la endoscopia demuestra la existencia de una úlcera gástrica o duodenal, el diagnóstico de la infección por Hp debe realizarse durante el mismo acto endoscópico por el procedimiento descrito en el apartado anterior (test rápido de la ureasa, estudio histológico) siempre que la situación clínica del paciente y los restos hemáticos presentes en la cámara gástrica lo permitan. En caso contrario el diagnóstico de la infección se hará posteriormente con test de aliento con ^{13}C -urea. En la úlcera gástrica, este diagnóstico puede realizarse mediante métodos basados en biopsia en cualquiera

de los necesarios controles endoscópicos posteriores. (Grado de recomendación: A; Nivel de evidencia: 1b).

En un reciente estudio se ha demostrado que tras el lavado gástrico (previo a la realización de la gastroscopia) era más difícil detectar histológicamente la infección, por lo que deberían obtenerse durante la endoscopia múltiples biopsias para evaluar la presencia de Hp, con la intención de evitar resultados falsos negativos.

2.1.4.- Pacientes con antecedentes de úlcera péptica

En cualquier paciente que refiera antecedentes de úlcera péptica, previamente diagnosticada por métodos adecuados, con o sin síntomas, se debe investigar la posible presencia de infección por Hp. Dado que en esta situación no se requiere habitualmente de la realización de una endoscopia, el método de elección para el diagnóstico de Hp es el test de aliento con ^{13}C -urea. Caso de no disponibilidad de la prueba del aliento, el test de cuantificación de antígenos de Hp en heces se considera una alternativa adecuada (Grado de recomendación: A; Nivel de evidencia: 1a).

2.1.5.- Control de la erradicación de la infección

En todo paciente sometido a un tratamiento erradicador debe confirmarse la eficacia del mismo. Este control debe realizarse al menos 6 semanas tras la conclusión del tratamiento. El test de elección en estos casos lo constituye el test de aliento con ^{13}C -urea. En caso de no disponibilidad del test de aliento, el test de cuantificación de antígenos de Hp en heces podría utilizarse como alternativa, teniendo en cuenta que en este contexto sólo los test monoclonales han demostrado una sensibilidad y valor predictivo positivo adecuados. (Grado de recomendación: A; Nivel de evidencia: 1b).

2.1.6.- Pacientes en tratamiento antibiótico o antisecretor actual o reciente

En caso de tratamiento con IBP o antibióticos las pruebas diagnósticas bajan en sensibilidad, por lo que es necesaria su suspensión, 2 semanas (IBP) o 4 semanas (antibióticos). No es necesaria la suspensión en caso de tratamiento con antagonistas H_2. (Grado de recomendación: A; Nivel de evidencia: 1b).

2.2.- MÉTODOS DIAGNÓSTICOS

2.2.1- Test rápido de la ureasa

Es el test de primera elección para el diagnóstico de la infección por Hp en pacientes que requieren la realización de una endoscopia digestiva alta (Grado de recomendación: A; Nivel de evidencia: 1b). Debe realizarse sobre una única muestra de biopsia, preferiblemente del antro gástrico.

2.2.2.- Histología

El estudio histológico de muestras de biopsia para el diagnóstico de la infección está indicado en todo paciente que requiere de la realización de una endoscopia digestiva alta, en el que el test de la ureasa ha sido negativo. (Grado de recomendación: A; Nivel de evidencia: 1b). Esta circunstancia se produce básicamente en presencia de sangre y en pacientes bajo tratamiento antibiótico o antisecretor. El diagnóstico histológico de la infección por Hp debe realizarse sobre dos muestras de biopsia, una procedente de antro y otra de cuerpo gástrico.

2.2.3.- Cultivo

El cultivo de muestras de biopsia es el método más específico, pero su complejidad, coste y retraso diagnóstico hace que haya sido relegado de la práctica clínica. La realización de cultivo y antibiograma de biopsias de mucosa gástrica puede realizarse en caso de fracaso de dos pautas de erradicación (tratamiento primario y de rescate), con el fin de estudiar resistencias del germen a antibióticos. No obstante, este procedimiento ofrece una más que dudosa repercusión práctica, por lo que su uso queda relegado al contexto de estudios epidemiológicos y de investigación clínica. (Grado de recomendación: B; Nivel de evidencia: 1c).

2.2.4.- Test de aliento con ^{13}C-urea

Muestra una elevada sensibilidad y especificidad diagnósticas, así como un elevado valor predictivo, superiores al 95%. Es un test simple, no invasivo y de bajo coste, fácilmente aplicable a la práctica clínica. Por todo ello, se considera el test de elección para el diagnóstico de la infección por Hp en cualquier situación clínica en la que no se requiere de la realización de una endoscopia digestiva (diagnóstico primario y control tras erradicación). (Grado de recomendación: A; Nivel de evidencia: 1a).

También está indicado cuando en el estudio endoscópico tanto el test rápido de la ureasa como el estudio histológico han resultado negativos. Su eficacia se ve limitada en casos de baja densidad de colonización (tratamiento con IBP o antibióticos) o en gastrectomías por la menor posibilidad de contacto de la urea marcada con la mucosa gástrica.

2.2.5.- Serología

El valor predictivo de los test serológicos es muy limitado, por lo que no es recomendable su aplicación en la práctica clínica. No obstante, podría considerarse su empleo en pacientes que no requieren endoscopia, como alternativa al test de aliento y al test de antígenos en heces, en caso de no disponibilidad de ninguno de estos dos test. La utilidad principal de los test serológicos la constituyen los estudios epidemiológicos poblacionales. (Grado de recomendación: C; Nivel de evidencia: 1b).

Los test serológicos "rápidos" tienen una baja eficacia diagnóstica, por lo que son poco recomendables.

2.2.6.- Test de antígenos de Helicobacter pylori en heces

Su eficacia diagnóstica es elevada, tanto en el diagnóstico primario de la infección por Hp, como en el control de erradicación (sensibilidad y especificidad entre el

80-95%). Los resultados son mejores en los test monoclonales que en policlonales. Su eficacia, al igual que con el test de aliento con ^{13}C-urea, se ve afectada por una baja densidad de colonización por el tratamiento con IBP o antibióticos, o por la presencia de sangre en la hemorragia digestiva alta. El test de antígenos en heces es simple y fácilmente aplicable a la práctica clínica, sólo limitado por conllevar la manipulación de heces. Por todo ello, se recomienda como segunda opción en caso de imposibilidad de realizar la prueba del aliento. (Grado de recomendación: A; Nivel de evidencia: 1a).

Aunque los test "rápidos" de detección de antígenos en heces constituyen una prometedora alternativa para el diagnóstico de la infección por Hp, aún no puede recomendarse su utilización sistemática.

3.- TRATAMIENTO DE LA INFECCIÓN POR HELICOBACTER PYLORI

3.1.- TRATAMIENTOS ERRADICADORES DE PRIMERA ELECCIÓN EN ESPAÑA

La combinación de un IBP con claritromicina y amoxicilina ha sido la más utilizada en España, y los estudios publicados la reafirman como la pauta de primera elección.

Asimismo, la combinación de ranitidina-citrato de bismuto (RCB) junto con dos antibióticos puede incluirse dentro de los tratamientos erradicadores de primera elección. (Grado de recomendación: A; Nivel de evidencia: 1a).

Los estudios que se han llevado a cabo comparando IBP frente a RCB junto con claritromicina y amoxicilina, concluyen que ambas alternativas son equivalentes. Sin embargo, cuando los antibióticos empleados son claritromicina y un nitroimidazol, la RCB es superior a los IBP.

- En resumen, las pautas de primera elección que se recomiendan en España son:
- **IBP (dosis habitual / 12 h) + amoxicilina (1 gr. / 12 h) + claritromicina (500 mg. / 12 h).**
- **RCB (400 mg. cada 12 h) junto con los mismos antibióticos y a las mismas dosis.**
(Grado de recomendación: A; Nivel de evidencia: 1a).
- En caso de alergia a la penicilina, la amoxicilina deberá ser sustituida por metronidazol (500 mg. / 12 h); en este caso probablemente se deba emplear RCB en lugar de un IBP.
- Aunque las terapias triples "tradicionales" antes descritas siguen siendo recomendadas como de primera línea, actualmente su eficacia deja mucho que desear. Así, aunque al principio se describieron cifras de erradicación en torno al 90%, más recientemente se ha comprobado que las tasas de curación se sitúan habitualmente por debajo del 80%, tal vez debido al incremento de las resistencias antibióticas frente a Hp. Por tanto, han surgido en los últimos años otras terapias alternativas, entre las que destaca la denominada "terapia secuencial". Esta consiste

en la administración de un IBP junto con amoxicilina durante los 5 primeros días, para posteriormente combinar el IBP con claritromicina y un nitroimidazol durante otros 5 días más. Un estudio reciente realizado en Italia ha demostrado que la terapia secuencial es más efectiva, no solo en general, sino sobre todo en los pacientes con cepas de Hp resistentes a la claritromicina.

- Los tratamientos basados en levofloxacino (junto con un IBP y amoxicilina) podrían representar una alternativa a la triple terapia clásica en las regiones con una elevada prevalencia de resistencias a la claritromicina. La pauta sería: levofloxacino (500 mg. / 12 h) + amoxicilina (1 gr. / 12 h) + IBP (dosis habitual / 12 h), durante 7 o 10 días.

3.2.- ¿SON TODOS LOS IBP IGUAL DE EFICACES DENTRO DE LAS TERAPIAS TRIPLES?

Todos los IBP (omeprazol, lansoprazol, pantoprazol, rabeprazol y esomeprazol) son equivalentes junto con dos antibióticos para erradicar la infección por Hp. (Grado de recomendación: A; Nivel de evidencia: 1a).

3.3.- ¿EL TRATAMIENTO PREVIO CON UN IBP DISMINUYE LA EFICACIA POSTERIOR DE LAS TERAPIAS TRIPLES?

El tratamiento previo con un IBP no disminuye la eficacia posterior de las terapias triples con este antisecretor junto con dos antibióticos. (Grado de recomendación: A; Nivel de evidencia: 1a).

3.4.- ¿ES NECESARIO PROLONGAR LA ADMINISTRACIÓN DE IBP EN LA ÚLCERA DUODENAL DESPUÉS DE HABER CONCLUIDO EL TRATAMIENTO ANTIBIÓTICO DURANTE 7 DÍAS?

Para obtener una elevada tasa de cicatrización ulcerosa duodenal es suficiente el empleo de un IBP (junto con dos antibióticos) durante 1 semana, sin que sea necesario añadir tratamiento antisecretor alguno. (Grado de recomendación: A; Nivel de evidencia: 1a).

A pesar de ello, en úlceras complicadas (por ejemplo hemorragia digestiva) parece prudente indicar IBP hasta confirmar la erradicación de Hp. (Grado de recomendación: D; Nivel de evidencia: 5).

3.5.- ¿ES NECESARIO PROLONGAR LA ADMINISTRACIÓN DE IBP EN LA ÚLCERA GÁSTRICA DESPUÉS DE HABER CONCLUIDO EL TRATAMIENTO ANTIBIÓTICO DURANTE 7 DÍAS?

En el caso de la úlcera gástrica no disponemos de estudios que comparen directamente terapia erradicadora aislada frente a terapia erradicadora seguida de IBP. Por tanto, tras haber finalizado el tratamiento erradicador, se debe prolongar el tratamiento antisecretor (por ejemplo entre 4 y 8 semanas más) en las úlceras gástricas grandes (> 1 cm). Sin embargo, en las úlceras gástricas de pequeño tamaño (< o = 1 cm) puede ser suficiente administrar terapia erradicadora sin prolongar posteriormente el tratamiento antisecretor. (Grado de recomendación: C; Nivel de evidencia: 4).

3.6.- ¿CUÁL DEBE SER LA DURACIÓN DEL TRATAMIENTO ERRADICADOR CUANDO SE EMPLEA UN IBP Y DOS ANTIBIÓTICOS?

Siete días es la duración más coste-efectiva de las terapias triples (IBP-claritromicina-amoxicilina) para realizar tratamiento erradicador de Hp en pacientes con úlcera gástrica o duodenal. (Grado de recomendación: B; Nivel de evidencia: 2c).

Las pautas largas (10 días) has demostrado ser más coste-efectivas en nuestro medio en el tratamiento de la infección por Hp en pacientes con dispepsia funcional. (Grado de recomendación: B; Nivel de evidencia: 2c).

3.7.- ¿ES NECESARIO REALIZAR CULTIVO (CON ANTIBIOGRAMA) PREVIAMENTE A LA ADMINISTRACIÓN DE UN PRIMER TRATAMIENTO ERRADICADOR?

En la práctica clínica no es necesario el cultivo previo, ya que el tratamiento empírico obtiene la erradicación de Hp en un elevado porcentaje de pacientes, que oscila entre el 80-90%. (Grado de recomendación: A; Nivel de evidencia: 1a).

3.8.- ¿ES NECESARIO CULTIVO (CON ANTIBIOGRAMA) PREVIAMENTE A LA ADMINISTRACIÓN DE UN SEGUNDO TRATAMIENTO ERRADICADOR TRAS EL FRACASO DE UN PRIMERO?

Tampoco es necesario realizar cultivo de forma sistemática previamente a la administración de un segundo tratamiento erradicador tras el fracaso de un primer tratamiento. (Grado de recomendación: A; Nivel de evidencia: 1c), por la elevada eficacia del tratamiento cuádruple empírico. Considerando de forma global los resultados, se obtiene una tasa de erradicación acumulada de casi en 100%, porcentaje que se consigue con la sumación de la tasa media de erradicación del 85% con el primer tratamiento erradicador, más el 80% aproximado de la terapia cuádruple de rescate.

Es recomendable que en algunos centros con especial dedicación a este tema se realizara cultivo de forma rutinaria, para poder estudiar la incidencia de resistencias tras un fracaso erradicador y valorar la influencia de éstas en los tratamientos de "rescate".

3.9.- TRATAMIENTO DE "RESCATE" CUANDO FRACASA UN PRIMER INTENTO ERRADICADOR CON UN IBP, CLARITROMICINA Y AMOXICILINA

Tras el fracaso erradicador de la combinación IBP-claritromicina-amoxicilina se recomienda una cuádruple terapia durante 7 días con: IBP (a la dosis habitual administrada cada 12 horas) + subcitrato de bismuto (120 mg. / 6 h) + tetraciclina

(500 mg. / 6 h) + metronidazol (500 mg. / 8 h). (Eficacia erradicadora media del 80%).

La sustitución del IBP y del compuesto de bismuto de la cuádruple terapia por RCB constituye una alternativa válida (con la ventaja de requerir un menor número de fármacos y tener una posología más sencilla).

(Grado de recomendación: A; Nivel de evidencia: 1a).

El tratamiento de rescate de segunda línea con levofloxacino durante 10 días es también eficaz para erradicar la infección, y tiene la ventaja de ser un régimen más sencillo y mejor tolerado que la cuádruple terapia. La pauta sería: levofloxacino (500 mg. / 12 h) + amoxicilina (1 gr. / 12 h) + IBP (dosis habitual / 12 h), durante 10 días (más eficaz que si se prescribe sólo 7 días).

3.10.- ACTITUD CUANDO FRACASAN DOS INTENTOS ERRADICADORES, EL PRIMERO CON UN IBP-CLARITROMICINA-AMOXICILINA Y EL SEGUNDO CON UNA CUÁDRUPLE TERAPIA ¿ES NECESARIO CULTIVO PREVIO A UN TERCER TRATAMIENTO ERRADICADOR?

Aunque habitualmente se ha recomendado que ante el fracaso de dos tratamientos erradicadores se debe practicar cultivo y antibiograma para seleccionar la combinación antibiótica más adecuada, otra opción igualmente válida es el empleo de un nuevo tratamiento empírico sin necesidad de realizar cultivo bacteriano, procurando utilizar antibióticos no usados en los dos anteriores intentos previos, pues se sabe que cuando fracasa una combinación que contiene claritromicina o metronidazol aparece resistencia a éstos en la mayoría de los casos. (Grado de recomendación: C; Nivel de evidencia: 4).

 Así, en caso de administrar un tercer tratamiento empírico –sin reutilizar claritromicina ni metronidazol- disponemos de las siguientes alternativas.

- Levofloxacino: posee in vitro una elevada actividad frente a Hp y las resistencias primarias frente a este antibiótico son muy reducidas. El tratamiento de rescate de tercera línea con levofloxacino (500 mg. / 12 h) + amoxicilina (1gr. / 12 h) + IBP (dosis habitual / 12 h), durante 10 días, constituye también una prometedora alternativa tras el fracaso de múltiples terapias erradicadoras.

- Otra de las alternativas de tercera línea incluye la rifabutina entre sus componentes.

Hp ha demostrado ser altamente susceptible in vitro a este antibiótico. Por otro lado, hasta el momento no se han aislado cepas de Hp resistentes a rifabutina. La pauta sería: rifabutina (150 mg. / 12 h) + amoxicilina (1 gr. / 12 h) + IBP (dosis habitual / 12 h), durante 10 días. Sin embargo, se ha demostrado que la pauta con levofloxacino es más efectiva. Otro argumento a favor del empleo de esta quinolona es su mejor perfil de seguridad, ya que la rifabutina puede producir efectos adversos graves, como mielotoxicidad (neutropenia y/o trombopenia) en el 10% de los pacientes, que se suele resolver espontáneamente al finalizar el tratamiento.

- Furazolidona: ha demostrado tener, en monoterapia, una elevada actividad antimicrobiana frente a Hp y la resistencia frente a furazolidona es casi inexistente. Se ha utilizado una cuádruple terapia con furazolidona (200 mg. / 12 h) + bismuto (120 mg. / 6 h) + tetraciclina (500 mg. / 6 h) + IBP, como tratamiento de tercera línea, y se han llegado a conseguir tasas de erradicación de hasta el 90%.

No obstante, puesto que la experiencia con los fármacos utilizados en las combinaciones de tercera línea es aún muy limitada y se han descrito efectos adversos de cierta importancia, parece recomendable que su evaluación se lleve a cabo por grupos con experiencia y dedicación a este tema.

3.11. TRATAMIENTOS DE CUARTA LÍNEA

Incluso tras el fracaso de 3 tratamientos previos, una cuarta terapia de rescate empírica (con levofloxacino o rifabutina) puede ser efectiva en más de la mitad de los casos. A los pacientes que hayan recibido un tercer tratamiento con rifabutina se les puede administrar un cuarto con IBP, amoxicilina (1 gr./12 h) y levofloxacino (500 mg./12 h) durante 10 días, mientras que a los pacientes en los que se pautó un tercer tratamiento con levofloxacino se les puede administrar un cuarto con IBP, amoxicilina (1 gr./12 h) y rifabutina (150 mg./12 h) también durante 10 días.

3.12.- EN LOS PACIENTES QUE HAN SUFRIDO UNA HEMORRAGIA DIGESTIVA POR ÚLCERA GASTRODUODENAL, ¿ES PRECISO ADMINISTRAR TRATAMIENTO DE MANTENIMIENTO CON ANTISECRETORES TRAS ERRADICAR LA INFECCIÓN POR HP?

Una vez confirmada la erradicación no es preciso tratamiento de mantenimiento con antisecretores (si el paciente no requiere AINE), ya que la erradicación de Hp elimina la práctica totalidad de las recidivas hemorrágicas. (Grado de recomendación: A; Nivel de evidencia: 1a).

3.13.- ¿PUEDE RECOMENDARSE LA ESTRATEGIA "TEST AND TREAT" EN LOS PACIENTES DISPÉPTICOS DE NUESTRO MEDIO?

No hay acuerdo sobre la alternativa diagnóstica o terapéutica inicial de elección en el paciente joven (habitualmente la edad de corte es la de 50 años) con dispepsia y sin síntomas ni signos de alarma. Se pueden considerar 3 estrategias:
   a) Endoscopia inicial.
   b) Tratamiento empírico antisecretor, o
   c) Estrategia "test and treat".
Esta última opción consiste en la realización de una prueba "indirecta" que no precisa de endoscopia (preferentemente prueba del aliento) para el diagnóstico de la infección por Hp y el tratamiento erradicador consiguiente si se demuestra. La estrategia "test and treat" ha sido recomendada por la mayoría de las Guías de Práctica Clínica y Conferencias de Consenso en pacientes dispépticos jóvenes sin síntomas ni signos de alarma.

3.13.1.- "Test and treat" frente a endoscopia inicial

La estrategia "test and treat" tiene la misma eficacia que la endoscopia inicial en pacientes con dispepsia sin síntomas ni signos de alarma y con una reducción del número de endoscopias (alrededor del 70%). (Grado de recomendación: A; Nivel de evidencia: 1b).

La estrategia "test and treat" tiene la misma eficacia que la endoscopia inicial en pacientes con dispepsia sin síntomas ni signos de alarma y con una mejor relación coste-efectividad. (Grado de recomendación: B; Nivel de evidencia: 2c).

3.13.2.- "Test and treat" frente a tratamiento antisecretor

La estrategia "test and treat" tiene más eficacia que el tratamiento antisecretor en pacientes con dispepsia e infección por Hp. (se demuestra una reducción de las recidivas sintomáticas, así como una disminución de la sintomatología dispéptica y una mejoría de la calidad de vida). (Grado de recomendación: A; Nivel de evidencia: 1b).

El test del aliento es preferible a la serología para la investigación de Hp en la estrategia "test and treat". El test de detección de antígenos de Hp en heces, que ha demostrado tener una elevada exactitud en el diagnóstico de la infección antes de administrar tratamiento erradicador, podría representar una alternativa válida, aunque se precisan más estudios que lo validen en la estrategia "test and treat".

Múltiples estudios de coste-efectividad muestran que en condiciones de prevalencia de Hp media o alta la estrategia "test and treat" resulta más coste-efectiva que el tratamiento antisecretor. Por el contrario, el tratamiento antisecretor empírico inicial resulta más coste-efectivo cuando la prevalencia de infección por Hp cae por debajo del 15-20%. En nuestro país, la prevalencia de infección por Hp en pacientes dispépticos es de alrededor del 60%, aproximadamente un 20% de los pacientes a los que se les practica una endoscopia precoz por dispepsia presenta una úlcera y esta proporción aumenta hasta el 30% si se consideran únicamente los infectados por Hp. En estas condiciones, parece evidente concluir que en nuestro medio, la estrategia "test and treat" resultaría más coste-efectiva que el tratamiento antisecretor empírico.

En resumen, se puede concluir que, aunque es evidente que son precisos más estudios en nuestro medio, la estrategia "test and treat" puede recomendarse como una opción razonable y válida en los pacientes dispépticos españoles. No obstante, es necesario realizar endoscopia inicial a todos los pacientes con algún signo o síntoma de alarma o en aquellos de más de una determinada edad (por ejemplo > 50 años) con dispepsia de nueva aparición.

BIBLIOGRAFÍA

1. **Marzo M, Alonso P, Barenyis M, et al. Manejo del paciente con dispepsia. Guía de práctica clínica. 2003.**
2. Talley Nj, Vakil N. Guidelines for the management of dyspepsia. Am Journal Gastrenterol 2005; 100: 2324-37.
3. **Talley N, Vakil N, Moayyedi P. Technical Review on the evaluation of Dyspepsia. Gastroenterology 2005;129: 1756-1780.**
4. Simrem M, MD et al. Functional dyspepsia: evaluation and treatment. Gastroenterol Clin N Am.2003; 32: 577-599.
5. **Dougr.las A, Drossman. The functional disorders and the Rome III Process. Gastroenterology. 2006; 130:1377-1390.**
6. Delany BC, Mayyedi P, Forman D. Initial management strategies for dyspepsia. Cochrane Data Base.2003.
7. Mearin F. What dyspepsia, organic dyspepsia and functional dyspepsia are? Acta Gastroenterol Latinoam. 2007 Sep; 37(3):178-82.
8. Tack J, Talley NJ, Camilleri M, Holtman GR., et al. Functional gastroduodenal disorders: a working team report for the Rome III consensus. Gastroenterology 2006; 130: 1466-1479.
9. El Seragr. HB, Talley NJ. Systematic review: The prevalence and clinical course of functional dyspepsia. Aliment Pharmacol Ther 2004; 19:643-54.
10. Talley NJ, Vakil N, Delaney B, et al. Management issues in dyspepsia; current consensus and controversies. Scand J Gastroenterol.2004; 39:913-8.
11. Perelló A, Mearin F. Posibilidades farmacológicas de modulación de percepción visceral. Gastroenterol Hepatol 2004; 27: 480-90.
12. Ford AC, Qume M, Moayyedi P et al. Review: prompt endoscopy is not a cost effective strategy for initial management of dyspepsia. EBM. 2005; 10:185.
13. Manes GR., Menchise A, De Nucci C, Balzano A. Empirical prescribing for dyspepsia: randomized controlled trial of test and treat versus omeprazole treatment. BMJ. 2003; 326: 1188-21.
14. **Monés J, Gisbert JP, Borda F, Domínguez-Muñoz E, y Grupo Conferencia Española de Consenso sobre *Helicobacter pylori*. Indicaciones, métodos diagnósticos, y tratamiento erradicador de *Helicobacter* pylori. Recomendaciones de la II Conferencia Española de Consenso. Rev Esp Enferm Dig. 2005; 97(5): 348-374.**
15. **Malfertheiner P, Megraud F, O`Morain C, Bazzoli F, El-Omar E, Graham D, Hunt R, Rokkas T, Vakil N, Kuipers EJ and The European Helicobacter Study Group. (EHSGR.). Current concepts in the management of *Helicobacter pylori* infection: the Maastricht III Consensus Report. Gut. 2007 May; 56: 772-781.**
16. **Gisbert JP. Enfermedades relacionadas con *Helicobacter pylori*: dispepsia, úlcera y cáncer gástrico. Jornada de actualización en**

Gastroenterología aplicada. Gastroenterología y Hepatología. 2007 Oct; 30(Supl 3): 3-12.

17. Talley NJ, M.D., Ph.D., F.A.C.GR.., Vakil N, M.D., F.A.C.GR.., and the Practice Parameters Committee of the American College of Gastroterology. Guidelines of the Management of Dyspepsia. Am J Gastroenterol. 2005; 100: 2324-2337.

18. Grupo de trabajo de la guía de práctica clínica sobre dispepsia. Asociación Española de Gastroenterología, Sociedad Española de Medicina de Familia y Comunitaria y Centro Cochrane Iberoamericano. Manejo del paciente con dispepsia. Guía de Práctica Clínica. Barcelona, 2003. SCM, S.L.

19. Vaira D, Zullo A, Vakil N, Gatta L, Ricci C, Perna F, Hassan C, Bernabucci V, Tampieri A, Moniri S. Sequential therapy versus standard triple-drug therapy for *Helicobacter pylori* eradication: a randomized trial. Ann Intern Med. 2007; 146: 556-563.

20. Fuccio L, Minardi ME, Zagrari RM, Grilli D, Magrini N, Bazzoli F. Meta-analysis: duration of first-line proton-pump inhibitor-based triple therapy of *Helicobacter pylori* eradication. Ann Intern Med. 2007; 147: 553-562.

21. Pajares García JM, Pajares Villarroya R, Gisbert JP. *Helicobacter pylori*: resistencia a los antibióticos. Rev Esp Enferm Dig. (Madrid). 2007; 99(2): 63-70.

22. Gisbert JP, Gisbert JL, Marcos S, Moreno-Otero R, Pajares JM. Third-line rescue therapy with levofloxacin is more effective than rifabutin rescue regimen after two *Helicobacter pylori* treatment failures. Aliment Pharmacol Ther. 2006; 24: 1469-1474.

23. Gisbert JP, Bermejo F, Ducons J. Tratamiento de rescate con levofloxacino tras múltiples fracasos erradicadores de *Helicobacter pylori*. Gastroenterol Hepatol. 2005; 28: 153.

24. Gisbert JP, Bujanda L, Calvet X. Tratamiento de rescate con rifabutina tras múltiples fracasos erradicadores de *Helicobacter pylori*. Gastroenterol Hepatol. 2005; 28: 154.

25. Calvet X, Gisbert JP. Estrategia "test and treat" en la infección por *Helicobacter pylori*: dónde, cuándo y a quién. Gastroenterología Práctica. 2004; 13(7): 4-12.

HIPERTRANSAMINASEMIA Y HEPATOPATÍAS CRÓNICAS NO VÍRICAS

David Marín García – Inmaculada Santaella Leiva – Juan Miguel Lozano Rey

Nos ocuparemos en primer lugar del abordaje inicial de los pacientes con hipertransaminasemia ó colestasis, para luego describir las enfermedades hepáticas metabólicas y colestásicas más frecuentes.

ESTUDIO DIAGNOSTICO DE LA ELEVACION DE ENZIMAS HEPATICAS

La elevación de las enzimas hepáticas puede reflejar daño hepático o alteración del flujo biliar. Puede ocurrir en un paciente con signos o síntomas compatibles con enfermedad hepática o lo que es más frecuente como un hallazgo en una analítica de rutina.

1.- ALTERACION DE LAS TRANSAMINASAS

La determinación de las transaminasas constituye una prueba útil en el diagnóstico y control evolutivo de numerosas enfermedades, pero su interpretación está condicionada por las siguientes características:

- **Inespecificidad**: la hipertransaminasemia es un fenómeno muy inespecífico que puede tener lugar en gran número de situaciones patológicas, tanto de origen hepático como no hepático.
- **Gran sensibilidad**: la determinación de las transaminasas constituye una prueba muy sensible que refleja daño celular.
- **Escaso valor pronóstico**: no existe una correlación exacta entre el grado de hipertransaminasemia y la gravedad de las lesiones (por ejemplo en la cirrosis).
- **Variabilidad evolutiva**: La determinación sucesiva en el tiempo refleja la actividad clínica de la enfermedad.

La interpretación y valoración de una hipertransaminasemia debe llevarse a cabo siempre dentro del contexto clínico del paciente y ha de tener presente tanto la importancia cuantitativa de su elevación, como el tiempo durante el que persiste.

A pesar de conocerse más de 60 reacciones de transaminación, desde el punto de vista clínico sólo se realizan determinaciones de:

1.1.- GOT/AST (ASPARTATO AMINOTRANSFERASA)

Se encuentra principalmente en el corazón, hígado, músculo esquelético y riñón .La relación GOT>GPT es más frecuente en el daño hepático asociado a alcohol (por déficit de piridoxal-5-fosfato). No existen variaciones en relación con la dieta. Aumenta con el ejercicio físico extenuante, sobre todo en varones, así como con el sobrepeso (llegando hasta 45% por encima del límite superior normal).

1.2.- GPT/ALT (ALANINO AMINOTRANSFERASA)

Se localiza fundamentalmente a nivel del hígado y del riñón, estando en menor cantidad en el corazón y músculo esquelético. Es un marcador más sensible de daño hepático que la GOT. No existe variación con la dieta, y menor aumento con el ejercicio. Según el grado de elevación de las transaminasas se puede clasificar en:

    1.-Leve: < 5 veces el límite superior de la normalidad (<5x)
    2.- Moderada: 5-10 veces el límite superior de la normalidad (5-10x)
    3.-Severa: >10 veces el límite superior de la normalidad (>10x)

Por otro lado, según el tiempo de evolución se clasifica en:

1.-Hipertransaminasemia aguda: se suele asociar a cifras de GPT>10x, siendo el 90% de etiología viral.

2.-Hipertransaminasemia prolongada: > 6 meses. Las cifras de GPT suelen ser <10x.

En la **Tabla 8** se citan las causas más frecuentes de hipertransaminasemia.

Tabla 8. Etiologías más frecuentes de hipertransaminasemia	
Hipertransaminasemia aguda	**Hipertransaminasemia crónica**
-Hepatitis virales (A-E, herpes) -Hepatitis de origen tóxico -Hepatitis alcohólica -Hepatitis isquémica -Hepatitis autoinmune -Enfermedad de Wilson -Obstrucción biliar aguda -Síndrome de Budd-Chiari agudo -Ligadura Arteria hepática -Infiltración tumoral masiva del hígado -Síndrome de Reye -Esteatosis aguda del embarazo -Otras: galactosemia, tirosinemia, fructosemia	-Abuso de alcohol -Hepatitis crónica viral B y C -Hepatopatía grasa no alcohólica -Fármacos -Hepatitis autoinmune -Enfermedad de Wilson -Hemocromatosis -Déficit de alfa1-antitripsina -Porfirias hepáticas -Enfermedad celíaca -Enfermedad tiroidea -Miopatías congénitas y adquiridas

En los **Algoritmos 3 y 4** se aprecia la conducta a seguir en la valoración de la hipertransaminasemia.

**HIPERTRANSAMINASEMIA SEVERA
GOT/GPT > 10x**

1.- A DESCARTAR CAUSAS VIRALES, TÓXICAS E ISQUÉMICAS.
2.- ANALÍTICA: Hemograma, bioquímica con perfil hepático, albúmina y coagulación. ESTUDIO ETIOLÓGICO: IgM AntiVHA, IgM AntiHBc, AgHBs, AntiVHC.
3.- ESTUDIO ECOGRÁFICO: DESPISTAJE DE PATOLOGÍA BILIAR/VASCULAR

ESTUDIO NEGATIVO: REVISAR HISTORIA CLÍNICA Y AMPLIAR ANALÍTICA

ORIGEN INFECCIOSO/REACTIVACIÓN HEPATITIS CRÓNICA: RNA VHC, VHD: IgM antiVHD, IgM antiCMV, serología Grupo Herpes, Toxoplasma, etcétera.

AUTOINMUNIDAD: ANA, AntiLKM, Anti SM, Anti LP, Anti SLA, Proteinograma con IgG.

ENFERMEDAD DE WILSON: Ceruloplasmina, Anillo de Kaisser-Fleischer, Cobre en orina de 24 horas.

ESTUDIO POSITIVO: Iniciar tratamiento si procede.

Algoritmo 3. Valoración de la hipertransaminasemia severa.

HIPERTRANSAMINASEMIA LEVE-MODERADA GOT/GPT < 10x

HISTORIA CLÍNICA: AF de hepatopatía. AP de transfusiones de hemoderivados, hemodiálisis, hábitos tóxicos, conducta sexual, tatuajes, piercings, consumo de hierbas medicinales y medicamentos.
EXPLORACIÓN FÍSICA: Datos de hepatopatía crónica: ictericia, ascitis, telangiectasias, eritema palmar, etcétera.
CONFIRMACIÓN DE HIPERTRANSAMINASEMIA EN DOS OCASIONES
ESTUDIO ANALÍTICO Y ECOGRÁFICO

HIPERTRANSAMINASEMIA DE CAUSA HEPÁTICA

FRECUENTES:
-Hepatopatías virales: Ag HBs, AntiHBs, Anti HBc, Anti VHC.
-Hepatopatía enólica: GOT/GPT ≥ 2:1, GGT, VCM o Triglicéridos elevados.
-Esteatosis/Esteatohepatitis no alcohólica: diagnóstico de exclusión.
-Hepatopatía autoinmune: Antecedentes personales de autoinmunidad, IgG elevada, Positividad de alguno o varios de los siguientes: ANA, AntiLKM, Anti SM, Anti LP, Anti SLA; ante duda realizar biopsia hepática.

POCO FRECUENTES:
-Enfermedad de Wilson: Ceruloplasmina, Cupruria, Anillo de Kaisser-Fleischer.
-Hemocromatosis hereditaria: IST, Ferritina, Transferrina, gen HFE.
-Déficit de alfa-1-antitripsina: A1AT, proteinograma, fenotipo.
-Fármacos: diagnóstico de exclusión, relación temporal. AINEs, Antiepilépticos, estatinas, tuberculostáticos, antirretrovirales, antibióticos, productos de herbolario, etcétera.
-Porfirias: exploración física, Porfirinas en orina, Ácido aminolevulínico en orina.

HIPERTRANSAMINASEMIA DE CAUSA EXTRAHEPÁTICA

-Disfunción tiroidea: T_4, TSH.
-Celiaquía: Ac.Antiendomisio, Ac.Anti Transglutaminasa.
-Origen muscular:
 Ejercicio físico extenuante, enfermedades musculares: CPK, aldolasa.
-Complejos IgG-AST-macroAST.

TRATAMIENTO DE PATOLOGÍA DE BASE

ESTUDIO NEGATIVO:

CIFRAS DE GOT/GPT <2:
Se recomienda seguimiento.

CIFRAS DE GOT/GPT ≥2:
Se recomienda BIOPSIA HEPÁTICA para descartar hepatopatía grave.

Algoritmo 4. Valoración de la hipertransaminasemia leve-moderada

2.- ALTERACION DE LAS ENZIMAS DE COLESTASIS
2.1.- CONCEPTOS
Colestasis: es cualquier afección en la cual hay obstrucción parcial o total al flujo de la bilis, ya sea originada a nivel intrahepático en los hepatocitos o conductos biliares (**colestasis intrahepática**), o a nivel de los conductos biliares extrahepáticos (**colestasis extrahepática**). En la **Tabla 9** tenemos las causas mas frecuentes de colestasis intra o extrahepática.

Colestasis disociada: se define como un aumento importante de las enzimas de colestasis con elevación discreta o nula de la bilirrubina, y se encuentra habitualmente en la cirrosis biliar primaria, granulomatosis hepática, hígado metastático y a veces, en las coledocolitiasis.

2.2.- ENZIMAS DE COLESTASIS
2.2.1.- Fosfatasa Alcalina (FA)
Las enfermedades hepáticas y óseas son las causas más comunes de elevación patológica de la fosfatasa alcalina (FA) aunque también puede originarse en la placenta, riñones, intestino o leucocitos. La FA se eleva de forma fisiológica durante el 3er trimestre de la gestación y en la adolescencia. La FA de origen hepático está presente en la superficie del epitelio de los conductos biliares, aumentando su síntesis y liberación en los procesos colestásicos. Para determinar el origen de la elevación de la FA puede medirse la concentración de GGT o estudiarse las isoenzimas de la FA.

2.2.2.- Gammaglutamiltranspeptidasa (GGT)
Está presente en los hepatocitos y en las células biliares epiteliales, túbulos renales, páncreas e intestino. Es inducible por varias drogas, tales como anticonvulsivantes y anticonceptivos orales. Pueden encontrarse niveles elevados de GGT en diversas patologías extrahepáticas, entre ellas: enfermedad pulmonar obstructiva crónica, insuficiencia renal, cardiopatía isquémica, alcoholismo, etcétera.

Para valorar la elevación de enzimas de colestasis hay que tener en cuenta 3 aspectos fundamentales:

2.3.- HISTORIA CLÍNICA
Debe ser minuciosa y, junto con la exploración física, recoger los siguientes aspectos:

- Antecedentes familiares: antecedentes de Enfermedad Inflamatoria Intestinal o Lupus Eritematoso Sistémico.
- Antecedentes personales: patología biliar o pancreática, tóxicos, medicamentos, anticonceptivos orales, embarazo, HIV/SIDA, nutrición parenteral total, enfermedades sistémicas (enfermedad inflamatoria intestinal, fibrosis quística, sarcoidosis, etcétera), complicaciones de la colestasis (por ejemplo osteoporosis, déficit de vitaminas liposolubles, etcétera) y enfermedades asociadas (enfermedades autoinmunes).

Tabla 9. Etiología de la colestasis intra o extrahepática
CAUSAS DE COLESTASIS INTRAHEPÁTICA

*Hepatocelular
-Hepatitis vírica aguda
-Hepatitis alcohólica
-Hepatitis tóxica colestásica
-Cirrosis hepática

*Defecto excretor
-Colestasis medicamentosa: Esteroides anabolizantes, Anticonceptivos orales, Clorpromacina, amoxicilina-clavulánico
-Colestasis del embarazo
-Colestasis benigna postoperatoria
-Sepsis bacteriana
-Colestasis recurrente benigna
-Enfermedad de Hodgkin
-Displasia arteriohepática
-Protoporfiria eritrocitaria
-Fibrosis quística
-Enfermedad de Byler
-Déficit de alfa-1-antitripsina
-Hiperalimentación en niños

*Lesiones en los conductos biliares intrahepáticos

-Cirrosis biliar primaria	-Colangitis esclerosante primaria
-Síndrome de aceite tóxico	-Enfermedad de Caroli
-Atresia de vías biliares	-Litiasis intrahepática
-Enfermedad Injerto contra Huésped (EICH)	

*Compresión de los conductos biliares intrahepáticos

-Metástasis hepáticas	-Colangiocarcinoma
-Hepatocarcinoma	-Granulomatosis hepática

CAUSAS DE COLESTASIS EXTRAHEPÁTICA

-Coledocolitiasiasis.   -Síndrome de Mirizzi.
-Patología inflamatoria pancreática: pancreatitis aguda o crónica, pseudoquiste pancreático.
-Neoplasia de cabeza de páncreas
-Neoplasia de vías biliares (colangiocarcinoma, ampuloma, carcinoma de vesícula biliar) o compresión extrínseca (por adenopatías o tumor).
-Tumores benignos de la vía biliar principal, estenosis biliar postquirúrgica.
-Malformaciones congénitas (atresia biliar, quistes coledocianos).
-Tapón mucoso de bilis.
-Perforación espontánea de la vía biliar.
-Parasitosis (hidatidosis, fasciolasis, ascaridiasis, hemofilia).
-Ulcera duodenal.
-SIDA: colangitis fúngicas, virales, por protozoarios.

- Cuadro clínico: heterogéneo según la enfermedad de base. El cuadro clínico oscila desde el paciente asintomático hasta el paciente con síndrome colestásico: ictericia, coluria, acolia, prurito con complicaciones derivadas de la malabsorción de vitaminas liposolubles (A, D, E, K), esteatorrea y osteomalacia.

2.4.- ANALITICA

Solicitar hemograma, bioquímica con perfil hepático completo, y un perfil de autoinmunidad que incluya: anticuerpos antinucleares (ANA), anticuerpos antimúsculo liso (ASMA), anticuerpos anti-LKM (AntiLKM), anticuerpos antimitocondriales (AMA), anticuerpos anticitoplasma de neutrófilos de patrón perinuclear (p-ANCA).

2.5.- ESTUDIO ECOGRÁFICO

Es fundamental para diferenciar entre colestasis extra o intrahepática.
En el **Algoritmo 5** se resume el proceso de valoración de la colestasis.

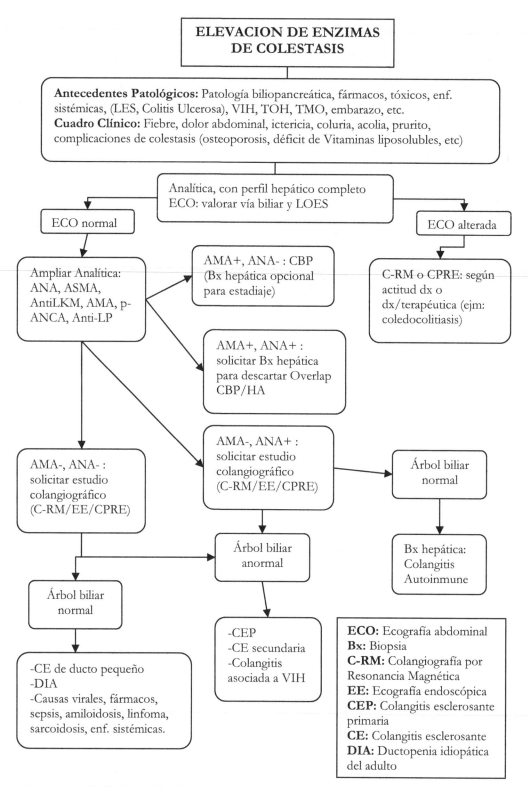

Algoritmo 5. Valoración de la elevación de enzimas de colestasis.

ENFERMEDAD DE HIGADO GRASO NO ALCOHÓLICA (EHGNA)

Este término representa un espectro de alteraciones caracterizado por esteatosis hepática macrovesicular predominantemente, no asociada a consumo de alcohol o con mínimas cantidades, que se establece en estudios recientes en menos de 20 gr./día en mujeres y menos de 30 gr./día en hombres y que engloba la esteatosis hepática simple y la esteatohepatitis no alcohólica que a su vez podría evolucionar a cirrosis (se considera la mayor causa de cirrosis criptogenética), hasta en un 15-20 % de estos, e incluso a hepatocarcinoma.

Se acepta que la EHGNA representa la manifestación hepática del síndrome metabólico (**Tabla 10**) y la resistencia a la insulina es la anormalidad fisiopatológica fundamental que conecta la EHGNA con otras manifestaciones de dicho síndrome.

1.- Obesidad abdominal: circunferencia abdominal > 102 cm en hombres y > 88 cm. en mujeres

2.- Triglicéridos ≥ 150 mg/d

3.- Colesterol HDL < 40 mg/dl en hombres y < 50 mg/dl en mujeres

4.- Hipertensión arterial

5.- Glucemia ayunas > 110mg/dl

* Se requieren al menos 3 de estos criterios o factores de riesgo para hacer el diagnóstico de síndrome metabólico.

Tabla 10. Criterios diagnósticos del síndrome metabólico

Pero existen otras condiciones que también se relacionan con la EHGNA como por ejemplo:

- Fármacos: amiodarona, tamoxifeno, corticoides, metotexato, espironolactona, sulfasalazina, ácido valproico, antagonistas de calcio.
- Enfermedades metabólicas: Abetalipoproteinemia, Síndrome de Weber-Christian.
- Pérdida rápida de peso, ayuno prolongado.
- E. Wilson.
- Lipodistrofia.
- Cirugía: By-pass yeyuno-ileal.
- Nutrición parenteral total.

Además, estudios recientes acentúan la importancia del hígado graso como un factor de riesgo independiente del síndrome metabólico y se asocia con un incremento del riesgo cardiovascular.

1.- DIAGNÓSTICO

Partimos de un paciente que generalmente presentará una hipertransaminasemia ligera con elevación de ALT, aunque ésta no suele ser mayor a 300 U/L.

Se han descrito casos de pacientes con enzimas normales y EHGNA, incluso en todos sus posibles espectros histológicos.

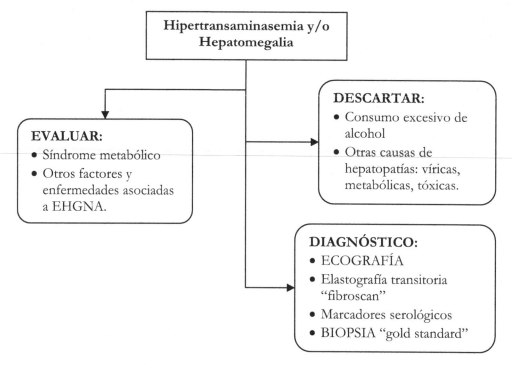

Algoritmo 6. Evaluación de la hipertransaminasemia con sospecha de EHGNA

1.1.- BIOPSIA HEPÁTICA

Es el único método eficaz para el diagnóstico de certeza y pronóstico aunque su indicación a todos los pacientes es controvertida, sobretodo con pacientes asintomáticos con un pronóstico, en la mayoría de los casos, bueno y con un tratamiento no bien establecido.

Se recomienda en pacientes con sospecha clínica de EHGNA y al menos dos de los siguientes factores de riesgo relacionados con la existencia de fibrosis:

- Edad > 45 años
- IMC > 28 kg./m^2
- ALT > 2 VN
- AST /ALT >1
- DM o resistencia a la insulina
- Hipertrigliceridemia, Obesidad, HTA
- Historia familiar de EHGNA o de cirrosis criptogenética

1.2.- ELASTOGRAFÍA

No es fiable en obesidad mórbida y está por determinar la posible interferencia que pueda ejercer sobre los resultados el depósito masivo de grasa en el hígado

En relación a los marcadores serológicos, los de fibrogénesis no se usan habitualmente en la práctica clínica; y de los indirectos de fibrosis, aparte de la relación AST/ALT>1 que presenta un VPP del 89% de cirrosis en ausencia de etilismo, existen otros específicos de EHGNA que aún están por validar.

2.- TRATAMIENTO

Es el de las enfermedades relacionadas así como medidas generales en relación con la dieta, ejercicio físico y pérdida de peso, suspensión de fármacos potencialmente hepatotóxicos y evitar el alcohol. Farmacologicamente, únicamente han demostrado eficacia y seguridad los fármacos que incrementan la sensibilidad a la insulina, sulfonilureas y tiazolidindionas.

Si la enfermedad progresa, las indicaciones de trasplante son las mismas que para el resto de las enfermedades hepáticas, aunque las lesiones pueden reaparecer.

<u>HEMOCROMATOSIS Y OTROS ESTADOS DE SOBRECARGA DE HIERRO</u>

El depósito hepático de hierro puede producirse como consecuencia de un trastorno primario asociado a mutaciones en genes codificantes de proteínas, que participan en la captación o la excreción celular del hierro, lo que da lugar a la hemocromatosis hereditaria (HH), o puede ser un trastorno secundario a hepatopatías crónicas comunes o a enfermedades hematológicas que precisan transfusiones sanguíneas periódicas:

1.- CAUSAS DE SOBRECARGA FÉRRICA

1.1.- HEREDITARIAS
- Hemocromatosis
  Tipo 1: asociada a mutaciones del gen HFE
  Tipo 2: asociada a mutación de hepcidina y/o hemojuvelina
  (Hemocromatosis juvenil)
  Tipo 3: asociada a mutaciones de TfR 2
  Tipo 4: asociada a mutaciones de ferroportina 1
  Tipo 5: asociada a mutaciones de ferritina H
- Otras formas hereditarias
  Aceruloplasminemia
  Atransferrinemia
  Sobrecarga férrica neonatal

1.2.- ADQUIRIDAS
- Enfermedades hematológicas
- Anemias que requieren transfusiones periódicas
- Talasemia mayor
- Anemia sideroblástica
- Anemias hemolíticas crónicas
- Sobrecarga de hierro oral (hemosiderosis africana)
- Asociada a hepatopatías crónicas
- Hepatitis crónica por los virus B y C
- Esteatohepatitis no alcohólica
- Hepatopatía alcohólica
- Porfiria cutánea tarda

2.- POBLACIONES DIANA PARA LA EVALUACIÓN DE LA HEMOCROMATOSIS

2.1.- PACIENTES SINTOMÁTICOS

- Manifestaciones inexplicables de enfermedad hepática o una causa presumiblemente conocida de enfermedad hepática con alteración de uno o más marcadores séricos de sobrecarga férrica.
- Diabetes mellitus tipo 2, especialmente con hepatomegalia, elevación de enzimas hepáticas, enfermedades cardíacas atípicas o inicio precoz de disfunción sexual.
- Artropatía atípica, enfermedad cardíaca, y disfunción sexual masculina de comienzo precoz.

2.2.- PACIENTES ASINTOMÁTICOS

- Familiares de primer grado de un caso confirmado de hemocromatosis.
- Individuos con resultados anormales de marcadores séricos de sobrecarga férrica descubiertos durante un examen de rutina.
- Individuos con elevación inexplicable de las enzimas hepáticas o hallazgo de hepatomegalia asintomática o detección radiológica de una mayor atenuación en una tomografía computarizada del hígado.

3.- TRATAMIENTO DE LA HEMOCROMATOSIS HEREDITARIA

La extracción de sangre mediante flebotomías es el tratamiento de elección en la HH tipo I. Como norma general, todos los individuos con genotipo compatible con HH tipo I (homocigotos para C282Y o dobles heterocigotos C282Y/H63D) y sobrecarga férrica, así como los que presentan criterios clínico-histológicos de HH y sobrecarga de hierro con cualquier genotipo, son subsidiarios de recibir tratamiento, independientemente de que presenten o no clínica, y entendiendo por sobrecarga de hierro la presencia de ferritina plasmática por encima de los valores de normalidad.

3.1. TRATAMIENTO CON FLEBOTOMÍAS EN PACIENTES CON HEMOCROMATOSIS HEREDITARIA

Deben tratarse a partir de cierto nivel sérico de ferritina y según el tipo de paciente, como se observa en la **Tabla 11**.

A su vez, debemos tener en cuenta los siguientes aspectos:

- Las flebotomías deben ser de 500 ml, cada 1 a 2 semanas.
- Determinar el hematocrito antes de cada flebotomía; la caída del hematocrito no debe ser > 20% respecto al inicial. Los síntomas de hipovolemia son más probables en pacientes que tienen una concentración de hemoglobina inferior a 11 gr./dL o un hematocrito inferior al 33 % antes del tratamiento.

- Determinar la ferritina sérica cada 10-12 flebotomías con el objetivo de alcanzar valores inferiores a 50 gr./l.
- Cuando la ferritina sea < 50gr./l, hay que mantener indefinidamente las flebotomías cada 3-4 meses.
- Eritropoyetina: opcional como tratamiento adyuvante en pacientes con anemia.
- Evitar suplementos de vitamina C.

Tabla 11. Indicación de flebotomía según nivel de ferritina	
Paciente	**Ferritina sérica (gr./lt)**
Menores de 18 años de edad	200
Mujeres	
No gestantes fértiles	200
Gestantes	500
Postmenospausia	200
Varones	300

3.2.- SOBRECARGA FÉRRICA SECUNDARIA A ENFERMEDADES HEMATOLÓGICAS

Puede utilizarse alguna de las siguientes opciones:

- Desferroxiamina, perfusión subcutánea de 20-40 mg/kg/día, continua en minibomba, o durante 6-8 h, 5-7 días a la semana.
- Deferiprona v.o., 75 mg/kg/día
- Deferasirox v.o., 20-30 mg/kg/día

ENFERMEDAD DE WILSON

1.- CONCEPTO Y DIAGNÓSTICO

La enfermedad de Wilson (EW) es un trastorno del metabolismo del cobre que se hereda de forma autosómica recesiva y se origina por la disfunción de una ATPasa (ATP7B) implicada en la excreción biliar de cobre. Debido a ello se acumulan cantidades tóxicas de este metal, primero en el hígado y posteriormente en otros órganos. Existen más de 200 mutaciones en el gen de la ATP7B causantes de la EW, pero la más frecuente es la H1069Q.

Las manifestaciones clínicas de la EW rara vez se producen antes de los 5 años de edad. Entre esta edad y los 10 años su expresión es predominantemente hepática (83%); entre los 10 y los 20 años la frecuencia de las presentaciones hepática y neurológica es similar, y a partir de los 20 años predomina la presentación neuropsiquiátrica (74%). En estos casos suele haber afectación renal, ósea, oftalmológica o hemólisis intravascular, etcétera.

En la **Tabla 12** se resumen las pruebas para el diagnóstico de la Enfermedad de Wilson.

2.- TRATAMIENTO

2.1.- MEDIDAS DIETETICAS

Deben evitarse alimentos ricos en cobre (mariscos, frutos secos, setas, vísceras y chocolate), al menos durante el primer año de tratamiento farmacológico. Asimismo, no emplear utensilios de cocina de este metal para la preparación de los alimentos. En algunos casos un sistema purificador del agua de consumo puede estar justificado.

2.2.- PENICILAMINA (CUPRIPEN ®)

Es un agente quelante del Cu. La droga debe introducirse con dosis de 250 a 500 mg./día, con incrementos de 250 mg. cada cuatro a siete días hasta un máximo de 1000 a 1500 mg. diarios en dos a cuatro dosis divididas. Una dosis más baja (750 a 1000 mg. diarios en dos dosis divididas) es suficiente durante la fase de mantenimiento (por lo general, después de cuatro a seis meses). La dosis en niños es de 20 mg./kg./día (redondeada al entero más cercano de 250 mg) en dos o tres dosis divididas.

 La penicilamina idealmente se administra una hora antes o dos horas después de las comidas ya que los alimentos interfieren con su absorción. Sin embargo, algunos pacientes pueden requerir de dosis más cercana a la ingesta de alimentos, lo cual es un compromiso aceptable si se aumenta el cumplimiento.

La penicilamina se asocia con múltiples efectos secundarios que conducen a la suspensión del tratamiento en el 5 % de los pacientes.

Pueden aparecer reacciones de hipersensibilidad (que se producen dentro de una a tres semanas del comienzo de la terapia), caracterizadas por fiebre, erupciones cutáneas, linfadenopatía, neutropenia, trombocitopenia y proteinuria.

Tabla 12. Pruebas diagnósticas para la Enfermedad de Wilson			
Test	Hallazgo típico	Falso "negativo"	Falso "positivo"
Ceruloplasmina sérica	Disminuida	Niveles normales en: -Pacientes con marcada inflamación hepática -Sobreestimación por inmunoensayo	Niveles bajos en: -Malabsorción -Aceruloplasminemia -Insuficiencia hepática -Heterocigotos
Cobre en orina de 24h	> 100 µg./día	Niveles normales por: -Recogida incorrecta -Niños sin enfermedad hepática	Incrementado: -Necrosis hepatocelular -Contaminación
Cobre sérico libre	> 10 µg./dL	Normal si ceruloplasmina sobreestimada por inmunoensayo	
Cobre hepático	> 250 µg./gr. peso seco	Debido a variación regional en: -Pacientes con enfermedad hepática activa -Pacientes con nódulos de regeneración	Síndromes colestásicos
Anillo de Kayser–Fleischer	Presente	-En hasta un 40% de los pacientes con afectación hepática de la enfermedad de Wilson -En la mayoría de hermanos asintomáticos	Cirrosis biliar primaria

El medicamento debe suspenderse de inmediato en estos pacientes para ser reemplazado por otros tipos de tratamiento (trientina).

Antes de la disponibilidad de otros tratamientos, los pacientes pueden ser desensibilizados interrumpiendo el medicamento durante una semana, introduciéndolo después a dosis de 25 mg./día para duplicarlo a intervalos semanales, siempre y cuando se tolere. Algunos pacientes también pueden tratarse con prednisona con este fin.

Debe administrarse piridoxina 25 mg./día para prevenir el déficit de piridoxal fosfato

2.3.- TRIENTINA (SYPRINE® 250 mg. cápsulas)

No comercializado en España. Es un agente quelante, al igual que penicilamina, pero con menores efectos secundarios. La dosis en adultos es de 1500-1800 mg./día y en niños 500-750 mg./día, en 2 o 3 dosis, una hora antes de las comidas. Está recomendada en pacientes intolerantes a penicilamina o con factores predictores de intolerancia, como tendencia autoinmune, nefropatía e hiperesplenismo severo.

2.4.- SALES DE ZINC(Zn): ACETATO DE ZINC (WILZIN®)

Disponible como especialidad de uso hospitalario. Disminuye la absorción de zinc en el intestino. Estaría indicada en pacientes asintomáticos/presintomáticos o como tratamiento de mantenimiento tras tratamiento con quelantes.

La posología es la siguiente:

- En adultos: 50 mg. 3 veces/día; máximo.: 50 mg. 5 veces/día.
- Niños de 1 a 6 años: 25 mg. 2 veces/día.
- Niños de 6 a 16 años con < 57 kg: 25 mg. 3 veces/día.
- De 16 años en adelante o > 57 kg: 50 mg. 3 veces/día.
- En embarazadas: 25 mg. 3 veces/día.

Debe administrarse separado de las comidas, 1 hora antes o 2-3 h después de las mismas. En todos los casos, ajustar la dosis conforme a la monitorización terapéutica (el objetivo es mantener niveles plasmáticos de Cu < 250 mcg./l; y excreción urinaria de Cu < 125 mcg./día). Al cambiar de un tratamiento quelante al de mantenimiento con Zn, mantener y coadministrar entre 2-3 semanas, con una diferencia de administración entre ambos de mínimo 1 hora.

2.5.- TETRATIOMOLIBDATO

Actúa por un doble mecanismo, interfiriendo con la absorción intestinal de Cu y ligándose al Cu plasmático. No está comercializado.

2.6.- TRASPLANTE HEPATICO

El trasplante hepático tiene un papel importante cuando la EW debuta como hepatopatía descompensada. La mortalidad de aquellos pacientes que presentan insuficiencia hepática fulminante (INR> 2, con presentación aguda de signos y síntomas de enfermedad hepática y encefalopatía) es del 100%, y deben ser inmediatamente listados para trasplante urgente.

Si bien no es difícil decidir el trasplante en presencia de encefalopatía, ya que es una complicación generalmente letal en la enfermedad de Wilson de presentación aguda, los criterios para trasplante en pacientes con fallo hepático fulminante (FHF) sin encefalopatía son más controvertidos.

Una reciente variación del clásico índice de Nazer puede ser de utilidad en esta situación. Una puntuación >11 es indicación de trasplante urgente (**Tabla 13**):

Tabla 13. Índice para predecir la mortalidad en la Enfermedad de Wilson					
Score	Bilirrubina (µmol/L)	INR	AST (IU/L)	Leucocitos (10^9/L)	Albúmina (g/L)
0	0-100	0-1.29	0-100	0-6.7	>45
1	101-150	1.3-1.6	101-150	6.8-8.3	34-44
2	151-200	1.7-1.9	151-300	8.4-10.3	25-33
3	201-300	2.0-2.4	301-400	10.4-15.3	21-24
4	>301	>2.5	>401	>15.4	<20

HEPATITIS AUTOINMUNE

El término hepatitis autoinmune (HAI) describe un grupo heterogéneo de enfermedades hepáticas caracterizado por elevaciones séricas de las inmunoglobulinas, la presencia de autoanticuerpos circulantes y, en general, respuesta beneficiosa a la terapia inmunosupresora.

El paciente típico con HAI es una mujer que se presenta con aparición insidiosa de letargia y malestar general, y que durante la evaluación médica se descubren anomalías de laboratorio compatibles con hepatitis crónica o incluso cirrosis establecida. Además, el interrogatorio de estos pacientes a menudo revela la presencia de artralgias, mialgias, u oligomenorrea. También puede obtenerse una historia de enfermedades autoinmunes asociadas como la tiroiditis autoinmune, enfermedad de Graves-Basedow, o colitis ulcerosa.

1.- DIAGNÓSTICO

Se basa en la exclusión de otras posibles causas de hepatopatía: infecciones víricas, hepatopatías por fármacos, tóxicos o por depósito.

Las características principales son títulos altos (>1:40) de autoanticuerpos e Hipergammaglobulinemia (fundamentalmente IgG), aparte de que es más frecuente en mujeres.

En la **Tabla 14** se describen las principales características diagnósticas de la HAI.

Debido a la ausencia de datos clínicos, de laboratorio o histológicos que sean patognomónicos de la HAI, en muchos casos es difícil el diagnóstico definitivo previo al inicio de tratamiento, lo cual es primordial pues si la hepatitis es de otra etiología el uso de corticoides y/ó inmunosupresores puede empeorar la enfermedad. Por ello se ha propuesto un sistema de puntuación que evalúa datos clínicos, bioquímicos, serológicos e histológicos, así como el resultado de tratamiento con corticoides (Ver **Tabla 15**).

2.- TRATAMIENTO

Las metas terapéuticas para la HAI son la desaparición de los síntomas y signos, la mejoría histológica de la inflamación y la normalización de la AST o la disminución de ésta hasta un nivel dos veces el control.

Los criterios para tratamiento se dividen en tres grupos:

1. Absolutos:

- AST >10 veces LSN ó AST >5 veces LSN +gammaglobulina >2 veces LSN
- Necrosis en puente y/o hepatitis lobular
- Síntomas incapacitantes

2. Relativos:

- AST <5 veces LSN + gammaglobulinemia < 2 veces LSN
- Hepatitis periportal
- Sintomatología leve a moderada

3. No criterios de tratamiento:

- AST<5 veces LSN sin hipergammaglobulinemia
- Cirrosis inactiva, o insuficiencia hepática sin actividad
- Sin síntomas.

El principal efecto terapéutico se centra en modificar la historia natural de la enfermedad, ya que rara vez un paciente con HAI entra espontáneamente en remisión.

Tratamiento inicial: puede iniciarse tratamiento ya sea en monoterapia con glucocorticoides (prednisona), ó combinado con azatioprina, quedando este último como tratamiento para mantener la remisión (ver **Tabla 16**).

Para establecer la duración del tratamiento, se deben tener en cuenta tres parámetros: síntomas, bioquímica e histología. Usualmente, en los primeros seis meses de tratamiento se logra remisión de los síntomas y mejoría bioquímica en el 87% y 68% de los casos, respectivamente. No obstante, en este lapso de tiempo, tan sólo el 8% han logrado mejoría histológica. Los controles histológicos han mostrado mejoría del 29% de casos a los 12 meses, 74% a los 2 años y 95% a los 4 años.

Por lo tanto, la duración del tratamiento recomendado es de 2 a 4 años. Para decidir la descontinuación del tratamiento se debe realizar una biopsia previamente, ya que ésta puede predecir la posibilidad de recaída. Si hay evidencia de resolución histológica, sólo el 20% recaen. La presencia de inflamación periportal se asocia con un 50% de recaída y la persistencia de hepatitis lobular-cirrosis con un 100% de recaída. La presencia de recaída indica el tratamiento por tiempo indefinido.

Tabla 14. Principales características diagnósticas de la HAI		
Requisitos	**Criterios diagnósticos**	
	Definitivo	**Probable**
Ausencia de enfermedad hepática genética	Fenotipo normal de alfa-1 antitripsina. Niveles séricos normales de ceruloplasmina, hierro y ferritina.	Deficiencia parcial de alfa-1 antitripsina. Anormalidades séricas no específicas de cobre, ceruloplasmina, hierro, y/o ferritina.
Ausencia de infección viral activa	Ausencia de marcadores de infección activa para virus de hepatitis A, B, y C.	Ausencia de marcadores de infección activa para virus de hepatitis A, B, y C.
Ausencia de lesión tóxica o por alcohol	Consumo de alcohol diario <25 g/d y no uso reciente de drogas hepatotóxicas.	Consumo de alcohol diario <50 g/d y no uso reciente de drogas hepatotóxicas.
Características de laboratorio	Predominio de elevación de transaminasas séricas. Nivel de globulinas, gamma-globulinas o inmunoglobulinas G > o = 1,5 veces del nivel normal.	Predominio de elevación de transaminasas séricas. Hipergammaglobulinemia de cualquier grado.
Autoanticuerpos	ANA, ASMA, o Anti-LKM1 > o = 1:80 en adultos, y > o = 1:20 en niños; no AMA.	ANA, ASMA, o AntiLKM1 > o = 1:40 en adultos u otros autoanticuerpos.
Hallazgos histológicos	Interfase de hepatitis. No lesiones biliares, granulomas, o cambios prominentes sugestivos de otra enfermedad.	Interfase de hepatitis. No lesiones biliares, granulomas, o cambios prominentes sugestivos de otra enfermedad.

Tabla 15. Sistema de puntuación para el diagnóstico de HAI		
Categoría	**Factor**	**Puntuación**
Sexo	Femenino	+2
Relación FAL/GOT (o GPT)	>3	-2
	<1,5	+2
Gammaglobulina o IgG (veces sobre el límite superior normal)	>2,0	+3
	1,5-2,0	+2
	1,0-1,5	+1
	<1,0	0
Títulos de ANA, ASMA, o AntiLKM	>1:80	+3
	1:80	+2
	1:40	+1
	<1:40	0
AMA	Positivo	-4
Marcadores virales de infección activa	Positivo	-3
	Negativo	+3
Drogas hepatotóxicas	Si	-4
	No	+1
Alcohol	<25 g/d	+2
	>60 g/d	-2
Enfermedad autoinmune concurrente	Cualquier enfermedad no-hepática de origen inmune	+2
Otros autoanticuerpos	Anti-SLA/LP, actina, LC1, pANCA	+2
Características histológicas	Interfase de hepatitis	+3
	Células plasmáticas	+1
	Rosetas	+1
	Ninguna de las de arriba	-5
	Cambios biliares	-3
	Características atípicas	-3
HLA	DR3 o DR4	+1
Respuesta al tratamiento	Remisión completa	+2
	Remisión con recaída	+3
Puntaje pretratamiento		
Diagnóstico definitivo		>15
Diagnóstico probable		10-15
Puntaje postratamiento		
Diagnóstico definitivo		>17
Diagnóstico probable		12-17

Tabla 16. Esquema de inicio de tratamiento de Hepatitis Autoinmune		
Monoterapia	**Tratamiento combinado**	
Prednisona (mg./día)	Prednisona(mg./día) + AZT(mg./día)	
Semana 1 60	30	50
Semana 2 40	20	50
Semana 3 30	15	50
Semana 4 30	15	50
Mantenimiento hasta obtener respuesta*		
20	10	50
Razón para preferencia		
Citopenia Embarazo Cáncer	Diabetes Hipertensión Cáncer Osteoporosis	Mujer postmenopáusica Inestabilidad emocional Acné

AZT: Azatioprina.

*respuesta: desaparición de síntomas, normalización de bilirrubina y/o hipergammaglobulinemia, niveles de ALT normales o < 2 veces el LSN, tejido hepático normal ó minima inflamación, sin hepatitis de interfase.

ENFERMEDADES COLESTÁSICAS

En este apartado trataremos las más frecuentes: Cirrosis biliar primaria, Colangitis Esclerosante Primaria y Síndrome "Overlap", así como describiremos brevemente algunas mas raras: enfermedad de Caroli, Síndrome de ductos evanescentes y ductopenia idiopática del adulto.

1.- CIRROSIS BILIAR PRIMARIA

Enfermedad autoinmune órgano-específica que da lugar a destrucción granulomatosa de los conductos biliares intrahepáticos, produciendo una ductopenia progresiva y, como consecuencia, fibrosis y cirrosis hepática.

Se forman anticuerpos específicos AMA-M2 (dirigidos contra la subunidad E2 de la piruvato deshidrogenada),por causa multifactorial, en la que parecen estar implicados agentes infecciosos dando lugar a una pérdida de tolerancia a las proteínas mitocondriales humanas en individuos genéticamente susceptibles.

1.1.- DIAGNÓSTICO

El diagnóstico de cirrosis biliar primaria (CBP), hepatitis autoinmune (HAI) y su síndrome "Overlap" (SO), está basado en una serie de criterios clínicos, bioquímicos e histopatológicos, los cuales, por sí solos, presentarían una sensibilidad y especificidad muy limitada. Además, hay que descartar tóxicos, infecciones, afectación vascular o enfermedad metabólica para confirmar el diagnóstico. El diagnóstico y tratamiento precoz son cruciales para frenar la progresión a cirrosis.

Los criterios para el diagnóstico de CBP son:
1. Patrón colestásico (la bilirrubina se eleva tardíamente y es marcador de supervivencia).
2. Elevación de IgM en suero.
3. AMA > 1/40 o presencia de AMA-M2.
4. Lesión florida a nivel de los conductos biliares intrahepáticos de mediano tamaño y escasez de conductos biliares.

En pacientes con AMA-M2 positivo y patrón colestásico, la biopsia podría no ser necesaria.

Es frecuente la asociación de otros desórdenes autoinmunes, síndrome de Sjögren, tiroiditis de Hashimoto y enfermedad celíaca.

1.2.- CLÍNICA

Es más frecuente en la mujer de edad media y se caracteriza por astenia, cansancio (por trastornos del sueño) y prurito, que afectarán a más del 80% en el transcurso de la enfermedad, después de un periodo asintomático que puede haber durado hasta 20 años. Si la enfermedad prosigue su curso, entraremos en fase de cirrosis. La hipertensión portal puede existir sin ella, ya que puede existir componente presinusoidal.

Si la colestasis es muy intensa puede haber xantomas o xantelasmas e, incluso, esteatorrea.

1.3.- TRATAMIENTO

1.3.1.- Tratamiento específico
Ácido ursodesoxicólico (AUDC)
Es de elección, ya que existe evidencia de que detiene la progresión histológica. La dosis es de 13-15 mg/kg/día.
La AAEH no recomienda su uso en el primer trimestre de embarazo.
Budesonida
La dosis es de 6 mg./día. Se ha demostrado que en estadios tempranos y, en combinación con el AUDC, tiene mayor efecto sobre la bioquímica y la histología; por ello, es una opción para pacientes que no tengan buena respuesta al AUDC en monoterapia. La budesonida no debe administrarse cuando la enfermedad se encuentra en estadio cirrótico.
Adicionalmente debe hacerse profilaxis y tratamiento de la hipertensión portal, y si la enfermedad progresa la única opción es el trasplante. Son indicaciones del mismo: la hiperbilirrubinemia mantenida con astenia invalidante, y el prurito refractario y la osteoporosis importante que son indicaciones por sí mismas.

1.3.2.- Tratamiento del prurito
(Ver apartado **3.6.3** y **Tabla 10**):
Colestiramina: 4 gr./día. Se puede aumentar hasta 16 gr./día según respuesta. Efectivo a partir del tercer día. Se recomienda separarlo al menos 4 horas de cualquier otro fármaco que pueda ser captado por la resina, como AUDC o ACO.
Colestipol: 15-30 g/día.
Fenobarbital: Se inicia con 3 mg/kg durante 4 días y después se pasa a dosis única de 50-100mg/día por la noche.
Rifampicina: Muy eficaz pero su relación con hepatotoxicidad hace que no sea una primera opción.
Naltrexona: 50 mg/día.

1.3.3.- Tratamiento de osteopenia/osteoporosis y de la malabsorción intestinal
Con suplementos de calcio y vitamina D y/ó vitaminas A, E ó K dependiendo de la intensidad de la colestasis (Ver **Tabla 10**).

2.- SINDROME "OVERLAP"
Con este término se hace referencia a pacientes que presentan manifestaciones de autoinmunidad hepática pero que no cumplen inequívocamente los criterios para poder diagnosticarlos como CBP, hepatitis autoinmune típica (HAI) o CEP.

La patogenia es incierta, pudiendo considerarse coincidencia de dos enfermedades, una entidad distinta o la representación media de un espectro de patología autoinmune. Algunos autores distinguen dos tipos:

1. Pacientes que presentan características mayoritariamente de un tipo concreto de enfermedad, y además presentan alguna característica de otra (prurito, colestasis, histología de CBP con ANA y ASMA positivo pero AMA negativos, por ejemplo). A la mayoría de estos se les diagnostica de colangitis autoinmune (CA), que describe un grupo específico de pacientes en los que existen criterios clínicos y bioquímicos de colestasis e histología compatible con CBP, pero con negatividad de los anticuerpos AMA; hasta en un 95% de estos casos existen anticuerpos ANA y/o ASMA.

2. Otro grupo es el de pacientes con características clínicas, histológicas y serológicas de dos entidades distintas al mismo tiempo, o durante el curso de la misma enfermedad (elevación de transaminasas y fosfatasa alcalina, AMA, ANA, ASMA positivos y mezcla de hallazgos histológicos de afectación de hepatocitos y conductos biliares), lo que constituiría el verdadero Síndrome de "Overlap".

Aunque los diferentes estudios existentes son heterogéneos y con limitaciones, en el análisis global de los casos publicados de CA y CBP clásica (AMA positivo) no se han demostrado diferencias significativas en la clínica, analítica e histología de ambas entidades, por lo que la CA se debería considerar como una CBP AMA negativo más que como un Síndrome Overlap.

2.1.- OVERLAP CBP/HAI

Características de HAI con AMA positivos (generalmente a títulos bajos), incluso M2 y rasgos histopatológicos de colangitis, con lesión o desaparición de conductos biliares. La evolución y el tratamiento dependen del componente predominante:

- Si predominan elevación GOT, fosfatasa alcalina < dos veces el valor normal, presencia de hepatitis de interfase y puntuación elevada de HAI, generalmente responden al tratamiento con glucocorticoides.
- El uso de inmunosupresores como azatioprina no ha sido evaluado.
- Si predomina el componente colestásico se recomienda comenzar con AUDC y si no existe una buena respuesta bioquímica, añadir glucocorticoides a dosis bien toleradas, por ejemplo prednisona: 10-15 mg/kg/día.

2.2.- OVERLAP CEP/HAI

Presentarán criterios de HAI y hallazgos en CPRE de CEP; Histología de colangitis linfocítica o fibrosa y colestasis. Pudiendo existir enfermedad inflamatoria intestinal asociada.

2.3.- TRATAMIENTO

- Glucocorticoides si fosfatasa alcalina es < dos veces el valor normal.

- Si predominio de colestasis, se puede asociar AUDC aunque su eficacia no ha sido probada.

3.- COLANGITIS ESCLEROSANTE PRIMARIA (CEP)

Consiste en un proceso fibroinflamatorio de origen desconocido que afecta los conductos biliares intra y extrahepáticos, así como la ampolla de Vater, siendo su curso lentamente evolutivo.

3.1.- EPIDEMIOLOGÍA

Tiene una prevalencia de 2,4 casos/100.000 habitantes. Predomina en varones (70%), y el inicio suele ser entre 4ª-5ª década de la vida. En el 40-80% de los casos se asocia a Enfermedad inflamatoria intestinal (en la mayoría de las ocasiones colitis ulcerosa extensa o pancolitis paucisintomática), siendo su evolución independiente. También se asocia a enfermedades fibrosantes sistémicas y/o enfermedades autoinmunes:

Enfermedades fibrosantes sistémicas asociadas a CEP
-Fibrosis retroperitoneal y/o mediastínica.
-Tiroiditis de Riedel.
-Enfermedad de Peyronie.
-Seudotumor orbitario.
-Fibroesclerosis multifocal idiopática.

Enfermedades autoinmunes distintas a la EII asociadas a CEP
-Alopecia universal.
-Anemia hemolítica autoinmune.
-Artritis reumatoide.
-Diabetes mellitus tipo I.
-Enfermedad celiaca.
-Glomerulonefritis rápidamente progresiva.
-Lupus eritematoso sistémico.
-Miastenia gravis.
-Polimiositis.
-Síndrome de Sjogren.
-Sarcoidosis.
-Timoma.

3.2.- CLÍNICA

Suele empezar con síntomas inespecíficos como astenia y dolor en hipocondrio derecho, y posteriormente prurito, ictericia, coluria, osteomalacia, etcétera. Con el desarrollo de la cirrosis biliar secundaria pueden aparecer: ascitis, hemorragia digestiva de origen varicoso y el resto de complicaciones de la cirrosis. También está aumentado el riesgo de colangiocarcinoma, litiasis biliar y bacteriemia recidivante.

3.3.- DIAGNÓSTICO

Se basa en criterios clínicos, analíticos, radiológicos e histológicos.

3.3.1.- Analítica

Suele haber datos de colestasis. En 70% de los casos se encuentran ANCAs positivos.

3.3.2.- Radiología

-Colangio-RM: se encuentran estenosis multifocales difusas anulares de corta longitud (0,2-2cm) en el árbol biliar, dando un aspecto arrosariado. Aparte de estas estenosis cortas difusamente distribuidas se pueden encontrar evaginaciones de aspecto diverticular.

-La CPRE actualmente solo se emplea en casos dudosos cuando existe sospecha de colangiocarcinoma, para la toma de biopsias o para el tratamiento endoscópico de las complicaciones biliares.

3.3.3.- Histología

En el 50% de los casos se aprecia fibrosis hepática periductal de los conductos interlobulillares y septales. Otras características son: infiltrado inflamatorio periportal, necrosis en sacabocados, obliteración de ductos biliares y cirrosis biliar. Se clasifica histológicamente en 4 estadios:

1. Estadio I: hay signos de colangitis y/o hepatitis portal.
2. Estadio II: hay fibrosis y hepatitis periportal.
3. Estadio III: hay fibrosis septal y/o necrosis en sacabocados.
4. Estadio IV: hay cirrosis biliar.

3.4.- PRONÓSTICO

La supervivencia media tras el diagnostico de la enfermedad se sitúa en torno a los 12 años, presentando complicaciones durante su curso evolutivo derivadas de la colestasis crónica, las estenosis biliares (coledocolitiasis extra e intrahepáticas), la cirrosis biliar secundaria y el colangiocarcinoma.

3.5.- DIAGNÓSTICO DIFERENCIAL

Se realiza con enfermedades que cursan con colestasis crónica como cirrosis biliar primaria, colangitis autoinmune, Síndrome de solapamiento ("Overlap"), colangitis esclerosante secundaria (EICH, rechazo ductopénico, tratamiento con interferón alfa-2b), colangitis esclerosante infecciosa (fúngica, bacteriana, parasitaria), isquémica, traumática, Quimioterapia intraarterial con floxuridina, estenosis postquirúrgicas, quiste de colédoco, invasión tumoral de la vía biliar, ductopenia idiopática del adulto y enfermedad de Caroli.

3.6.- TRATAMIENTO

Al no existir un tratamiento específico que modifique la historia natural de la enfermedad, se debe orientar el tratamiento al control de los síntomas, las complicaciones y la indicación del trasplante en el momento adecuado.

3.6.1.- Medidas generales

Se deben evitar fármacos hepatotóxicos. Evitar anticonceptivos orales pues empeoran la colestasis. Hacer ejercicio físico moderado. No existe contraindicación para el embarazo en estadios iniciales de la enfermedad. Las siguientes medidas generales pueden ayudar en el manejo del prurito:

- Una buena lubricación de la piel con cremas humectantes.
- Evitar baños con agua caliente. El agua tibia puede aliviar los síntomas.
- Evitar la fricción excesiva al secarse luego del baño.
- Aplicación de talco mentolado.

3.6.2.- Tratamiento médico específico

De primera línea se emplea el ácido ursodesoxicólico (AUDC) por su efecto citoprotector, colerético y anti-apoptótico, a dosis 10-15 mg./kg./día repartida en dos tomas diarias de forma continua a lo largo de la vida del paciente, que mejora la sintomatología (astenia y prurito) y analítica a corto-medio plazo, siendo la mejoría radiológica más tardía (en promedio 1 año). No se deben asociar el clorhidrato de colestipol ni la colestiramina pues disminuyen la absorción del AUDC. De segunda línea se han empleado D-penicilamina, azatioprina, metotrexato y colchicina, aunque con resultados desalentadores.

3.6.3.- Tratamiento del prurito y la colestasis crónica

Ver **Tabla 17**.

3.6.4.- Tratamiento de las complicaciones de la cirrosis biliar

La ascitis, hemorragia digestiva varicosa y otras complicaciones deben tratarse de la misma manera descrita en el capitulo de cirrosis, así como las complicaciones locales correspondientes (con antibióticos, CPRE terapéutica, cirugía biliar, etcétera).

3.6.5.- Trasplante hepático

Se debe derivar para inclusión en lista de trasplante en los siguientes casos:

- Presencia de complicaciones de la cirrosis (hemorragia digestiva varicosa intratable, ascitis intratable, peritonitis bacteriana espontánea, encefalopatía hepática).
- Episodios recurrentes de colangitis bacteriana.
- Hiperbilirrubinemia persistente a pesar de tratamiento médico y/o endoscópico.
- Prurito o astenia intratable.
- Hepatocarcinoma.
- Colangiocarcinoma "in situ" o displasia biliar.

Tabla 17. Tratamiento de la colestasis crónica	
Tratamiento del Prurito	Manejo de la Malabsorción
Sin AUDC: **Colestiramina:** 4-16 gr./día, repartido en varias dosis: 4-8 gr. antes del desayuno, 4-8 gr. después del desayuno y 4 gr. antes de la comida. Ocasionalmente puede causar constipación. Si se asocia con AUDC, debe separarse 4 hrs. de su ingesta. **Colestipol:** 5-30 gr./día en 2 tomas. *Con AUDC:* asociar escalonadamente los siguientes fármacos: -**Rifampicina:** 300-600 mg./día en una toma única 30 minutos antes del desayuno. Riesgo de hepatotoxicidad. -**Fenobarbital:** 50-100 mg. en una dosis única nocturna; si el prurito es intenso hasta 100 mg./12 hrs. -**Naltrexona:** 50 mg. en dosis nocturnas.	- Reducir la ingesta de grasas neutras a menos de 40 gr./día. - Triglicéridos de cadena media a 60 gr./día en 3 tomas. - **Vitamina A:** 150.000 UI /mes por vía intramuscular. - **Vitamina K:** 10 mg./semana por vía im. o iv. - **Vitamina E:** 100-200 mg./día en una toma única.

4.- ENFERMEDAD DE CAROLI

Se conoce así a la dilatación quística sacular de los conductos biliares intrahepáticos, secundaria a malformación en el desarrollo embrionario de la placa ductal. La dilatación puede ser segmentaria (más frecuente en lóbulo hepático izquierdo) o generalizada. Se han descrito dos variedades:

- Tipo I, que es la Enfermedad de Caroli propiamente dicha, y
- Tipo II, también llamada Síndrome de Caroli, que se asocia a fibrosis hepática congénita, quistes renales y del colédoco. Esta última es la forma más frecuente, y presenta Herencia Autonómica recesiva.

4.1.- CLÍNICA

Se presenta a cualquier edad, aunque es rara a partir de los 50 años. La forma de presentación más frecuente se caracteriza por episodios de colangitis aguda secundarios a éxtasis biliar, que producen las dilataciones saculares. En la forma compleja (Tipo II) predominan las manifestaciones de la hipertensión portal pudiendo incluso preceder a las manifestaciones biliares. Las complicaciones tardías más habituales son la cirrosis biliar secundaria, los abscesos intrahepáticos y los tumores, siendo el más frecuente el colangiocarcinoma (100 veces mas frecuente que en la población general).

4.2.- DIAGNÓSTICO

Se apoya en las siguientes pruebas complementarias:

- La Ecografía hepática o TC de Abdomen con contraste pueden establecer el diagnóstico, apreciando en la primera numerosas áreas anecoicas (de densidad agua) distribuidas de forma difusa o segmentaria, mientras que en la TC se observa la presencia de pequeñas ramas venosas portales dentro de conductos biliares intrahepáticos dilatados.
- La colangio-RM es una prueba no invasiva considerada hoy como el mejor método diagnóstico. Es esencial demostrar la existencia de comunicación entre las dilataciones quísticas y el resto del árbol biliar.
- Con la CPRE o CTPH se puede llegar al diagnóstico de certeza, pero por el riesgo elevado de colangitis bacteriana ascendente o pancreatitis, deberá reservarse para casos dudosos.

4.3.- TRATAMIENTO

4.3.1.- Crisis de colangitis aguda

Requieren manejo hospitalario y escapan a los objetivos de este manual, aunque mencionaremos que se utiliza cualquiera de los siguientes antibióticos iv. por 10 días:

- Piperacilina /tazobactam + metronidazol
- Amoxicilina/ácido clavulánico + gentamicina + Metronidazol, Imipenem o Meropenem.
- Cefalosporinas de tercera generación + metronidazol o clindamicina, o aztreonam + clindamicina.

4.3.2.- Profilaxis de crisis de colangitis

Ciclos de diez días de Ciprofloxacino 500 mg./12 horas o Cefalexina 500 mg./6 horas por vía oral.

4.3.3.- Tratamiento de litiasis intraquística

El Acido Ursodesoxicólico 10-15 mg./kg./día de forma continuada ha demostrado ser eficaz en la normalización del perfil hepático, así como en la remisión clínica. Existen casos descritos de disolución de los cálculos.

4.3.4.- Tratamiento endoscópico

La esfinterotomía con la colocación de prótesis puede ser eficaz en algunos casos seleccionados.

4.3.5.- Tratamiento quirúrgico

Debe ser individualizado. En los casos con afectación parcial la hepatectomía puede ser curativa. Si existe quiste de colédoco se debe asociar anastomosis hepático-yeyunal. Cuando la afectación sea difusa con episodios de colangitis de repetición no controlables por otros tratamientos o exista hipertensión portal importante está indicado el trasplante hepático.

5.- SÍNDROME DE DUCTOS EVANESCENTES (SDE)

Es un síndrome caracterizado por la desaparición progresiva de los conductos biliares interlobulillares y septales proximales.

5.1.- CLASIFICACIÓN Y ETIOLOGÍA

Tabla 18. Etiología del Síndrome de ductos evanescentes	
ORIGEN INMUNUNOLOGICO	ORIGEN NO INMUNOLÓGICO
<ul><li>Cirrosis biliar primaria</li><li>Ductopenia idiopática del adulto</li><li>Colangitis esclerosante primaria</li><li>Rechazo de injerto hepático</li><li>Colangitis autoinmune</li><li>Enfermedad injerto contra huésped hepática</li><li>Sarcoidosis</li><li>Deficiencia de MDR3 (CIFP tipo 3)</li></ul>	<ul><li>Fármacos*</li><li>Linfoma de Hodgkin</li><li>Colangitis infecciosa</li><li>Histiocitosis X</li></ul>
*Fármacos asociados con el SDE: amoxicilina- acido clavulánico, anticonceptivos, anabólicos esteroides, clopidogrel, clorpromazina, clorperazina, fenitoína, carbamazepina, eritromicina.	

5.2.- TRATAMIENTO

El tratamiento es sintomático (del prurito y malabsorción) y de la enfermedad de base.

6.- DUCTOPENIA IDIOPÁTICA DEL ADULTO (DIA)

Es una entidad infrecuente que se caracteriza por colestasis crónica y escasez de conductos biliares en la biopsia hepática, y para cuyo diagnostico se requiere la exclusión de todas las demás enfermedades que cursan con ductopenia.

La mayoría de los casos son esporádicos aunque hay casos descritos de asociación familiar.

6.1.- CLASIFICACIÓN

Se describen dos subtipos:

- **Tipo I o severa**, de aparición en adultos jóvenes, y que corresponde a la versión en el adulto de la forma no sindrómica de la colestasis crónica infantil que cursa con ductopenia o una variante de colangitis esclerosante que solo afecta a los pequeños conductos biliares.
- **Tipo II o leve,** suele ser asintomática durante muchos años, y cuando da síntomas es en pacientes de mayor edad que en la tipo I.

En algunos casos posee una evolución progresiva, con fibrosis intrahepática y desarrollo de cirrosis hepática con hipertensión portal, que precisa trasplante hepático.

Entre los fármacos que se han relacionado con la aparición de ductopenia, y que precisan ser excluidos antes de hacer un diagnostico de DIA se encuentran: clorpromazina, amoxicilina-acido clavulánico, metiltestosterona, fenitoína, clorperazina, carbamazepina, clorpromazina y eritromicina.

6.2.- HISTOLOGÍA

Se define como DIA a la pérdida de más del 50% de los conductos biliares intrahepáticos en una muestra obtenida por biopsia, siempre que el número de espacios porta sea superior a 10, y cuando no haya ningún criterio diagnostico que oriente a otras patologías que cursen con ductopenia (CBP, CEP, EICH, sarcoidosis, rechazo crónico del injerto hepático, colangitis esclerosantes adquiridas ,enfermedad de Hodgkin, síndrome de Alagille, colestasis crónica por fármacos).

6.3.- TRATAMIENTO

AUDC a dosis de 10-15 mg./kg./día con buenos resultados, mejorando la clínica y los parámetros analíticos.

BIBLIOGRAFIA

1. Pérez T, López Serrano P, Tomás E, et al. Abordaje diagnóstico y terapéutico del síndrome colestasico. *Rev. esp. enferm. dig.* 2004, 96: 60-73.
2. **AGA Technical Review on the Evaluation of LiverChemistry Tests. Gastroenterology. 2002 Oct;123(4):1367-84.**
3. **Pratt DS, Kaplan MM. Evaluation of abnormal liver-enzyme results in asymptomatic patients. N Engl J Med 2000;342:1266–1271.**
4. **Cuadrado A,Crespo J. Hipertransaminasemia en paciente con negatividad de marcadores virales. Rev esp. Enferm. Dig. 2004 ; 96:484-500.**
5. Stewart SF, Day CP. The management of alcoholic liver disease. J Hepatol 2003; 38: S2-S13.
6. Rodríguez C, Martín L. Estudio del paciente con elevación de transaminasas. GH continuada 2002; 1: 345-8.
7. **Moreno R, García-Buey L. Diagnóstico y tratamiento de las colangiopatías autoinmunes. Gastroenterol Hepatol 2003; 26 (Supl. 2):11-5.**
8. **Cullen SN, Chappma RW. Review article: current management of primary sclerosing cholangitis. Aliment Pharmacol Ther. 2005 Apr 15;21(8):933-48.**
9. Bambha K, Kim WR, Talwalkar J et al. Incidence, clinical spectrum, and outcomes of primary sclerosing cholangitis in a United States community. Gastroenterology. 2003; 125:1364-9.
10. Ponsio CI, Tytgat GN. Primary sclerosing cholangitis: a clinical review. Am J Gastroenterol. 1998; 93: 515-23.
11. Maggs JR,Chapman RW. An update on primary sclerosing cholangitis.Curr Opin Gastroenterol. 2008 May;24(3):377-83.
12. Cullen SN, Chappma RW. Review article: current management of primary sclerosing cholangitis. Aliment Pharmacol Ther. 2005 Apr 15;21(8):933-48.
13. **Pons F,Crespo J.Colangitis esclerosante primaria. En Bruguera M, editor. Tratado de las enfermedades hepáticas.Madrid:AEEH:1997;125-132.**
14. **Lee YM, Kaplan MM. Management of primary sclerosing cholangitis. Am J Gastroenterol 2002; 97:528-534.**
15. Michaels A, Levy C. The medical management of primary sclerosing cholangitis. Medscape J Med. 2008;10(3) 61.
16. Miller WJ, Sechtin AG, Campbell WL, Pieters PC. Imaging findings in Caroli's disease. Am J Roentgenol 1995; 165: 333-337.
17. Taylor AC, Palmer KR. Caroli's disease. Eur J Gastroenterol Hepatol 1998; 10: 105-108.
18. Ros E, Navarro S, Bru C, Gilabert R, Bianchi L, Bruguera M. Ursodeoxy cholic acid treatment of primary hepatolithiasis in Caroli's syndrome. Lancet 1993; 342: 404-406.

19. Bayraktar Y. Clinical characteristics of Caroli's syndrome. World J Gastroenterol 2007 April 7; 13(13): 1934-1937.

20. Gupta AK, Gupta A, Bhardwaj VK, Chansoria M. Caroli's disease. Indian J Pediatr 2006; 73: 233-235.

21. Bruguera M. Enfermedades de las vías biliares intrahepáticas distales en el adulto: colangitis y ductopenia. Medicina Clinica(Barcelona) 1996;107:338-481.

22. **Imoniuk CM,Acosta M, Vizcaino AE, Panzardi MY. Ductopenia idiopática del adulto. Revista de Posgrado de la via Cátedra de Medicina 2008;180:1-11.**

23. Zafrani E, Metreu JM, Douvin C y col. Idiopathic biliary ductopenia in adults: a report of five cases.Gastroenterology 1990 ;99(6):1823-8.

24. G. Gómez, Y. Rodríguez Gil1, S. Rodríguez Muñoz. Mujer joven con colestasis y ductopenia. Revista española de enfermedades digestivas 2004; 12 (96):864-873.

25. Matteoni CA, Younossi ZM, Gramlich T, Bopari N, Liu YC, McCullough AJ. Nonalcoholic fatty liver disease. A spectrum of clinical and pathological severity. Gastroenterology 1999;116: 1413-9.

26. **Ekstedt M, Franzen LE, Mathiesen UL, Holmquist M, Bodemar G, Kechagios. Long term follow-up of patients with NAFLD and elevated enzymes. Hepatology 2006; 44:865-73.**

27. Caldwell SH, Hespenheide EE. Subacute liver failure in obese women. Ma J Gastroenterol 2002; 97:2058-67.

28. **Marchesini G, Marzocchi R, Agostini f, Bugianesi E. Nonalcoholic fatty liver disease and the metabolic syndrome. Curr Opin Lipidol 2005; 16:421-7.**

29. **Farrell GC, Larter CZ. Non-alcoholic fatty liver disease: from steatosis to cirrohosis. Hepatology 2006:23: S99-112.**

30. Angulo P, Keach JC, Batts KP, Lindor KD. Independent predictors of liver fibrosis in patients with non-alcoholic steatohepatitis. Hepatology 1999; 30: 1356-62.

31. Villanova N, Moscatiello S, Ramilli S, Bugianesi E, Magalotti D, Vanni E, Zoli M, Marchesini G. Endothelial dysfunction and cardiovascular risk profile in nonalcoholic fatty liver disease. Hepatology 2005; 46: 1186-93.

32. **Ramesh S, Sanyal AJ. Evaluation and management of non-alcoholic steatohepatitis. J Hepatol 2005; 42(Suppl): S2-12.**

33. Belfort R, Harrison SA, Brown K, et al. A placebo-controlled trial of pioglitazone in subjects with nonalcoholic steatohepatitis. N Engl J Med 2006; 355: 2297-307.

34. Tavill, AS. Hepatology 2001: 33:1321

35. **Quintero E. et al. Gastroenterol Hepatol. 2007;30(Supl 1):51-6.**

36. **P. Ferenci . Diagnosis and current therapy of Wilson's disease. Alimentary Pharmacology & Therapeutics 2004: 19 (2), 157-165**

37. Anil Dhawan, Rachel M. Taylor, Paul Cheeseman et al. Wilson's disease in children: 37-Year experience and revised King's score for liver transplantation. Liver Transplantation 2005: 11 (4): 441-448
38. **Roberts, Schilsky et al. Hepatology 2008: 47 (6), 2089-2111**
39. **Czaja AJ, Freese DK; American Association for the Study of Liver Disease. Diagnosis and treatment of autoimmune hepatitis. Hepatology 2002: 36(2):479-97.**
40. **Kaplan MM, Gershwin ME. Primary biliary cirrosis. N Engl J Med 2005; 353(12): 1261-73.**
41. **Leung PS, Coppel RL, Gershwin ME. Etiology of primary biliary cirrhosis: the search for the culprit. Semin Liver Dis 2005; 25(3): 327-36.**
42. Oertelt S, Rieger R, Selmi C, Invernizzi P, Ansari AA, Coppel RL, Podda M, Leung PS, Gershwin ME. A sensitive bead assay for antimitochondrial antibodies: chipping away at AMA-negative primary biliary cirrhosis. Hepatology 2007; 45(3): 659-65.
43. Newton JL, Gibson GJ, Tomlinson M, Wilton K, Jones D. Fatigue in primary biliary cirrhosis is associated with excessive daytime somnolence. Hepatology 2006;44(1): 91-8.
44. **Shi J, Wu C, Lin Y, Chen YX, Zhu L, Wie WF. Long-term effects of mid-dose ursodeoxycholic acid in primary biliary cirrhosis: a meta-analysis of fandomized controlled trials. Am J Gastroenterol 2006;101(7):1529-38.**
45. Hempfling W, Grunhage F, Dilger K, Reichel C, Beuers U, Sauerbruch T. Pharmacokinetics andpharmacodynamic action of budesonide in early-and late-stage primary biliary cirrhosis. Hepatology 2003;38(1):196-202.
46. Poupon R. Autoimmune overlapping síndromes. Clin Liver Dis 2003; 7 (4): 865-78.
47. **Beuers U, Rust C. Overlap syndromes. Semin Liver Dis 2005 ; 25(3) : 311-20.**
48. **Chazouilleres O, Wendum D, Serfaty L, Rosmorduc O, Poupon R. Long term otucome and response to therapy of primary biliary cirrhosis-autoimmune hepatitis overlap syndrome. J Hepatol 2006;44(2): 400-6.**
49. Joshe S, Cauch-Dudek K, Wanless IR, Lindor KD, Jorgensen R, Batts K, Heathcote EJ. Primary biliary cirrhosis with additional features of autoimmune hepatitis: response to therapy with ursodeoxycholic acid. Hepatology 2002; 35(2): 409-13.

HEPATOPATÍAS VIRALES

Inmaculada Santaella Leiva – Miguel Jiménez Pérez – Luis Cueva Beteta

Aquí sólo repasaremos las más frecuentes, que son la B y C, enfatizando el manejo de la hepatitis crónica y la actitud en situaciones especiales como hepatitis aguda, embarazo y en algunas comorbilidades de importancia.

HEPATOPATÍA POR VIRUS B

Aproximadamente la tercera parte de la población mundial tiene evidencia serológica de infección presente o pasada por el virus de la hepatitis B (VHB), y más de 350 millones de personas están infectadas cronicamente. El espectro de la enfermedad y la historia natural de la infección crónica por el VHB es variable, pero puede evolucionar a cirrosis y carcinoma hepatocelular, siendo actualmente responsable de más de un millón de muertes por año y del 5 a 10% de casos de trasplante hepático. Estudios longitudinales de pacientes con hepatitis B crónica indican que, después del diagnóstico, la incidencia acumulada a 5 años de cirrosis varía entre el 8 y el 20%, con todas las complicaciones que ello conlleva. Aunque es evidente la importancia del tratamiento de la hepatitis B crónica, es imprescindible conocer su historia natural, ya que no todos los casos de infección crónica por VHB son tributarios de tratamiento, ni en todos habrá progresión a hepatopatía crónica avanzada o cirrosis.

1.- HISTORIA NATURAL DE LA INFECCIÓN CRÓNICA POR VHB

La historia natural de la hepatitis B crónica es un proceso dinámico. Puede ser esquemáticamente dividida en 5 fases, las cuales no son necesariamente secuenciales:

1. Fase "inmunotolerante", se caracteriza por positividad del HBeAg, altos niveles de replicación del VHB (reflejado por niveles altos de DNA-VHB en la carga viral cuantitativa), niveles normales o bajos de transaminasas, ausencia o leve necroinflamación hepática y ausencia o lenta progresión a fibrosis. Durante esta fase, la tasa de pérdida espontánea del HBeAg (seroconversión) es muy baja. Esta primera fase es más frecuente y prolongada en sujetos infectados en la etapa perinatal o en los primeros años de vida. Debido a los altos niveles de viremia, estos pacientes son altamente contagiosos.

2. Fase "inmunoreactiva", caracterizada por positividad del HBeAg, bajos niveles de replicación del VHB (reflejado por bajos niveles del DNA-VHB en la carga viral cuantitativa), niveles altos o fluctuantes de transaminasas, necroinflamación hepática moderada o severa y progresión más rápida a fibrosis comparada con la fase previa. Esta fase puede durar desde varias semanas a varios años. A diferencia de la fase inmunotolerante, la tasa de pérdida espontánea del HBeAg está aumentada. Esta fase puede ocurrir

después de varios años de inmunotolerancia y es más frecuentemente alcanzada en los sujetos infectados en edad adulta.

3. El estadio de "portador VHB inactivo" puede seguir a la seroconversión del HBeAg a anticuerpos anti-HBe (negativización del HBeAg y aparición de anticuerpos anti-HBe). Se caracteriza por niveles muy bajos o indetectables de DNA-VHB y transaminasas normales. Como resultado del control inmunológico de la infección, este estado le confiere a la mayoría de pacientes un pronóstico favorable a largo plazo, con un riesgo muy bajo de cirrosis o hepatocarcinoma. La pérdida del HBsAg y seroconversión a anticuerpos anti-HBs (+) puede ocurrir espontáneamente en 1-3% de los casos al año, usualmente después de varios años con cargas virales DNA-VHB indetectables.

4. Hepatitis B crónica activa HBeAg(-); generalmente resultan de la seroconversión del HBeAg a anticuerpos anti-HBe durante la fase "inmunoreactiva", y representan una fase tardía en la historia natural de la hepatitis B crónica. Se caracteriza por reactivación periódica con un patrón fluctuante de los niveles de DNA-VHB y transaminasas. Se asocia con tasas bajas de remisión espontánea prolongada de la enfermedad. Es importante y a veces difícil diferenciar entre verdaderos portadores VHB inactivos y pacientes con Hepatitis B crónica activa HBeAg(-). Los primeros tienen buen pronóstico con muy bajo riesgo de complicaciones, mientras que los últimos tienen enfermedad hepática activa con un alto riesgo de progresión a fibrosis hepática avanzada, cirrosis y sus complicaciones. Una evaluación cuidadosa y un seguimiento mínimo de un año con niveles séricos de transaminasas (GPT/ALT) y carga viral cuantitativa (DNA-VHB) cada 3 meses usualmente permite detectar las fluctuaciones de actividad en pacientes con Hepatitis B crónica activa HBeAg(-).

5. Algunos pacientes llegan a la fase de "HBsAg (-)", en la cual se pierde el antígeno HBsAg, pudiendo persistir niveles bajos de replicación viral con DNA-VHB detectable en el hígado (generalmente cargas virales negativas en suero mientras sean detectables anticuerpos antiHBc o antiHBs). La pérdida del HBsAg se asocia a un mejor pronóstico, con bajo riesgo de progresión a cirrosis, descompensación o hepatocarcinoma. La relevancia clínica de la infección oculta por el VHB (con cargas virales en hígado muy bajas, < 200 UI/ml o 1000 copias/ml) no esta aún establecida, pero la inmunosupresión puede llevar a la reactivación de la enfermedad en algunos pacientes.

2.- OBJETIVO DEL TRATAMIENTO

El objetivo general es mejorar la calidad de vida y supervivencia, previniendo la progresión de la enfermedad a cirrosis, hepatopatía crónica terminal, hepatocarcinoma o muerte. Este objetivo se puede alcanzar si se suprime la replicación viral de manera sostenida, con la consiguiente reducción en la actividad histológica de la hepatitis crónica y disminución del riesgo de cirrosis y hepatocarcinoma. Por tanto, la carga viral debe reducirse a los niveles más bajos posibles, idealmente bajo el límite de detección con pruebas basadas en la reacción en cadena de la polimerasa (PCR), que detecta niveles de hasta 10-15 UI/ml; además, esta supresión mantenida de la carga viral aumenta la probabilidad de seroconversión en los pacientes HBeAg(+) a anti HBe, y de negativizar el HBsAg a mediano o largo plazo en los pacientes HBeAg(+) o HBeAg(-). Es importante tener en cuenta que la infección por el VHB no puede ser completamente erradicada, debido a la persistencia del DNA circular covalente integrado en el núcleo de los hepatocitos infectados.

Por tanto, los objetivos del tratamiento en la práctica clínica son:

- En pacientes HBeAg(+) y HBeAg(-), el objetivo ideal es la pérdida sostenida del HBsAg con o sin seroconversión a anti-HBs. Esto se asocia a una completa y definitiva remisión de la actividad de la hepatitis B crónica y a una mejoría en el pronóstico a largo plazo.

- En pacientes HBeAg(+), la seroconversión prolongada a anti-HBe es un objetivo satisfactorio, pues se ha demostrado que se asocia a un mejor pronóstico.

- En pacientes HBeAg(+) que no alcanzan la seroconversión HBe, y en los pacientes HBeAg(-), el objetivo práctico es alcanzar una carga viral indetectable mantenida durante el tratamiento con nucleósidos/nucleótidos (NUCs), o una carga viral indetectable sostenida después del tratamiento con interferón.

3.- MANEJO DE LA INFECCIÓN CRÓNICA VHB

Para planificar el seguimiento y/o tratamiento deben investigarse 3 características en la analítica de un paciente:

- La serología del paciente (en particular de HBsAg y HBeAg).
- Los niveles de transaminasas (en particular ALT o GPT)
- La carga viral cuantitativa del VHB.

Tener en cuenta que la carga viral se suele expresar en copias/ml o UI, siendo la equivalencia aproximada de 1×10^4 copias/ml $= 2 \times 10^3$ UI/ml.

En primer lugar, debemos conocer los tipos de respuesta que se esperan con el tratamiento y sus factores predictivos.

3.1.- DEFINICION DE RESPUESTA AL TRATAMIENTO

3.1.1.- Respuesta bioquímica

Normalización de los niveles de ALT. Tener en cuenta que durante el tratamiento con Interferón alfa (INFα) o Peginterferón (PegINF) en pacientes con HBeAg(+), pueden aparecer brotes de hepatitis con elevación de ALT, a veces mayor de 10 veces el límite superior normal (LSN), que se asocian con una mayor respuesta virológica.

3.1.2.- Respuesta virológica

- **En tratamiento con interferones**

Carga viral (DNA-VHB) menor de 2 x 10^3 UI/ml (o 1 x 10^4 copias/ml) a las 24 semanas de iniciado el tratamiento.

- **En tratamiento con NUCs**

Carga viral indetectable a las 48 semanas por medio de técnicas sensibles basadas en PCR.

3.1.3.- Respuesta serológica

Seroconversión HBe en pacientes con hepatitis crónica HBeAg(+).

3.1.4.- Respuesta combinada

Se define como la combinación de la respuesta bioquímica y virológica.

3.1.5.- Respuesta completa

Se define como la respuesta combinada con pérdida del HBsAg. Se considera como resolución de la infección.

Las definiciones de no respondedor primario, respuesta virológica parcial o recidiva virológica se detallan más adelante en el apartado **4.2.- MANEJO DE LA FALTA DE RESPUESTA.**

3.2.- PREDICTORES DE RESPUESTA

Existen ciertos factores predictores de respuesta, que pueden identificarse antes o durante el tratamiento.

3.2.1.- Factores previos al tratamiento

Sea el tratamiento con IFNα, PegINF o NUCs, son predictivos de seroconversión HBe una carga viral baja (menor de 1 x 10^7 UI/ml), niveles altos de ALT (mayor de 3 veces el LSN), y altos niveles de actividad en la biopsia hepática.

3.2.2.- Factores durante el tratamiento

En tratamiento con interferones

Una disminución de la carga viral a menos de 2 x 10^4 UI/ml a las 12 semanas de iniciado el tratamiento se asocia con una probabilidad del 50% de seroconversión HBe en los pacientes HBeAg(+), y una probabilidad del 50% de respuesta virológica sostenida en los HBeAg(-).

En tratamiento con NUCs

Con lamivudina, adefovir o telbivudina, una respuesta virológica a las 24 o 48 semanas (carga viral indetectable con técnicas de PCR) se asocia a una baja tasa de resistencias, con una alta probabilidad de respuesta virológica mantenida y seroconversión HBe en los pacientes HBeAg(+).

3.3.- ¿CÓMO TRATAR?

Para el tratamiento se pueden usar dos tipos de fármacos:

1.- Los interferones, Interferón alfa (INFα) o Peginterferón (PegINF), que se utilizan por un tiempo finito (16-24 o 48 semanas, respectivamente). Aparte de la duración del tratamiento, tienen como ventajas la ausencia de resistencias y altas tasas de seroconversión HBe y HBs; sin embargo tienen como inconveniente la pobre tolerancia e incomodidad del tratamiento (inyecciones subcutáneas), aparte de un efecto antiviral moderado.

2.- Los análogos de nucleósidos/nucleótidos (NUCs), entre los que tenemos a la lamivudina, entecavir, telbivudina, adefovir y tenofovir. Estos pueden utilizarse por un tiempo finito, en los casos que haya seroconversión HBe, o por tiempo indefinido. A diferencia de los interferones, tienen un efecto antiviral potente y la tolerancia al tratamiento suele ser buena; las desventajas son la elevada frecuencia de desarrollo de resistencias y las tasas más bajas de seroconversión HBe o HBs.

En resumen, se puede aplicar 2 tipos de tratamiento en los pacientes HBeAg(+) y HBeAg(-): tratamiento finito con interferones o NUCs, y tratamiento indefinido con NUCs:

- **Tratamiento finito con interferón**

   La dosis de interferón es de 5 millones de UI/día o 10 millones de UI 3 veces por semana, subcutáneo, durante 16-24 semanas los HBeAg(+), y 12 meses los HBeAg(-).

   La dosis de interferón pegilado alfa 2a es de 180 µg./semana y la de interferón alfa 2b de 100 µg./semana, subcutáneo, durante un año, tanto para HBeAg(+) y (-).

   Se recomienda sobre todo en pacientes jóvenes con enfermedad hepática bien compensada (independientemente de la presencia o no de HBeAg), que no desean mantenerse con tratamiento prolongado y que presentan factores predictivos de buena respuesta previos al tratamiento.

- **Tratamiento finito con NUCs**

   Se administra a los pacientes HBeAg(+), hasta seis a doce meses tras la seroconversión HBe (por lo menos un año de tratamiento).

   Tener en cuenta que aunque puede haber factores predictivos de respuesta previos al tratamiento, la duración es impredecible pues depende de la seroconversión (pudiendo ser un tratamiento prolongado).

- **Tratamiento indefinido con NUCs**

   Es necesario en los pacientes que no alcanzan una respuesta virológica sostenida. En la práctica, se aplica a los pacientes HBeAg(+) que no desarrollan seroconversión y a los HBeAg(-).

   Las dosis de NUCs son las siguientes:

-Lamivudina (LVD): 100 mg/día.
-Adefovir (ADV): de 10 mg/día.
-Entecavir (ETV): 0,5 mg/día.
-Telbivudina (LdT): 600 mg/día.
-Tenofovir: 300 mg/día.

En los casos de insuficiencia renal moderada-severa (filtración $\leq$ 50 ml/minuto), debe espaciarse el intervalo entre dosis con cualquiera de los NUCs..

Las principales ventajas de la LVD son su bajo costo y la amplia experiencia en su uso. Aunque no hay estudios comparativos, la LVD ejerce una supresión más rápida y potente que el ADV. Por el contrario, el ETV es más potente que la LVD. La principal desventaja de la LVD es la elevada tasa de resistencia que genera.

La principal ventaja del ADV comparado con la LVD es que genera menos resistencias. Sin embargo, la supresión viral que ejerce es lenta y con la dosis aprobada hasta en un 25% de los pacientes es insuficiente. El ADV es más caro que la LVD, aunque más barato que el ETV.

Las principales ventajas de ETV son su potente actividad antiviral y la baja tasa de resistencias; es mucho más caro que la LVD y algo más que el ADV.

En cuanto al tenofovir, ha sido recientemente aprobado en la Unión Europea (2008) para el tratamiento de la hepatitis B crónica. Es un fármaco también utilizado en los pacientes VIH (+) y posee un potente efecto antiviral; tiene la ventaja de ser más barato que el ETV y el ADV.

El tratamiento inicial con NUCs debe hacerse en monoterapia, ya que no existen datos que indiquen ventajas al usarlos en combinación. En pacientes ya tratados con uno o dos NUCs previamente, si esta aceptado añadir otro NUCs ante la falta de respuesta o aparición de resistencias.

La combinación de peginterferón con NUCs no se recomienda; la combinación con lamivudina no ha demostrado mejorar la tasa de respuesta virológica sostenida, y no hay datos de la eficacia o seguridad con otros NUCs.

3.4.- ¿A QUIÉN TRATAR?

De forma esquemática, el manejo en los pacientes sin comorbilidad importante se hará de la siguiente forma:

3.4.1.- PACIENTES HBsAg(+) y HBeAg(+)

ALT normal ó < 1 x LSN y DNA-VHB $\geq$ 1x10^5 copias/ml

- Control cada 3-6 meses de ALT
- Control cada 6-12 meses de HBeAg
- No es necesario tratar, sólo seguimiento.

ALT entre 1-2 x LSN y DNA-VHB $\geq$ 1x10^5 copias/ml

- Control cada 3 meses de ALT
- Control cada 6 meses de HBeAg.

- Considerar biopsia hepática si persisten niveles de ALT elevados o edad mayor de 40 años, e iniciar tratamiento si existe moderada o severa inflamación o fibrosis.

ALT > 2 x LSN y DNA-VHB ≥ 1x10^5 copias/ml

- Control cada 1-3 meses de ALT y HBeAg.
- Tratar si persisten elevados y no hay seroconversión (pérdida HBeAg) espontánea.
- La biopsia hepática es opcional.
- Tratar inmediatamente si existe ictericia o descompensación hepática.
- IFNα (Roferon A ®, IntronA ®), Peginterferon α2a (Pegasys ®), Peginterferon α2b (Pegintrón ®), lamivudina (Zeffix®), adefovir (Hepsera ®), entecavir (Baraclude ®), telbivudina (Sebivo ®) o tenofovir (Viread®) pueden usarse como terapia inicial, aunque la LVD y LdT no deberían ser de elección debido a la alta tasa de resistencia.
- El objetivo final del tratamiento sería la seroconversión HBeAg a antiHBe.
- Duración del tratamiento: IFNα: 16-24 semanas, Peginterferon α2a-2b: 48 semanas, LVD/ADV/LdT/ETV/tenofovir: mínimo un año y continuar entre seis a doce meses más tras la seroconversión HBe.

ALT normal o ≤ 2 x LSN y DNA-VHB< 1x10^5 copias/ml

- No es necesario tratamiento.

ALT > 2 x LSN y DNA-VHB< 1x10^5 copias/ml

- Requerirán seguimiento periódico. Descartar otras posibles causas de elevación de ALT asociadas y valorar realización de biopsia hepática, y según resultados tratar o no.

3.4.2.- PACIENTES HBsAg(+) y HBeAg(-)

ALT > 2 x LSN y DNA-VHB > 1x10^5 copias/ml

- Tratar si persisten niveles de ALT elevados. La biopsia hepática es opcional.
- Cualquiera de los fármacos comercializados actualmente para el tratamiento de la hepatitis B se podrían usar (INFα / PegINF, LVD, ADV, ETV, LdT o tenofovir). El PegINF, ADV, ETV o tenofovir serían los fármacos recomendados de primera línea, no siendo de elección inicial la LVD y LdT por su alta tasa de resistencia.
- El objetivo del tratamiento es mantener una carga viral indetectable, o alcanzar una respuesta virológica sostenida posterior al mismo en caso de utilizar interferones. En cuanto a la duración, se recomienda como mínimo

un año de tratamiento con LVD, LdT, ADV o ETV y un año con INFα o PegINF.

ALT entre 1-2 x LSN y DNA-VHB entre $1x10^4$-$1x10^5$ copias/ml

- Control cada 3 meses de ALT y DNA-VHB. Considerar biopsia hepática si persisten elevados, y tratar si existe moderada o severa inflamación o fibrosis.

ALT < 1 x LSN y DNA-VHB < $1x10^4$ copias/ml (portador inactivo)

- Control cada 3 meses de ALT durante un año para confirmar que realmente se trata de un portador VHB inactivo y luego continuar seguimiento cada 6-12 meses si la ALT persiste < 1x LSN.

LSN: valor límite superior de normalidad.

Cualquier otra situación distinta de las anteriores requerirá de un manejo individualizado, basado principalmente en el seguimiento periódico y en la posibilidad de realización de una biopsia hepática, además de descartar otras posibles causas de hepatopatía; sobre la base de esta evaluación se plantearía o no iniciar el tratamiento.

4.- MONITORIZACIÓN Y FALTA DE RESPUESTA AL TRATAMIENTO

La monitorización es importante por la posible aparición de efectos secundarios al tratamiento y, sobre todo, para detectar precozmente la falta de respuesta al mismo.

Para prevenir la aparición de resistencias, es importante tener en cuenta:

- Evitar tratamientos innecesarios.
- Iniciar tratamiento con antivirales potentes que tengan baja frecuencia de resistencias.
- Cambiar a otro fármaco alternativo en pacientes no respondedores primarios.

4.1.- MONITORIZACIÓN

4.1.1.- En tratamiento con Interferones

- Determinar hemograma, glucosa, colesterol y triglicéridos mensualmente, pudiendo espaciarse cada 2 meses a partir de los 6 meses de tratamiento (en PegINF), según la aparición o no de efectos secundarios.
- Determinar cada 3 meses hormonas tiroideas (para valorar efectos secundarios) y niveles de transaminasas, para valorar brotes de hepatitis, que es un factor favorable en los pacientes HBeAg(+).

- Determinar carga viral a los 3 y 6 meses de iniciado el tratamiento para valorar la respuesta primaria; luego, a los 6 y 12 meses de terminado el tratamiento.
- Determinar HBeAg y anti-HBe a los 6 y 12 meses de tratamiento; una vez terminado, determinar la serología HBe cada 6 meses.
- Dado que el objetivo en los HBeAg(+) es la seroconversión HBe junto con la normalización de los niveles de ALT y una carga viral menor de 1×10^4 copias, estos pacientes requieren seguimiento a largo plazo, por la posibilidad de seroreversión del HBe o desarrollo de hepatitis crónica HBeAg(-) tras terminar el tratamiento. Por ello, se debe determinar el HBsAg cada 6 meses después de la seroconversión HBe si la carga viral es indetectable.

4.1.2.- En tratamiento con NUCs

- Determinar urea y creatinina cada 3 meses, para valorar efectos secundarios, sobre todo en los tratamientos con adefovir.
- Bilirrubina total, Actividad de protrombina, albúmina y creatinina en pacientes con cirrosis, cada 1-3 meses, según situación clínica.
- Transaminasas cada 3-6 meses, para valorar respuesta y desarrollo de resistencias.
- En HBeAg(+), determinar la carga viral cada 3 meses y los HBeAg y anti-HBe cada 6 meses. En los casos de seroconversión, determinar el HBsAg cada 6 meses para evaluar la pérdida del mismo; sin embargo esto ocurre raras veces en los pacientes tratados con NUCs (a diferencia de los tratados con PegINF).
- En HBeAg(-) con tratamiento a largo plazo, monitorizar la carga viral cada 3 a 6 meses.

4.2.- MANEJO DE LA FALTA DE RESPUESTA

En primer lugar, se debe comprobar la adhesión y cumplimiento del tratamiento.
Es importante distinguir entre no respondedores primarios, pacientes con respuesta virológica parcial o resistencia al tratamiento con antivirales.

- **No respondedores primarios**
  Se definen por una caída en la carga viral de menos de $1 \log_{10}$ UI/ml a las 12 semanas de tratamiento. Es más frecuente con ADV que con otros NUCs, y en estos casos se debe cambiar a tenofovir o ETV. Los no respondedores primarios son poco frecuentes con LVD, LdT, ETV o tenofovir.
  En caso de no respondedor primario a INFα ó PegINF, debe suspenderse el tratamiento y cambiarse por un NUCs.

- **Respuesta virológica parcial**

  Se define como una disminución de la carga viral de más de 1 $\log_{10}$ UI/ml, pero detectable con pruebas sensibles basadas en PCR. En pacientes recibiendo LVD, ADV o LdT con respuesta parcial en la semana 24 de tratamiento, se pueden adoptar 2 estrategias:

  1.- Cambiar a un fármaco más potente (ETV o tenofovir), o

  2.- Asociar un fármaco más potente que no comparta resistencia cruzada, es decir: añadir tenofovir a LVD o LdT, o añadir ETV al ADV.

  En pacientes recibiendo ETV o tenofovir con respuesta virológica parcial a las 48 semanas, algunos expertos sugieren añadir el otro fármaco para prevenir las resistencias; sin embargo se desconoce la seguridad a largo plazo de la combinación de tenofovir y ETV.

- **Recidiva virológica y resistencia a antivirales**

  También conocida como "rebote" virológico, se define como un aumento en la carga viral de más de 1 $\log_{10}$ UI/ml comparado con el valor más bajo durante el tratamiento; usualmente precede al rebote bioquímico, caracterizado por un aumento en los niveles de ALT. Las principales causas de recidiva virológica durante la terapia con NUCs son la pobre adherencia al tratamiento y la selección de variantes resistentes del VHB. La recidiva virológica tiene relación directa con la resistencia a antivirales. En la medida de lo posible, se debería confirmar la resistencia mediante estudios genotípicos.

El manejo se hará de acuerdo a la resistencia al fármaco antiviral empleado inicialmente:

- Resistencia a la LVD:

  -Añadir ADV o tenofovir, o

  -Suspender LVD y cambiar a ETV o a Truvada ®*.

- Resistencia al ADV:

  -Cambiar ADV por tenofovir y añadir LVD o LdT, o

  -Cambiar o añadir ETV, o

  -Suspender ADV y cambiar a Truvada ®*.

- Resistencia al ETV:

  -Añadir tenofovir o ADV.

- Resistencia a la LdT:

  -Añadir tenofovir o ADV, o

  -Suspender LdT y cambiar a ETV, o

  -Suspender LdT y cambiar a Truvada®.

- Resistencia al tenofovir:

  -Aunque aún no se han descrito, para evitar resistencias cruzadas se podría añadir ETV, ADV O LVD.

*Truvada ®: emtricitabina+ADV.

**Truvada® no está aún autorizado para tratamiento de la infección aislada por VHB.

5.- MANEJO EN SITUACIONES ESPECIALES

Hay ciertas situaciones que pueden requerir un manejo y/o tratamiento diferente de la hepatitis crónica por virus B.

5.1.- CIRROSIS COMPENSADA (Ag HBe POSITIVO O NEGATIVO)

- Si DNA-VHB > $1x10^4$ copias/ml, iniciar el tratamiento con NUCs, por menor riesgo de descompensación. ADF o ETV serán de elección si se prevee un tratamiento de larga duración, por presentar menos resistencias que LVD y LdT.

- Si DNA-VHB< $1x10^4$ copias/ml, considerar tratamiento si la ALT está elevada.

5.2.- CIRROSIS DESCOMPENSADA

- Valorar en cualquier caso la posibilidad de trasplante hepático.

- Emplear fármacos de acción rápida, como NUCs que pueden producir supresión rápida viral y con baja resistencia.

- Iniciar tratamiento con LVD o ADV, preferiblemente en combinación porque reducen la aparición de resistencias y producen una supresión viral rápida.

- La LdT podría sustituir a la LVD, por tener un perfil de acción más rápido y menos resistencias, aunque todavía no hay datos de seguridad y eficacia en cirróticos descompensados.

- El ETV no está aprobado todavía para cirróticos descompensados.

- Esta contraindicado el uso de INFα o PegINF en cirróticos descompensados, al igual que en las enfermedades hepáticas autoinmunes.

- Los pacientes cirróticos (HBeAg+/-) con DNA-VHB indetectable que estén compensados no requieren tratamiento, únicamente seguimiento, mientras que si están descompensados se remitirán para valoración de trasplante hepático.

5.3.- HEPATITIS AGUDA B

Generalmente no es necesario el tratamiento de la hepatitis aguda B, ya que más del 95% de los pacientes se recuperan espontáneamente.

Solamente se tratarán las hepatitis aguda B severas (con INR aumentado y elevación persistente de bilirrubina durante más de cuatro semanas).

La LVD o la LdT son los fármacos de elección, dado su perfil de seguridad y rapidez de acción, así como la predecible corta duración de tratamiento, excepto en pacientes candidatos a trasplante.

El ETV también podría ser usado, sin embargo el ADV no parece adecuado en estos casos debido a ser un fármaco de acción lenta y a su potencial nefrotoxicidad.

El tratamiento debería ser mantenido hasta el aclaramiento del HBsAg o de forma indefinida en aquellos pacientes que acaben en trasplante. El INFα o PegINF no están indicados por el riesgo de empeoramiento de la hepatitis y sus frecuentes efectos secundarios.

5.4.- PREVENCIÓN DE LA REACTIVACIÓN DE LA HEPATITIS B

Los pacientes que van a recibir tratamiento inmunosupresor o quimioterapia deben ser testados previamente sobre la existencia de infección por el VHB.

Entre un 20-50% de portadores inactivos HBsAg(+) y una proporción menor (alrededor del 5%) de pacientes anti-HBc y/o antiHBs sin HBsAg en suero pueden sufrir reactivación ante situaciones de inmunosupresión, tales como tratamiento antineoplásico, cursos cortos de corticoides, empleo de inmunomoduladores (anticitoquinas, anti-TNF) o trasplante cardíaco, renal, hepático o de médula ósea.

Los portadores inactivos HBsAg(+) deben recibir profilaxis antiviral previamente al inicio del tratamiento antineoplásico o inmunosupresor, y hasta 6 meses después de completar estos tratamientos, si los niveles basales de DNA-VHB son < a $1x10^4$ copias/ml o negativos. Si por el contrario, el DNA-VHB es > a $1x10^4$ copias/ml deben continuar el tratamiento siguiendo los mismos criterios que en pacientes inmunocompetentes.

En pacientes con infección resuelta (antiHBc y/o antiHBs) no se recomienda la profilaxis universal, pero deben realizarse controles periódicos del DNA-VHB, especialmente en los que presentan mayor riesgo de reactivación, como los receptores de trasplante de progenitores hematopoyéticos o los que reciben tratamiento con anticuerpos monoclonales antilinfocitos, e iniciar tratamiento anticipado si se detecta precozmente la reactivación.

La LVD o la LdT pueden ser usados si se prevee una corta duración del tratamiento (< 12 meses). El ADV o ETV serían de elección si se prevee una duración mayor, y quizás el ETV mejor que el ADV por su más rápido comienzo de acción.

El INFα o PegINF no se recomiendan por su efecto depresivo sobre la médula ósea.

5.5.- HEPATITIS B EN GESTANTES

El INFα y PegINF están contraindicados durante el embarazo por sus efectos antilinfoproliferativos. La LVD y la LdT están incluidas en la categoría B de la FDA (no se ha demostrado riesgo en animales), mientras que el ETV y el ADV lo están en la categoría C (riesgo demostrado en animales).

La LVD es con la que se tiene mayor experiencia durante el embarazo, y parece segura como se ha comprobado por su empleo en embarazadas VIH(+). No obstante el tratamiento no debe iniciarse durante el embarazo. En el caso de que ocurra la concepción o embarazo en mujeres que están recibiendo tratamiento con NUCs, el tratamiento puede continuarse, pero debe sopesarse el beneficio para la enfermedad hepática de la madre frente al riesgo escaso, para el feto. En estos casos, el cambio a LVD durante el tiempo que dure el embarazo parece razonable. Afortunadamente, hoy en día se disponen de medidas eficaces de prevención de hepatitis B en niños de madres portadoras, mediante la administración de gammaglobulina específica y vacuna en las primeras doce horas de vida. El status HBeAg (positivo o negativo) de la madre no modifica la pauta preventiva.

Asimismo deben evitarse durante el embarazo y parto todas aquellas exploraciones que puedan comprometer la función de la barrera placentaria. No debe modificarse el tipo de parto ni desaconsejarse la lactancia materna si se han realizado adecuadamente las medidas de profilaxis.

5.6.- INSUFICIENCIA RENAL CRÓNICA Y HEPATITIS B

Aunque el riesgo de transmisión del VHB en las unidades de hemodiálisis se ha ido reduciendo progresivamente de forma notable en los últimos años, la mejor prevención contra el VHB en pacientes con insuficiencia renal que van a entrar en programa de hemodiálisis es la vacunación precoz antihepatitis B. Especialmente mediante vacunas más inmunógenas y con efecto protector más prolongado, debido a la conocida menor capacidad de respuesta de estos pacientes a las vacunas.

No existen indicaciones de tratamiento para pacientes con hepatitis B crónica e insuficiencia renal distintas de la de los pacientes sin nefropatía.

Los pacientes infectados por VHB en diálisis podrían recibir tratamiento antiviral, si lo requieren, mediante INFα, que se administrará tras finalizar la hemodiálisis, presentando por lo general una peor respuesta y peor tolerancia que los pacientes inmunocompetentes. No se disponen de datos sobre el PegINF en estos pacientes. Asimismo, también podría emplearse la LVD, ADV, ETV, LdT o tenofovir, siendo necesario el ajuste de dosis según el aclaramiento de creatinina en todos ellos, debido a su eliminación renal.

5.7.- EXPOSICIÓN ACCIDENTAL

Las recomendaciones de profilaxis postexposición al VHB (en personas no inmunizadas o en las que se desconoce si lo están) consisten en la doble inmunización pasiva y activa. La primera implica la administración de gammaglobulina hiperinmune. La segunda (inmunización activa), que debe iniciarse al mismo tiempo con la primera dosis de vacuna antihepatitis B, se continuará con el resto de la pauta de vacunación completa si no se demuestra que existía protección previa de la persona expuesta (antiHBs≥ 10 UI/l).

El inicio del tratamiento postexposición no debe demorarse más de 7 días después de una punción accidental, corte o salpicadura a mucosas con sangre o fluidos biológicos, y no más de 14 días después de una exposición sexual de riesgo al VHB.

HEPATOPATÍA POR VIRUS C

1.- HEPATITIS AGUDA POR VIRUS C

En el 70-80% de los casos, la infección cursa de forma asintomática, por lo que pasa inadvertida. El periodo de incubación puede durar entre 3 y 20 semanas. Cuando existen síntomas, cursa como cualquier hepatitis aguda.

1.1.- DIAGNÓSTICO

Se hace por la seroconversión de anticuerpos antivirus C (anti-VHC) en presencia de ARN positivo (determinación cualitativa) y alteración de transaminasas.

Sin embargo debemos tener en cuenta las siguientes consideraciones:

- Ante anti-VHC positivo, se debe determinar ARN-VHC para dilucidar si se trata de infección activa. Si es negativa, sería recomendable repetir la detección de ARN tras 2-3 semanas debido al patrón de oscilación de los niveles de ARN en suero durante la fase aguda de la enfermedad.
- Los anti-VHC suelen ser detectables entre las 6 y 12 semanas del contagio, coincidiendo con la elevación enzimática en más del 80% de los casos; pero los IgM no son exclusivos de la infección aguda, pudiendo también existir en el 50-70% de los pacientes con infección crónica.
- La presencia simultánea de ARN y anti-VHC no permite distinguir infección aguda de otra causa de hepatitis en un portador crónico.

Existen 3 patrones virológicos de evolución:

- En un 10-30% se erradica el virus espontáneamente.
- En un 10-20% no se erradica pero se normalizan las transaminasas de forma persistente quedando en estado de portador crónico.
- En un 40-60% se cronifica la infección, con persistencia de la actividad inflamatoria y ARN en sangre más de 6 meses.

1.2.- TRATAMIENTO

El tratamiento se debe retrasar entre 8 y 12 semanas por ese 10-30% de pacientes que aclararán de forma espontánea el virus. Las tasas de curación con interferón pegilado se sitúan en torno al 90%, por lo que está indicado el tratamiento con éste en monoterapia.

La duración del tratamiento está por determinar. En la mayoría de los estudios se han hecho con 24 semanas, aunque hay datos que indican que 12 podrían ser suficientes.

La evaluación de la respuesta se debe hacer a las 48 semanas para asegurar que la infección por el virus C (VHC) se ha resuelto.

2.- HEPATITIS C CRÓNICA
2.1.- DIAGNÓSTICO

La presencia de anti-VHC (por medio de ELISA 3) y la determinación del ARN viral mediante una prueba cualitativa (PCR ó TMA) son suficientes para confirmar el diagnóstico. La determinación cuantitativa sólo debe hacerse antes de comenzar el tratamiento antiviral.

2.2.- TRATAMIENTO

- En el momento actual, el tratamiento combinado con interferón pegilado (PegINF) y ribavirina (RBV) es el tratamiento de elección.
- El objetivo del tratamiento es conseguir la respuesta viral sostenida (RVS), es decir una viremia negativa (ARN<50 UI/ml) a las 24 semanas tras finalizar el tratamiento.
- En pacientes con RVS se estima que el riesgo de reaparición del virus es del 1% a los 5 años.
- Son candidatos potenciales al tratamiento todos los pacientes con hepatitis crónica C que deseen tratarse y no presenten contraindicaciones, sin existir tampoco un límite de edad establecido.
- La biopsia hepática está indicada cuando se espera que influya en la decisión de tratar, cuando se desee conocer el grado de fibrosis o en pacientes en hemodiálisis en espera de trasplante renal, ante la posibilidad de un trasplante combinado.
- Métodos alternativos a la biopsia son la elastografía y los marcadores serológicos, los cuales en combinación probablemente permitan la identificación de más de la mitad de los pacientes con fibrosis significativa.

2.2.1.- Contraindicaciones del tratamiento

- Psicosis, depresión grave.
- Alcoholismo o drogadicción activos.
- Neutropenia o trombopenia graves.
- Cirrosis descompensada.
- Coronariopatía o enfermedad cardiovascular grave.
- Epilepsia no controlada.
- Medidas anticonceptivas no seguras.
- Enfermedades autoinmunes no controladas.

En los casos de edad avanzada, diabetes, hipertensión arterial o antecedentes de cardiopatía, se debe realizar una evaluación del estado cardiológico antes de iniciar el tratamiento. Si existe cardiopatía grave o inestable la RBV está contraindicada.

- En hipertensos y diabéticos se recomienda control de fondo de ojo, antes y durante el tratamiento.
- Se recomiendan medidas anticonceptivas eficaces durante el tratamiento y 6 meses después porque la RBV es teratógena en varones y mujeres. Además, la RBV también está contraindicada durante la lactancia. El VHC se detecta en la leche materna pero la lactancia no es fuente de infección para el niño, ni tampoco el contacto estrecho a lo largo de la vida.

- Existen factores del virus como son la carga viral, el genotipo y la cinética que influyen en la respuesta al tratamiento y van a determinar la individualización del mismo.

- También existen factores del huésped que influyen en la posibilidad de curación: genéticos, demográficos, ambientales (consumo de alcohol, sobrecarga férrica) y metabólicos (resistencia a la insulina, obesidad y esteatosis).

- La resistencia a la insulina, la obesidad y la esteatosis metabólica se han relacionado con una menor tasa de RVS. La mejora de la sensibilidad a la insulina mediante dieta, ejercicio físico o fármacos como la pioglitazona o metformina pueden aumentar la tasa de RVS.

2.2.2.- Definición de los tipos de respuesta virológica (RV) al tratamiento

- **RV Rápida (RVR):** carga viral negativa a las 4 semanas de tratamiento.
- **RV Precoz (RVP):** disminución de la carga viral ≥ 2 log ó negativización de la misma a las 12 semanas de tratamiento.
- **RV Lenta:** negativización del ARN, por primera vez, entre las semanas 12 y 24.
- **RV Parcial:** descenso de la viremia ≥ 2 log respecto a la basal en la semana 12 con ARN detectable en la semana 24.
- **No respuesta:** descenso de la viremia < 2 log en la semana 12.
- **Recaída durante el tratamiento ("breakthrough"):** reaparición de la viremia durante el tratamiento en un paciente con ARN previamente indetectable.
- **Recaída:** reaparición de la viremia al interrumpir el tratamiento.
- **Respuesta al final del tratamiento:** viremia indetectable inmediatamente después de finalizado el tratamiento.
- **RV Sostenida (RVS):** viremia indetectable 6 meses después de finalizado el tratamiento.

2.2.3.- Pacientes con genotipo 1
Tienen una tasa de curación aproximada del 50-60%.
- PegINF α-2b: 1.5 μg./kg./semana o PegINF α-2a: 180 μg./semana + RBV (10.5-15 mg./kg.) o entre 800 y 1400 mg./día durante 48 semanas.
- En los pacientes con carga viral basal ≤ 600.000 UI/ml. y RVR se podría considerar tratamiento de 24 semanas, pero sobretodo en los casos en los que exista poca fibrosis hepática o cuando haya muy poca tolerancia al tratamiento. Sin embargo aún no hay consenso en las guías clínicas respecto a este punto, por lo que en casos similares el manejo debe individualizarse.
- En los pacientes respondedores lentos (aquellos en los que habiendo descendido la carga viral más de 2 log en la semana 12, la viremia se negativiza

entre las 12 y 24 semanas) se puede prolongar el tratamiento a 72 semanas, ya que aumenta la tasa de RVS.

- Los datos de la cinética viral durante el tratamiento han demostrado que éste no es eficaz cuando se prolonga en aquellos pacientes en los que el descenso de la carga viral no se produce hasta la semana 24 (por obtenerse tasas muy bajas de RVS). Por ello se recomienda que en los pacientes en los que en la semana 24 el ARN-VHC siga positivo, se interrumpa el tratamiento.

2.2.4.- Pacientes con genotipo 2 y 3

Tienen una tasa de curación aproximada del 75-80%. La biopsia hepática se debe reservar para los casos en los que no se consiga respuesta.

- El análisis de la carga viral a la semana 12 carece de interés y no es coste-efectivo ya que la mayoría de los pacientes consiguen RVS.
- Aunque se continúan tratando de igual forma, los pacientes con hepatitis crónica C genotipo 2 muestran mayor sensibilidad al tratamiento consiguiendo mayores tasas de respuesta que los pacientes con genotipo 3.
- PegINF α-2b: 1.5 μg./kg./semana o PegINF α-2a: 180 μg./semana + RBV 800 mg./día durante 24 semanas.
- Si existe RVR, un tratamiento durante 12-16 semanas puede ser suficiente, aunque no hay evidencia para recomendarlo de forma generalizada y la decisión debe individualizarse.

2.2.5.- Pacientes con genotipo 4

Dado que presentan una dinámica viral similar al genotipo 1 se recomienda el mismo tratamiento. La ausencia de respuesta a la semana 12 tiene un alto valor predictivo negativo, pero hacen falta más estudios para definir tasas de respuesta, duración óptima de tratamiento, factores predictivos de respuesta y predicción a la semana 12.

2.3.- MANEJO EN SITUACIONES ESPECIALES

2.3.1.- Pacientes con transaminasas normales

Son candidatos a tratamiento ya que la tasa de curación es similar a la de los pacientes con transaminasas altas, y puede evitar la progresión de la enfermedad y mejorar la calidad de vida del paciente. Además muchas veces los niveles séricos de transaminasas son fluctuantes, lo que puede explicar la normalidad de las mismas en un gran porcentaje de casos.

2.3.2.- Pacientes con cirrosis compensada

El tratamiento está indicado porque retrasa o impide la aparición de descompensación de la enfermedad y el desarrollo de carcinoma hepatocelular en los pacientes que respondan.

Los datos disponibles indican que la eficacia del tratamiento estándar es menor (alrededor del 30-45%), pero probablemente tenga un efecto positivo sobre los casos de fibrosis avanzada, aunque no se alcance RVS.

2.3.3.- Pacientes con cirrosis descompensada
Sólo se justifica el tratamiento previo al trasplante.

2.3.4.- Niños
Toleran el tratamiento estándar, incluso mejor que los adultos, aunque no deben tratarse antes de los 3 años.

2.3.5.- Insuficiencia renal crónica (IRC)
- El aclaramiento del IFN-PEG α-2b disminuye proporcionalmente a la disminución del aclaramiento de creatinina, por lo que requiere ajuste de dosis.
- El PegINF α 2a se elimina por vía hepatobiliar y, en general, no existe contraindicación en pacientes con aclaramiento de creatinina > 20 ml./min., aunque sí se acumula en pacientes con IRC terminal y en hemodiálisis por lo que en estos se recomienda la dosis de 135 μg./semana.
- El tratamiento combinado con RBV está contraindicado en Insuficiencia renal avanzada (aclaramiento de creatinina < 50 ml/min) por las graves anemias hemolíticas que induce y se debe suspender si la creatinina aumenta a más de 2 mg/dl.

2.3.6.- IRC en hemodiálisis
En pacientes que estén pendientes de trasplante renal se aconseja efectuar el tratamiento (si no existen contraindicaciones), por lo que deberán ser retirados de la lista de espera hasta que se compruebe la RVS. Se recomienda tratamiento con:
- IFN α 3 MU tres veces por semana durante 48 semanas. Existe una mala tolerabilidad y son pacientes que tienen un mayor riesgo cardiovascular y requieren exploraciones cardiacas y neurológicas complementarias. A pesar de esto, se ha observado una mayor eficacia que en no dializados.
- Los interferones pegilados también se pueden usar con las dosis ajustadas. Los resultados, en cuanto a protocolos de actuación, son todavía preliminares.
- En los casos de recidiva se puede efectuar un nuevo ciclo asociando RBV a 800 mg./semana.
- El tratamiento está contraindicado en trasplantados con riñón funcionante por el riesgo de rechazo del injerto.

2.4.- PACIENTES NO RESPONDEDORES
Debemos distinguir dos situaciones distintas:
- Ausencia de respuesta: aquellos que nunca han presentado una negativización de la viremia.

- Aquellos que inicialmente tienen una respuesta virológica pero posteriormente la viremia reaparece, bien, durante la fase de tratamiento ("breakthrough") o después de finalizado el mismo (recaída).

Ante un paciente no respondedor, debemos analizar los factores que han podido contribuir a la no respuesta y la cinética viral en los tratamientos previos, y actuar sobre aquellos factores que sean modificables como por ejemplo:

- Pautas de tratamiento subóptimas: como no haber usado interferón pegilado y ribavirina.
- Dosis incompletas.
- Duración menor del tratamiento.
- Falta de adherencia.

Debemos distinguir a estos pacientes de aquellos que no han respondido a dosis completas y adecuadas de tratamiento combinado ("verdaderos no respondedores"). Si analizando la cinética viral la respuesta fue nula, es decir, no descendió > 2 log a la semana 12, debemos considerar una resistencia primaria al interferón y pocas posibilidades de respuesta con los tratamientos actuales.

El retratamiento sería adecuado en el momento actual en pacientes sin cirrosis establecida y con respuesta virológica parcial a la semana 12 en tratamientos previos. Se ha demostrado que un 26% de estos podrían alcanzar RVS con un tratamiento correcto.

La cinética viral es importante como valor predictivo de respuesta en el retratamiento, ya que los no respondedores a la semana 12 (no disminución del ARN $\geq$ 2 log) con dosis adecuadas conseguirán RVS en un 3-10% de los casos. En la **Tabla 19** se resumen los factores que influyen de forma favorable o desfavorable en la respuesta al retratamiento.

Tabla 19. Factores que influyen en la respuesta al retratamiento		
FACTORES	**FAVORABLE**	**DESFAVORABLE**
Tratamiento previo	IFN en monoterapia	IFN + Ribavirina
Tipo de Respuesta al tratamiento previo	Recaída	Sin respuesta
Cumplimiento del tratamiento previo	Malo	Bueno
Genotipo	2 o 3	1 o 4
Viremia (carga viral)	Baja	Alta
Raza	Blanca, asiática	Negra
Lesión hepática	Fibrosis leve	Fibrosis avanzada / Cirrosis

2.5.- TRATAMIENTO DE MANTENIMIENTO

Los pacientes con fibrosis hepática avanzada tienen baja probabilidad de alcanzar RVS y mayor probabilidad de presentar complicaciones por la evolución de su enfermedad. Actualmente, se propone la opción de un tratamiento de mantenimiento con interferón pegilado a dosis bajas que parece, según los ensayos clínicos, enlentecer la progresión de la fibrosis hepática y disminuir la presión portal, ambos independientemente de que se consiga o no erradicar el virus.

En un estudio reciente se confirma que el tratamiento de mantenimiento con dosis bajas de PEG-IFN α2b durante 3 años a pacientes con fibrosis hepática avanzada ejerce efecto favorable sobre la fibrosis sin mayor aparición de complicaciones clínicas.

Están pendientes los resultados de los estudios COPILOT y EPIC-3 para conocer si existe suficiente evidencia como para recomendar tratamiento con PEG-IFN α2b como terapia de mantenimiento para disminuir la progresión de la fibrosis hepática.

2.6.- MANIFESTACIONES EXTRAHEPÁTICAS

Las clásicamente establecidas son: Crioglobulinemia mixta esencial, Glomerulonefritis crioglobulinémica, Vasculitis cutánea necrotizante asociada a Crioglobulinemia y la presencia de Autoanticuerpos.

- **Crioglobulinemia mixta esencial:** de existir clínica, se caracteriza por púrpura palpable, artralgias y debilidad. Un 50% responderá con terapia combinada pero si la crioglobulinemia es grave, se debe instaurar tratamiento con plasmaféresis y tratamiento inmunosupresor.

- **Glomerulonefritis:** asociada o no a crioglobulinemia es la lesión renal más frecuente en los pacientes con hepatitis C. Suele manifestarse con hematuria microscópica y, sobre todo, con proteinuria. La respuesta al tratamiento con interferón ha sido variable, aunque en algunos casos de insuficiencia renal leve, la proteinuria ha mejorado durante el mismo. El tratamiento con ribavirina está contraindicado cuando hay una insuficiencia renal grave.

- **Autoanticuerpos:** hasta en el 40% de los pacientes con hepatitis C se detectan autoanticuerpos como ANA, factor reumatoide, ASMA, antitiroideos, etc. Suelen tener poco significado clínico ya que están a título bajo, no influyen en el curso de la infección y no se asocian con enfermedades extrahepáticas. Sin embargo, su presencia puede originar dificultades diagnósticas. En principio, la detección de autoanticuerpos no contraindica el tratamiento recomendado, pero obliga a una monitorización más meticulosa ya que, en ocasiones, al iniciarse el tratamiento con interferón debuta o se exacerba una enfermedad autoinmune subyacente.

2.7.- EFECTOS ADVERSOS Y SU MANEJO

Una mala tolerancia tendrá un efecto negativo sobre la adherencia al tratamiento, obligando con frecuencia, al menos, a disminuir la dosis. Esto se relaciona claramente con una disminución en las tasas de erradicación sobretodo si ocurren antes de la semana 12. Para optimizar la adherencia es fundamental comenzar con una adecuada explicación al paciente de los posibles efectos secundarios del tratamiento.

Se recomienda control hematológico y bioquímico cada 2 semanas durante el primer mes, mensual durante los 2 meses siguientes y cada 2 meses durante el resto del tiempo que se mantenga la terapia, además de la determinación de hormona tiroidea cada 3 meses y en los 6 meses posteriores al fin del tratamiento.

Los efectos adversos más frecuentes del IFN son la astenia, los síntomas pseudogripales, los trastornos neuropsquiátricos y los autoinmunes. Los de la RBV son la anemia hemolítica y las reacciones cutáneas.

- **Los síntomas pseudogripales:** pueden ser manejados con tratamiento sintomático: paracetamol (hasta un máximo de 2 gr./día) o AINEs, sin olvidar que estos pueden precipitar insuficiencia renal en pacientes cirróticos o que el ibuprofeno se ha relacionado con hepatotoxicidad en pacientes con hepatitis crónica C. Estos síntomas tienden a disminuir a medida que se avanza en el tratamiento.

- **Las manifestaciones neuropsquiátricas:** la pérdida de concentración, la labilidad emocional y la irritabilidad son muy frecuentes, y también el insomnio para el que se recomiendan medidas higiénicas o benzodiazepinas/hipnóticos si son necesarios. Los síntomas depresivos parecen relacionados con una disminución de los niveles de serotonina y los antidepresivos inhibidores de la recaptación de la misma, como la paroxetina, fluoxetina, citalopram y sertralina son efectivos en la mayoría de los pacientes y permiten continuar con las dosis convencionales de la medicación.

- **Toxicidad hematológica:** es la causa más frecuente de disminución de dosis e interrupción del tratamiento.

   El recuento de neutrófilos y de plaquetas suele descender en las primeras 4-8 semanas de tratamiento con PEG-IFN, permaneciendo estables posteriormente.

   Se recomienda reajuste de la dosis de PEG-IFN: por ejemplo en el caso de alfa2a de 180 a 135 µg./semana y en el de alfa2b de 1.5 µg./kg./semana a 1 µg./kg./semana cuando el recuento de neutrófilos es inferior a 750 cél./mm^3, leucopenia de menos de 1500 cél./mm^3 o plaquetas menores de 50.000 cél./mm^3

   Y se recomienda suspender con recuentos inferiores a 500 neutrófilos/mm^3 y 1000 leucocitos/mm^3. La trombopenia no suele ser motivo de suspensión de la medicación. El factor estimulante de colonias de granulocitos (G-CSF) ha sido propuesto de forma concomitante al tratamiento antiviral a dosis de 150-300 µg. dos veces por semana pero no existen estudios controlados para recomendarlo. Un 40% de los pacientes en tratamiento desarrollan anemia, resultado de la hemólisis inducida por ribavirina, aunque favorecida por la supresión de la hematopoyesis del interferón. La dosis de RBV debe ser bajada a 600 mg./día con Hb < 10 g/l o con una disminución ≥ 2 g durante 4 semanas de tratamiento (reducción permanente) en pacientes con riesgo cardiovascular. Se debe suspender el tratamiento cuando es < 8.5 g/l o se mantiene por debajo de 12 después de 4 semanas de haber disminuido la dosis en pacientes de riesgo cardiovascular. La administración de eritropoyetina recombinante humana 40.000UI/semana o de darbepoetina alfa, un análogo de esta de mayor vida media y actividad biológica, a 100 μg/semana o cada 2 semanas permite no disminuir la dosis. La anemia es más frecuente en las primeras 4-8 semanas.

- **Alteración tiroidea: se** puede desarrollar hipo o hipertiroidismo. Los anticuerpos antitiroideos (antimicrosomales y antitiroglobulina) pueden estar presentes hasta en el 30% de estos pacientes y se asocian con mayor riesgo de tiroiditis autoinmune. La aparición de hipotiroidismo se trata con terapia sustitutiva y no obliga a suspender el tratamiento.

- **Manifestaciones dermatológicas:** un problema menor y muy frecuente es la sequedad cutánea que puede producir prurito y que responde a tratamiento tópico.

- El PEG-IFN puede producir alteraciones oftalmológicas más frecuentes en hipertensos y diabéticos, por lo que en estos últimos se recomienda la realización de un examen de fondo de ojo antes de comenzar la terapia y cada 3 meses durante su duración.

BIBLIOGRAFÍA

1. **Lok AS, McMahon BJ.AASLD practice guidelines chronic hepatitis B. Hepatology 2007; 45:507-539.**
2. **EASL Clinical Practice Guidelines: Management of chronic hepatitis B. J Hepatology 2009; 50:227-242.**
3. **Hoofnagle JH, Doo E, Liang TJ, Fleischer R, Lok AS. Management of hepatitis B: summary of a clinical research workshop. Hepatology 2007; 45: 1056-1075.**
4. Keeffe EB, Zeuzem S, Koff R et al. Report of an Interntational Workshop: Roadmap for management of patients receiving oral therapy for chronic hepatitis B. Clinical Gastroenterol Hepatol 2007; 5(8):890-7.
5. Thomas H . Best practice in the treatment of chronic hepatitis B: a summary of the European Viral Hepatitis Educational Initiative (EVHEI). J Hepatology 2007; 47: 588-597.
6. **Liaw FY, Leung N, Guan R et al. Asian-Pacific consensus statement on the management of chronic hepatitis B: a 2005 update. Liver International 2005; 25: 472-89.**
7. Buti M. Tratamiento de la hepatitis crónica B HbeAg negativo. Gastroenterol Hepatol. 2006; 29(Supl 2): S50-3.
8. **Consenso para el tratamiento de las hepatitis B y C. Gastroenterol Hepatol. 2006; 29(Supl 2).**
9. Chan HLY, Heathcote EJ, Marcellin P et al. Treatment of hepatitis B e Antigen-positive chronic hepatitis with telbivudine or adefovir: a randomized trial. Ann Intern Med 2007; 147:11.
10. Lai CL, Shouval D, Lok AS, Chang TT,Cheinquer H, Goodman Z et al. Entecavir versus lamivudine for patients with HbeAg-negative chronic hepatitis B. N Engl J Med 2006;354:1011-20.
11. Marcellin P, Lau GKK, Bonino F, Farci P, Hadziyannis S, Rui J et al. Peginterferon alfa-2a alone, lamivudine alone, and the two in combination in patients with HbeAg-negative chronic hepatitis B. N Engl J Med 2004; 351: 1206-17.
12. Gish RH et al. Entecavir therapy for up to 96 weeks in patients with HbeAg-positive chronic hepatitis B. Gastroenterology 2007; 133: 1437-1444.
13. Reddy KR, Shiffman ML, Morgan TR, et al. Impact of ribavirina dose reductions in hepatitis C virus genotype 1 patients completing peginterferon alfa-2a/ribavinina treatment. Clin Gastroenterol Hepatol 2007; 5: 124-9.
14. Sanchez-Tapias JM, Diago M, Escarpín P, et al. Peginterferon-alfa2a plus ribavirin for 48 versus 72 weeks in patients with detectable hepatitis C virus RNA at week 4 of treatment. Gastroenterology 2006; 131: 451-60.
15. Cheruvattath R, Rosati MJ, Gautam M, et al. Pegylated interferon and ribavirin failures: is retreatment an option? Dig Dis Sci 2007; 52: 732-6.

16. National Institutes of Health Consensus Development Conference Statement: Management of Hepatitis C. Hepatology 2002; 36 sup 1: S3-S20.

17. Di Bisceglie AH, Hoofnagle JH. Optimal Therapy of Hepatitis C. Hepatology 2002; 36:s121-7.

18. Lee SS, Heathcote EJ, Reddy KR, et al. Prognostic factors and early predictability of sustained viral response with peginterferon alfa-2a (40 KD). J Hepatol 2002; 37:500-6.

19. Shiffman ML. Chronic hepatitis c: treatment of Pegilated Interfern/Ribavirin Nonresponders. Current Gastroenterology Reports 2006; 8: 46-52.

20. Sagir A, Heintges T, Akyazy Z, et al : Realpse to prior therapy is the most important factor for the retreatment response in patients with chronic hepatitis C virus infection. Liver International 2007; 954-9.

21. Jacobson IM, González SA, Ahmed F, et al: A randomized trial of pegylated interferon alfa-2b plus ribavirin in the retreatment of chronic hepatitis C. Am J Gastroenterol 2005; 100: 2453-62.

22. Paulotsky JM. Use and interpretation of virological test for hepatitis C. Hepatology 2002;36: S65-S73.

23. Jensen DM, Morgan TR, Marcellin P, et al. Early identification of HCV genotype 1 patients responding to 24 weeks peginterferon alpha-2a (40 kd)/ribavirin therapy. Hepatology 2006; 43: 954-60.

24. Shiffman ML, Suter F, Bacon BR, et al. Peginterferon alfa-2a and ribavirin for 16 or 24 weeks in HCV genotype 2 or 3. N Engl J Med 2007; 357: 124-34.

25. Tarantino G, Conca P, Sorrentino P, Ariello M. Metabolic factors involved in the therapeutic response of patients with hepatitis C virus-related chronic hepatitis. J Gastroenterol Hepatol 2006; 21: 1266-8.

26. **Solá R. Tratamiento de la hepatitis aguda C. Gastroenterol Hepatol. 2006; 29(Supl 2): S163-7.**

27. Licata A, Di Bona D, Schepis F, Shahied L, Craxi A, Camma C. When and how to treat acute hepatitis C? J Hepatol. 2003; 39: 1056-62.

28. Esteban J.I., Sauleda S. Diagnóstico de laboratorio de la infección por el virus de la hepatitis C. Gastroenterol Hepatol. 2006; 29(Supl 2): S107-12.

29. **Dienstag JL, McHutchison JG. American Gastoenterological Association Medical Position Statement on the Management of Hepatitits C. Gastroenterology 2006; 130: 225-30.**

30. **Romero M, Lacalle J.R. Tratamiento de la hepatitis crónica C por genotipos 2 y 3: revisión sistemática. Gastroenterol Hepatol. 2006; 29(Supl 2): S139-45.**

31. Tarantino G, Conca P, Ariello M, Mastrolia M. Does a lower insulin resistance affect antiviral therapy response in patients suffering from HCV related chronic hepatitis? Gul 2006; 55: 585.

CIRROSIS HEPÁTICA Y COMPLICACIONES

Rocío González Grande — Isabel Pinto García — Guarionex Uribarri Sánchez

En este capítulo detallaremos el manejo ambulatorio de la cirrosis y prevención de sus complicaciones; también se resume el tratamiento de la descompensación hidrópica y el abordaje diagnóstico terapéutico del carcinoma hepatocelular. El manejo de complicaciones como el sangrado por varices esófago gástricas, encefalopatía hepática aguda o peritonitis bacteriana espontánea no se reseñan pues escapan a los objetivos del manual. Finalmente se resumen los criterios a tener en cuenta para la inclusión de pacientes en lista de Trasplante Hepático.

1.- DEFINICIÓN, CRITERIOS DIAGNÓSTICOS Y VALORACIÓN DE LA INSUFICIENCIA HEPÁTICA

1.1.- DEFINICIÓN

El concepto de cirrosis es fundamentalmente morfológico. Se define como una alteración difusa de la arquitectura hepática, con presencia de fibrosis y nódulos de regeneración que ocasionan modificaciones en la vascularización intrahepática, así como una reducción de la masa funcional hepática. Estos cambios conducen al desarrollo de hipertensión portal y a la aparición de insuficiencia hepática. El término de cirrosis hepática compensada se aplica cuando la enfermedad no ha desarrollado ninguna de sus complicaciones mayores: ascitis, hemorragia digestiva, icteria o encefalopatía. La cirrosis puede ser el estadio final de diferentes enfermedades hepáticas, siendo su etiología más frecuente la alcohólica y las virales.

1.2.- CRITERIOS DIAGNÓSTICOS

Para establecer el diagnóstico de cirrosis hepática son necesarios datos clínicos, analíticos y pruebas de imagen, aunque el diagnóstico de certeza se obtiene únicamente con el estudio anatomopatológico de una muestra de tejido hepático. Tras confirmar la existencia de cirrosis, hay que determinar la presencia de complicaciones mayores, datos de hipertensión portal y el grado de insuficiencia hepática.

1.2.1.- Datos clínicos

Entre los signos clínicos generales de la cirrosis cabe destacar la astenia, la anorexia relativa, sobre todo en la etiología etílica, y el adelgazamiento. La icteria cutáneo mucosa, las arañas vasculares y las telangiectasias suelen estar presentes en la mayoría de los cirróticos. También puede evidenciarse eritema palmar, equimosis, hematomas, retracción de Dupuytren, xantomas, hiperpigmentación e hipertricosis en la porfiria cutánea tarda. En la exploración general pueden existir datos de encefalopatía como desorientación temporoespacial, bradipsiquia o flapping. Existe tendencia a la hipotensión y a la taquicardia. En la exploración abdominal existe abdomen distendido con evidencias de circulación colateral, y se puede palpar hepatomegalia dura, excepto en estadios muy avanzados. Suele existir esplenomegalia y en caso de descompensación se comprobará la existencia de oleada ascítica. Los edemas en miembros inferiores son frecuentes.

1.2.2.- Pruebas de laboratorio

- **La citólisis (Necrosis hepatocelular):** se evalúa mediante la medición de transaminasas (GOT, GPT), que están elevadas de forma moderada en la cirrosis. Los niveles de transaminasas no guardan relación con el grado de daño hepático.

- **Colestasis:** la hiperbilirrubinemia: suele ser mixta y se correlaciona con el grado de disfunción hepática. La colestasis es típica de cirrosis secundarias a enfermedades colestásicas crónicas. Cuando aparece en otro tipo de cirrosis debe hacer sospechar degeneración a hepatocarcinoma.

- **Función de síntesis:** Hipoalbuminemia: es más acusada cuanto mayor sea el daño hepatocelular. Además la función de síntesis hepática se valora con los niveles de colesterol, la actividad de protrombina y el factor V, todos disminuidos en fases avanzadas.

- **Hipergammaglobulinemia policlonal:** la disfunción de los hepatocitos impide un correcto aclaramiento de los antígenos, sobre todo los de procedencia intestinal, por lo que existe hipergammaglobulinemia secundaria al continuo estímulo del sistema inmune. En la cirrosis etílica puede haber mayor aumento de la Inmunoglobulina A (IgA), mientras que en la CBP es típico el aumento de IgM.

- **Las alteraciones hidroelectrolíticas** suelen acontecer en el contexto de una descompensación hidrópica o por iatrogenia.

- **El hiperesplenismo** secundario al desarrollo de hipertensión portal, se traduce analíticamente en una pancitopenia, aunque en la aparición de anemia influyen otros factores como el déficit de ácido fólico, de vitamina B12, y la ferropenia.

- **El déficit de síntesis de vitamina K** implica disminución de factores de la coagulación (II, VII, IX y X) que dependen de ella y, por tanto, prolongación del tiempo de protrombina (o lo que es lo mismo disminución de la actividad de protrombina).

Existen otras pruebas de laboratorio fundamentales para el estudio de una cirrosis, específicas de una etiología determinada, como son la serología de virus de la hepatitis, los autoanticuerpos ANA, AML, LKM (hepatitis autoinmune), y AMA (CBP), determinación de niveles séricos de hierro (Fe) y ferritina (hemocromatosis), cobre y ceruloplasmina (enfermedad de Wilson), alfa1 antitripsina (déficit de alfa1 antitripsina) o uroporfirinas (porfiria cutánea tarda).

1.2.3.- Pruebas de imagen

- **La ecografía abdominal** constituye la prueba de elección en el diagnóstico y seguimiento de los pacientes con cirrosis hepática, por su inocuidad, sensibilidad en torno al 100% y especificidad del 90% aproximadamente. Da información sobre el tamaño hepático (aumentado, o disminuido en fases avanzadas); la ecogenicidad hepática (heterogénea), el contorno (bordes irregulares, nodulares); datos de hipertensión portal (aumento de calibre de la porta, tipo de flujo dentro de ella, que normalmente es centrípeto y no centrífugo, presencia de colaterales, permeabilización de la vena umbilical, presencia de ascitis o esplenomegalia); desarrollo de complicaciones como trombosis portal o presencia de hepatocarcinoma. Con la Ecografía Doppler se obtiene además información del flujo portal muy útil en el seguimiento de pacientes incluidos en protocolo de trasplante hepático y en los ya trasplantados, así como en la valoración de la permeabilidad de un TIPS (Transyugular Intrahepatic Postosystemic Shunt).

- **La TC y la RM** no aportan mucha más información que la ecografía abdominal, quedando reservadas para pacientes con mala transmisión sónica o bien ante la presencia de lesiones sólidas en el parénquima hepático sugestivas de hepatocarcinoma.

1.2.4.- Biopsia hepática

A pesar de aportar el diagnóstico de certeza, queda relegada en la actualidad, al disponer de las pruebas complementarias previamente reflejadas. Solo estaría indicada en aquellos pacientes en los que existan dudas diagnósticas, sobre todo en aquellos en los que se plantee iniciar algún tratamiento, en los que se evidencien transaminasas altas sin etiología conocida, o en aquellos con etiología conocida que precise confirmación histológica, como la hemocromatosis.

1.3.- VALORACIÓN DEL GRADO DE INSUFICIENCIA HEPÁTICA

El grado de insuficiencia hepática en el paciente cirrótico se relaciona de forma directa con el pronóstico y la supervivencia. Por ello existen escalas que permiten clasificar a los pacientes:

- La escala de Child-Pugh (**Tabla 20**) se basa en dos parámetros clínicos (ascitis y encefalopatía) y en tres parámetros analíticos (albúmina, bilirrubina y tiempo de protrombina) a los que se les concede una puntuación del 1 al 3. Se distinguen tres categorías, A, B y C con pronóstico diferente. En el estadio A (A5-6), la supervivencia alcanza el 95% a los 5 años, en el B (B6-9) el 75% y en el C (C10-15) desciende al 55%.

- El sistema MELD (Model for End Stage Liver Disease) es una herramienta útil utilizada para establecer prioridades en la lista de espera de trasplante.

Su fórmula es:

10 x {0.97 x Log_e(creatinina mg./dl) + 0,378 x Log_e(bilirrubina mg./dl) + 1.120 x Log_e(INR)}

Tabla 20. Escala de Child-Pugh					
Puntaje	Bilirr. total (mg/dl)	Encefalopatía	Ascitis	T. Prot. (seg. sobre el control) /INR	Albúmina (mg/dl)
1 punto	≤2	No	No	1-3 / < 1,8	> 3,5
2 puntos	2-3	Grado 1-2	Leve	4-6 / 1,8-2,3	2,8 – 3,5
3 puntos	>3	Grado 3-4	Moderada	>6 / > 2,3	≤ 2,8

2.- SEGUIMIENTO, RECOMENDACIONES Y MEDIDAS PROFILÁCTICAS GENERALES EN PACIENTES CON CIRROSIS

2.1.- SEGUIMIENTO

Los enfermos cirróticos precisan revisiones periódicas con la finalidad de prevenir o tratar las complicaciones, detección precoz de hepatocarcinoma y valoración de la posibilidad de inclusión en lista de trasplante hepático, en caso necesario.

Los pacientes con cirrosis compensada se deben revisar cada seis meses con control analítico y determinación de alfa-fetoproteína, junto a la realización de ecografía de abdomen (podría realizarse de forma anual).

Si existe deterioro agudo de la función hepatocelular se debe proceder al ingreso hospitalario del paciente para estudio precoz.

En pacientes que han presentado alguna complicación (descompensación ascítica, hemorragia, encefalopatía o peritonitis bacteriana espontánea), el seguimiento debe individualizarse según el tipo de complicación, el tratamiento realizado y la respuesta a éste.

2.2.- RECOMENDACIONES Y MEDIDAS PROFILÁCTICAS GENERALES

2.2.1.- Nutrición

La prevalencia de malnutrición y/o desnutrición en el paciente cirrótico es alta, hasta del 50-100% en los casos de hepatopatía alcohólica y del 40% en los no alcohólicos. Las principales causas son: reducción de la ingesta proteico calórica por anorexia (sobre todo en pacientes con etilismo activo), trastornos de la digestión y absorción de nutrientes de causa multifactorial, defecto de metabolismo de aminoácidos y carbohidratos, disminución del "pool" enterohepático de ácidos biliares, gastritis por ingesta etílica, y posible insuficiencia pancreática secundaria a pancreatitis crónica en los casos de etilismo.

La evaluación nutricional es similar a la de cualquier otro paciente. Debe realizarse una adecuada historia clínica con encuesta dietética y examen físico completo. Las medidas antropométricas incluyen la talla, el peso, el índice de masa corporal (IMC), la circunferencia braquial y los pliegues cutáneos, principalmente. Las variables bioquímicas que orientan sobre el estado nutricional son: glucosa, urea, creatinina, albúmina, prealbúmina, la proteína ligada al retinol (RBP), transferrina, recuento linfocitario, medición de Fe sérico, excreción urinaria de creatinina y nitrógeno ureico y el balance nitrogenado, entre otros. Sin embargo, hay que tener en cuenta que en el paciente cirrótico influyen diferentes factores en algunas de estas variables. Por ejemplo, la presencia de ascitis invalida la evaluación del peso, al igual que el uso de diuréticos; los niveles de glucemia no son fiel reflejo de la reserva energética de hidratos de carbono y la hipoalbuminemia puede justificarse por un aumento del catabolismo así como una disminución de su biosíntesis.

Las principales recomendaciones dietéticas en el paciente cirrótico surgen al conocer las alteraciones del metabolismo intermediario que en ellos se produce, con un peculiar patrón de oxidación de substratos energéticos. Existe una disminución de las reservas de glucógeno, primero porque se agota el glucógeno hepático por la propia enfermedad, y, segundo porque desciende el aporte de glucógeno muscular por la presencia de resistencia periférica a la insulina. En consecuencia, el tiempo durante el cual los cirróticos se mantienen normoglucémicos durante el ayuno, a expensas de la glucogenolisis hepática es más breve que en los sujetos sanos. Esto ocasiona la estimulación más precoz de la gluconeogénesis y por tanto de la lipólisis y proteólisis, y secundariamente un incremento del consumo de grasas y proteínas (depleción de las reservas adiposas y la disminución de la masa muscular). Esta situación metabólica puede empeorar si el paciente presenta un incremento del gasto energético en reposo, como ocurre en los episodios de descompensación.

La Sociedad Europea para la Nutrición enteral y parenteral establece unas recomendaciones generales o básicas en la terapia nutricional ambulatoria de los pacientes con enfermedad hepática:

- Es necesario modificar el régimen alimentario para prevenir la malnutrición y el patrón de ayuno en estos pacientes, recomendándose realizar mayor número de comidas para acortar los periodos de ayuno.

- Se debe aportar entre 1-1,5 gr. de proteínas/kg./día (1-1.2 en casos de encefalopatía) para lograr un balance nitrogenado adecuado y evitar la depleción endógena secundaria a la gluconeogénesis. El beneficio que se obtiene con una dieta pobre en proteínas es mínimo comparado con la gran cantidad de aminoácidos que entran en la circulación sistémica debido a la degradación proteica endógena. Se debe priorizar el consumo de proteínas vegetales por la calidad del contenido de aminoácidos (bajo en metionina), la baja capacidad de generar amonio en el intestino por la degradación bacteriana, y su alto contenido en fibra que beneficia el tránsito intestinal. También se ha analizado el tipo de aminoácidos más apropiados en este tipo de población. Se ha demostrado que en los cirróticos en general, y en la encefalopatía en particular, existe una alteración del equilibrio fisiológico entre aminoácidos aromáticos y ramificados, en detrimento de estos últimos. Un aporte rico en aminoácidos ramificados (glutamina, arginina) ha demostrado ser beneficioso.

- Las necesidades energéticas pueden oscilar entre 25-30 Kcal./kg./día, pudiendo alcanzar hasta las 40-50 Kcal./kg./día. Principalmente se aportan en forma de grasas y carbohidratos. Los carbohidratos pueden variar desde complejos, ricos en fibra que tienen bajo índice glucémico, hasta los azúcares refinados, reservados para aquellos pacientes con tendencia a hipoglucemias frecuentes. Las grasas, igual que en cualquier dieta saludable, deberían ser un 40 % de grasas saturadas y el resto, mono y poliinsaturadas, las menos recomendadas por aumentar la peroxidación lipídica y el daño hepático.

- Los déficits vitamínicos son frecuentes y deben ser suplementados, especialmente en las cirrosis alcohólica (vitaminas hidro y liposolubles) y en las colestásicas (liposolubles).

2.2.2.- Ejercicio

Se recomienda ejercicio moderado, según tolerancia, pues reduce la pérdida de masa muscular, la osteopenia e, incluso, mejora la astenia.

2.2.3.- Fármacos

- Analgésicos: deben evitarse los AINEs por riesgo de disfunción renal y el AAS por ser antiagregante. El paracetamol a dosis de 650-1000 mg, administrados entre tres-cuatro veces al día es el analgésico de elección en los pacientes con hepatopatía crónica, independientemente del estadio clínico de la enfermedad. El riesgo de toxicidad hepática por paracetamol básicamente existe si se superan las dosis terapéuticas. En caso de insuficiente analgesia, se recomiendan opiáceos tipo tramadol.

- Sedantes: en general son desaconsejados por el riesgo de encefalopatía. Puede utilizarse lorazepam, oxazepam y bromazepam, que conservan su metabolismo incluso en fases avanzadas.

- Antibióticos: la mayoría de las penicilinas y cefalosporinas se excretan por el riñón, igual que las quinolonas, por lo que son los antibióticos más recomendables. Debe ajustarse la dosis en caso de insuficiencia renal.

2.2.4.- Enfermedades asociadas: Infecciones

Las infecciones bacterianas son una complicación frecuente de la cirrosis hepática y su frecuencia oscila entre el 30-50%, sobre todo en las descompensaciones y en pacientes ingresados. Las infecciones más frecuentes son: infecciones urinarias, peritonitis bacteriana espontánea (PBE), empiema bacteriano espontáneo, bacteriemias espontáneas o secundarias, neumonías y celulitis. Se han implicado diversos factores en su patogenia, principalmente la traslocación bacteriana, las alteraciones en los mecanismos de defensa inmunológicos y otros factores relacionados con la propia cirrosis, y la instrumentalización y/o iatrogenia.

La traslocación bacteriana es el paso de microorganismos del tracto gastrointestinal a través de su pared hacia ganglios linfáticos y otros órganos. Se favorece en la cirrosis porque existe aumento de la permeabilidad intestinal de la mucosa, alteraciones del sistema inmune y sobrecrecimiento bacteriano, sobre todo por disminución de la motilidad intestinal.

En cuanto a los factores inherentes a la propia cirrosis, además de la malnutrición previamente referida, se encuentran las alteraciones en la respuesta inmune, el posible alcoholismo, la hemorragia digestiva y la ascitis, situaciones precipitantes de infecciones bacterianas. Por este motivo, se debe realizar profilaxis antibiótica (preferentemente con quinolonas) en pacientes con hemorragia digestiva y siempre hay que descartar PBE en aquellos con ascitis.

Entre los elementos iatrogénicos cabe destacar la endoscopia terapéutica, colocación de sonda-balón, realización de paracentesis, colocación de TIPS, realización de biopsias o terapéutica sobre hepatocarcinomas.

Los pacientes con cirrosis pueden desarrollar infecciones casi de forma silente por lo que hay que sospecharlas cuando aparezca deterioro clínico, aparición de encefalopatía, alteraciones en la función renal o en el perfil hepático, modificaciones en las cifras de leucocitos y, evidentemente si existen signos clínicos de infección.

Las infecciones urinarias suelen estar causadas por gérmenes gram negativos y suelen ser sensibles a norfloxacino; la bacteriuria asintomática debe ser tratada. La infección respiratoria puede presentarse como neumonía o empiema en pacientes con hidrotórax. El germen más frecuente es neumococo. Se recomienda tratamiento con cefalosporinas de tercera generación, y si es necesario utilizar macrólidos (eritromicina / claritromicina) se recomienda reducir su dosis. Si existe resistencia al tratamiento ATB pensar en infección por hongos. El resto de infecciones generalmente son de manejo hospitalario.

3.- SEGUIMIENTO, RECOMENDACIONES Y MANEJO ESPECÍFICO DE COMPLICACIONES

3.1.- HIPERTENSION PORTAL (HTP)

La HTP se define como el aumento patológico de la presión en el territorio venoso portal y ello hace que el gradiente de presión entre la vena porta y la cava aumente, lo que da lugar a la formación de colaterales que intentan descomprimir el sistema venoso portal derivando parte del flujo sanguíneo portal a la circulación sistémica, sin pasar por el hígado. Su importancia deriva en su frecuencia y en las graves consecuencias que tiene: formación de varices esofágicas y gástricas cuya rotura origina hemorragia digestiva, aparición de ascitis, predisposición a la encefalopatía, trastorno del metabolismo de fármacos e hiperesplenismo.

Cualquier enfermedad que obstaculice el flujo de sangre a cualquier nivel del territorio portal es causa de HTP. Según la localización de la obstrucción se clasifica en prehepática, intrahepática y posthepática.

Conocer la fisiopatología de la HTP en la cirrosis ha permitido avanzar en su terapia y en el manejo de sus complicaciones. En la cirrosis los factores que determinan el aumento de la presión portal son:

- Aumento de la resistencia al flujo portal. El principal factor se debe a:
  - o Alteraciones anatómicas. La distorsión de la arquitectura hepática y fenómenos trombóticos en las venas hepáticas.
  - o Alteraciones funcionales. Contracción activa de las células musculares lisas de las pequeñas vénulas portales y de los miofibroblastos septales y portales, cuyo resultado es el incremento del tono vascular intrahepático. Se relaciona con la disminución de la producción de óxido nítrico intrahepático. En la cirrosis, a diferencia del hígado sano, las células endoteliales de los sinusoides no producen óxido nítrico en respuesta a aumentos del flujo sanguíneo.
- Incremento del flujo venoso. Es consecuencia de la dilatación arterial en el territorio esplácnico, principalmente en relación al aumento de la producción de oxido nítrico y otros vasodilatadores como el glucagón y las prostaglandinas.

El diagnóstico de HTP precisa de la combinación de signos clínicos, técnicas de imagen y exploraciones endoscópicas pero principalmente, exploraciones hemodinámicas. Son estas últimas la que en realidad establecen el diagnóstico sindrómico, etiológico y topográfico. Sin embargo, en la práctica ambulatoria habitual, la ecografía constituye el método no invasivo más fiable y de escaso coste para el estudio del sistema portal. Los datos ecográficos que indican la existencia de HTP incluyen:

- Aumento del calibre de la porta por encima de 13 mm.
- Ausencia de variación del calibre de la vena esplénica y mesénterica superior con los movimientos respiratorios.
- Presencia de colaterales portosistémicas: principalmente pueden visualizarse la vena coronaria, las gastroesofágicas, gástricas cortas, la umbilical, pancreatoduodenales y/o presencia de shunts esplenorenales.
- Esplenomegalia, tamaño del bazo por encima de 13 cm de diámetro.
- Presencia de ascitis.

3.2.- ASCITIS

La ascitis se define como la presencia de líquido en la cavidad abdominal. En el 80% de los casos la ascitis es secundaria a HTP, en el 10% la causa es un proceso maligno, un 3% es de etiología cardiaca y un 7% por otras causas. En los pacientes cirróticos la ascitis es la complicación más frecuente y constituye un signo de mal pronóstico, disminuyendo la supervivencia del 90% al 50% a los 5 años.

3.2.1.- Diagnóstico de ascitis

El diagnóstico de ascitis suele ser evidente en la exploración física, pero si existen dudas se procede a la realización de ecografía abdominal. El Club Internacional de Ascitis distingue 3 grados en función de su intensidad:

- Grado 1: ascitis mínima que sólo se evidencia en ecografía. No requiere tratamiento.
- Grado 2: ascitis moderada que no interfiere en las actividades de la vida diaria.
- Grado3: ascitis severa o ascitis a tensión.

3.2.2.- Valoración general del paciente con ascitis

Incluye anamnesis, exploración física completa, realización de analítica de sangre completa, analítica de orina y ecografía abdominal.   En la analítica general tiene especial importancia el perfil hepático, bilirrubina y coagulación para el estadiaje de Child-Pugh; también la función renal, sodio y potasio para valorar complicaciones como hiponatremia o disfunción renal así como para decidir el tratamiento adecuado.

La excreción urinaria de sodio constituye una herramienta útil para valorar la utilidad y respuesta a diuréticos y además tiene significado pronóstico. Los pacientes con excreción urinaria de sodio>10 mEq./día en situación de dieta hiposódica y en ausencia de tratamiento diurético, tienen más posibilidades de respuesta a diuréticos.

3.2.3.- Paracentesis diagnóstica

- Objetivos de la paracentesis: excluir otras causas de ascitis y descartar PBE.
- Debe realizarse paracentesis diagnóstica en todo paciente cirrótico:
  -En la primera descompensación ascítica,
  -En cada ingreso hospitalario que presente ascitis y
  -Ante la menor sospecha de PBE.
- Parámetros a determinar en el líquido ascítico: proteínas totales y albúmina, recuento celular y de neutrófilos, cultivo (mediante la inoculación de 10 ml en frascos de hemocultivo para aerobios y anaerobios), LDH, fosfatasa alcalina (valores > 240 U/lt sugieren perforación de víscera hueca) y glucosa (valores < 50 mg./dl sugieren peritonitis secundaria), son útiles para diferenciar PBE y peritonitis secundaria. Un gradiente de albúmina sérica-albúmina líquido ascítico mayor de 1.1g/dl sugiere ascitis por HTP. La determinación de amilasa y la citología son útiles cuando se sospecha una ascitis pancreática o tumoral respectivamente.

El líquido ascítico cirrótico es transparente, amarillo ámbar y es un trasudado, con proteínas <2.5 gr./dl. El recuento de neutrófilos es <250/mm^3 y el cultivo es negativo. Un recuento de neutrófilos mayor de 250/mm^3 (en ausencia de hemoperitoneo o pancreatitis) es diagnóstico de PBE.

3.2.4.- Tratamiento de la ascitis grado II o moderada

Es la ascitis detectada en la exploración física pero que no está a tensión. En principio su tratamiento no requiere ingreso hospitalario. El objetivo del tratamiento es obtener un balance negativo de sodio.

- Restricción de sodio de la dieta: con ello se obtiene un balance negativo de sodio y por tanto, reducción de líquido extracelular. En pacientes con escasa retención de sodio puede obviarse. En aquellos con mayor retención, se recomienda restricción de sodio a 50-90 mEq./día. Las restricciones más estrictas empeoran el estado nutricional y son de difícil cumplimiento.

- Diuréticos:
    - **Antagonistas de la aldosterona: *espironolactona*.** Son los más utilizados por ser los más eficaces ya que actúan directamente inhibiendo la acción de la aldosterona a nivel del túbulo colector. Su efecto farmacológico se inicia a las 24-48 tras su administración. Su absorción se favorece con la ingesta de alimentos. La dosis inicial es de 50-100 mg pudiendo aumentarse hasta 400 mg si es necesario. En caso de ginecomastia se sustituye por amilorida.
    - **Diuréticos de asa: *furosemida*.** No debe utilizarse en monoterapia. Actúan inhibiendo la reabsorción de cloro y sodio en la rama ascendente del asa de Henle a lo que debe su acción natriurética. El comienzo de su acción es muy rápido (a los 30 minutos) con efectos máximos a las 1-2 hrs.; la dosis inicial es de 20-40 mg/día, pudiéndose llegar hasta un máximo de 80 mg/día.

- La pérdida de peso máxima para evitar la insuficiencia renal es de 300-500 mg./día si no existen edemas periféricos y de 800-1000 mg./día en caso de edemas.

- Los pacientes deben ser evaluados cada 3-7 días para ajustar la dosis de diuréticos.

- Hay que realizar control estrecho de la función renal.

- Una vez eliminada la ascitis, deben disminuirse los diuréticos a la mitad, manteniendo la restricción de sodio. Si el paciente se mantiene sin ascitis, se puede aumentar discretamente la cantidad de sodio y administrar dosis de mantenimiento de diuréticos.

3.2.5.- Tratamiento de la ascitis grado III o tensa

La ascitis tensa representa la situación de máxima acumulación de líquido en la cavidad abdominal, independientemente de la respuesta del paciente al tratamiento diurético.

- Tratamiento de elección: **Paracentesis terapéutica o evacuadora.** Consigue de forma rápida y eficaz aliviar la sintomatología del paciente.

- Las paracentesis mayores de 5 litros deben seguirse de reposición de volumen con albúmina; si se extraen menos de 5 litros puede reponerse con expansores plasmáticos como el dextrano.

- Técnica de la paracentesis: debe realizarse en cuadrante inferior izquierdo, en condiciones de asepsia y con aguja o cánula estéril con orificios laterales que permitan el drenaje. La infusión del expansor suele iniciarse tras finalizar la paracentesis. En general no se requiere ingreso hospitalario pudiendo realizarse en régimen de Hospital de día o en el área de Observación.

- Además de la disfunción circulatoria, la paracentesis puede complicarse con la aparición de hematomas en el área de punción y la salida espontánea de líquido por el punto de punción. La hemorragia severa por punción de un vaso o víscera peritoneal es muy infrecuente.

- Contraindicaciones de la paracentesis: no existen contraindicaciones absolutas. En la PBE sería recomendable evitar paracentesis totales para prevenir la disfunción circulatoria. Los trastornos graves de la coagulación (Actividad de Protrombina < 40% o plaquetas < 40.000) deben ser corregidos previamente. En caso de ascitis tabicada se recomienda paracentesis bajo control ecográfico.

- Tras la extracción del líquido es necesario mantener dieta hiposódica y diuréticos (según esquema de la ascitis moderada) con la finalidad de disminuir la acumulación de ascitis.

- No se recomiendan paracentesis parciales para aliviar la sintomatología porque favorecen la formación de fístulas con salida de líquido ascítico.

3.2.6.- Ascitis refractaria

La ascitis refractaria se puede clasificar en:

3.2.6.1.- *Ascitis resistente a tratamiento diurético*: ascitis que no se consigue eliminar o ascitis tensa que reaparece antes de las 4 semanas a pesar de tratamiento diurético a dosis plenas durante al menos 1 mes.

3.2.6.2.- *Ascitis intratable con diuréticos:* no puede tratarse con dosis plenas de diuréticos por aparición de complicaciones (disfunción renal, hiponatremia o hiperpotasemia principalmente).

3.2.6.3.- *Ascitis recidivante*: ascitis tensa que aparece al menos en 3 ocasiones en menos de 1 año. Se maneja con alguna de las dos opciones siguientes:

- Paracentesis terapéuticas repetidas con reposición de albúmina. Se mantienen diuréticos si no existen complicaciones, siempre que la excreción de sodio urinario sea > 30 mEq./día. En caso de sodio plasmático < 120 mEq./l. deben ser retirados.

- Derivación portosistémica percutánea intrahepática (TIPS). Posee los mismos resultados en cuanto a supervivencia que las paracentesis de repetición, pero reduce la recidiva de la ascitis. Hay mayor riesgo de encefalopatía, y puede servir como un posible tratamiento "puente" para el trasplante.

3.2.7.- Trasplante hepático

Debe considerarse candidato a trasplante todo paciente con cirrosis y ascitis, si no existe contraindicación y que cumpla alguno de los siguientes criterios:

- Ascitis refractaria.
- Presencia de insuficiencia renal (creatinina>1.5 mg/dl) o hiponatremia dilucional (Na sérico< 130mEq./l.).
- Estadio B de Child-Pugh con disminución persistente de la excreción de sodio.
- Estadio C de Child-Pugh.

3.3.- HIPONATREMIA DILUCIONAL

Es una de las principales complicaciones del cirrótico con ascitis. Sus características son:

- Na sérico<130 mEq./l.
- Se debe a una disminución intensa de la excreción de agua libre y ocurre en el contexto de un aumento de la cantidad de sodio total y del líquido extracelular del organismo, en presencia de ascitis o edemas.
- La hiponatremia dilucional es un indicador de mal pronóstico.
- Hay que diferenciarla de la hiponatremia "real": por pérdidas de líquido extracelular; se produce en pacientes sometidos a intenso tratamiento diurético, con signos de deshidratación y en ausencia de edemas o ascitis.
- Tratamiento: restricción de líquidos (500-1000 ml./día).
- Futura utilización de acuaréticos.
- Si el sodio es menor de 120 mEq./l., suspender los diuréticos.

3.4.- SÍNDROME HEPATORRENAL (SHR)

Es una complicación muy grave que aparece en pacientes con cirrosis e insuficiencia hepatocelular muy avanzada. Es una insuficiencia renal funcional y potencialmente reversible. Se produce en el contexto de una disfunción hemodinámica sistémica importante. Existen dos formas clínicas:

- SHR tipo I: aumento de la creatinina>2,5 mg./dl. en menos de dos semanas. Muy mal pronóstico, la supervivencia sin tratamiento es menor de un mes.
- SHR tipo II: deterioro lento y progresivo de la función renal, con aumento moderado de la creatinina sérica >1,5 mg./dl., sin criterios de SHR I. Supervivencia media de seis meses. Con frecuencia presentan ascitis refractaria asociada.

3.4.1. Criterios diagnósticos

Deben estar presentes los siguientes criterios mayores, los menores suelen aparecer pero no son necesarios para el diagnóstico.

- Criterios mayores:
    - o Creatinina sérica> 1.5 mg./dl.
    - o Ausencia de otras causas de disfunción renal (infección, deshidratación o administración de fármacos nefrotóxicos).
    - o Ausencia de mejoría de la función renal tras la supresión de diuréticos y expansión del volumen plasmático.
    - o Proteinuria < 500 mg./día.
    - o Ecografía renal normal (para descartar uropatía obstructiva o enfermedades renales parenquimatosas).
- Criterios menores:
    - o Volumen urinario menor 500 ml./día.
    - o Sodio urinario inferior a 10 mEq./l.
    - o Osmolaridad urinaria mayor a la osmolaridad plasmática.
    - o Sedimento de orina: menos de 50 hematíes por campo.
    - o Sodio sérico < 130 mEq./l.

3.4.2.- Tratamiento del SHR tipo I

- Requiere ingreso hospitalario y aunque escapa al objetivo de este manual, mencionaremos que el tratamiento de primera elección se basa en vasoconstrictores análogos de la vasopresina, específicamente la terlipresina (siempre que no haya contraindicaciones para su administración, en especial cardiopatía isquémica o vasculopatía periférica) junto con albúmina. La dosis es de 0,5-2 mg./4 hrs. y se administra en bolo intravenoso.

3.4.3.- Tratamiento del SHR tipo II

- Todo paciente con SHR tipo II debe ser evaluado como candidato a trasplante.
- Por el momento el uso de vasoconstrictores no está indicado en el SHR tipo II.

3.4.4.- Prevención del SHR

- En pacientes con PBE la administración de albúmina (1,5 gr./kg. iv. las primeras 48 horas y después 1 gr./kg.) junto a antibióticos, disminuye la incidencia de SHR, mejorando la supervivencia.
- La administración de pentoxifilina en pacientes con hepatitis aguda alcohólica también disminuye la incidencia de SHR.

3.5.- VARICES ESOFÁGICAS, GÁSTRICAS Y RECTALES

El incremento de la presión portal por encima de 10-12 mmHg. es el factor responsable del desarrollo de colaterales portosistémicas. La prevalencia de varices esofágicas en la cirrosis es muy elevada; en el momento del diagnóstico están presentes en el 30-40% de los pacientes compensados y en un 60% de los descompensados.

3.5.1.- Historia natural de las varices

El riesgo anual de aparición de varices en el paciente cirrótico es del 5%. La rotura de varices esofágicas causa el 70% de todos los episodios de hemorragia gastrointestinal en pacientes con hipertensión portal. La mortalidad a las seis semanas de una hemorragia por rotura de varices es del 20%. Sin tratamiento específico, la recidiva a 1-2 años es del 63% y la mortalidad del 33%.

Los principales factores pronósticos de la hemorragia por varices son: tamaño de la variz, presencia de puntos rojos en la endoscopia y la insuficiencia hepatocelular (más riesgo en estadios B y C de Child).

3.5.2.- Opciones terapéuticas en la HTP y varices esófago-gástricas

- Objetivo: Reducir el gradiente de presión venosa hepática (GPVH) por debajo de 12 mmHg., lo que ha demostrado disminuir el riesgo de desarrollo de varices y de rotura de las mismas.
- Fármacos disponibles en el tratamiento de la HTP:
  - o Fármacos que reducen el flujo sanguíneo esplácnico: vasoconstrictores hepáticos: *β-bloqueantes adrenérgicos no selectivos*: propanolol y nadolol.
    -Tratamiento de elección. Su administración de forma continuada, reduce un 50% el riesgo de primera hemorragia y disminuye la mortalidad global.
    -Se inicia a dosis bajas (10-20 mg./12 hrs. de propanolol) aumentándola de forma progresiva, hasta conseguir una reducción del 25% de la frecuencia cardiaca, respecto a su valor basal, sin bajar de 55 lpm., y manteniendo la tensión sistólica en reposo por encima de 90 mmHg. Debe intentarse administrar la dosis máxima tolerada ya que la dosis de propanolol se ha demostrado factor independiente de respuesta.
    -Contraindicaciones: bloqueo auriculoventricular, bradicardia sinusal, EPOC severo con componente broncoespástico, estenosis aórtica, DM tipo 1 mal controlada (riesgo de hipoglucemias inadvertidas), vasculopatías obstructivas, algunas insuficiencias cardiacas y la psicosis.
  - o Fármacos que disminuyen la resistencia vascular intrahepática: vasodilatadores: *Donadores de óxido nítrico (ON)*: **mononitrato de isosorbide**.

-Posee escaso metabolismo hepático lo que facilita su utilización en hepatopatías.

-A largo plazo posee poco efecto en la reducción de la presión portal, probablemente por desarrollo de tolerancia parcial. Su beneficio se obtiene al combinarlos con propanolol.

-La dosis inicial es de 20 mg. al acostarse, aumentando progresivamente hasta 80 mg. al día.

-Efectos adversos, debidos a su falta de selectividad hepática: cefalea, hipotensión arterial y activación de sistemas vasoactivos, ya activados previamente en estos pacientes, con mayor retención de sodio y deterioro de la función renal.

- Otros vasodilatadores (prazosín, inhibidores de angiotensina II, endotelina-1) poseen efectos secundarios que limitan su uso o bien no se dispone de la evidencia necesaria para su aplicación.

- Monitorización del tratamiento: las dosis de los fármacos utilizados deben ajustarse en función de parámetros de fácil accesibilidad en la clínica, principalmente la tolerancia del paciente, la frecuencia cardiaca y la presión arterial. Sin embargo, no existe correlación entre la eficacia del tratamiento y estos datos, puesto que ésta solo se correlaciona de forma significativa, con la respuesta hemodinámica (reducción de GPVH< 12 mmHg.).

- Tratamiento endoscópico de las varices:
  - o Esclerosis de varices: inyección directamente en la variz, vía endoscópica, de sustancias esclerosantes.
  - o Ligadura con bandas: colocación endoscópica de bandas elásticas sobre las varices lo que oblitera la luz vascular por estrangulación.

Actualmente solo esta contemplada la ligadura con bandas como tratamiento profiláctico, reservándose la esclerosis para el tratamiento de la hemorragia activa variceal.

- TIPS: es la derivación portosistémica percutánea intrahepática, que es una alternativa a los anteriores en caso de episodios recurrentes de hemorragia digestiva variceal de difícil control con tratamiento farmacológico o endoscópico.

3.5.3.- Diagnóstico de varices esofágicas (VE) y recomendaciones en el seguimiento de las mismas

El "screening" de varices esófago-gástricas obliga a la realización de gastroscopia en el momento del diagnóstico de la cirrosis, para identificar a los pacientes candidatos a profilaxis primaria. En dicha endoscopia se establece la existencia o no de varices. Si existen, se clasifican según el tamaño en pequeñas (< 5 mm., clásicamente definidas como aquellas que desaparecen con la insuflación) y grandes (> 5 mm., aquellas que no desaparecen con la insuflación). Recientemente se ha introducido un tercer grado intermedio, medianas, que a efectos prácticos se consideran varices grandes En segundo lugar hay que establecer la existencia o no de puntos rojos en la superficie variceal.

3.5.3.1.- Pacientes con cirrosis sin varices

- No está indicada la profilaxis primaria.
- Se debe repetir la endoscopia a los 3 años.
- En caso de evidencia de descompensación hepática es necesario hacer endoscopia en ese momento y de forma anual posteriormente.

3.5.3.2.- Pacientes con cirrosis y varices pequeñas sin episodios de sangrado

- Si presentan indicadores de riesgo de hemorragia: Child B/C, o presencia de puntos rojos en la varices, iniciar profilaxis primaria, de elección con β-bloqueantes no selectivos.
- Si no presentan indicadores de riesgo, se pueden utilizar β-bloqueantes, pero su beneficio a largo plazo no está establecido y, en general, no se indican en este contexto.
- En caso de no iniciar el β-bloqueante, se debe repetir la endoscopia a los 2 años.
- En caso de evidencia de descompensación hepática es necesario hacer endoscopia en ese momento y de forma anual posteriormente.
- Si se inicia la profilaxis no es necesario el seguimiento endoscópico.

3.5.3.3.- Pacientes con cirrosis y varices medianas o grandes, sin episodios de hemorragia previa

- Si existen indicadores de riesgo de sangrado se debe iniciar profilaxis primaria con β-bloqueantes o ligadura endoscópica de varices.
- Si no existen indicadores de riesgo de sangrado, los β-bloqueantes son de elección en la prevención del sangrado, reservando la ligadura endoscópica para casos de contraindicación, intolerancia al fármaco o incumplimiento del tratamiento.
- La dosis de betabloqueantes debe ser la máxima tolerada. En estos casos no se precisa seguimiento endoscópico.
- En pacientes tratados con ligadura endoscópica, se debe repetir la endoscopia cada 1-2 semanas hasta la obliteración de las varices, posteriormente revisión a los 1-3 meses, seguido de endoscopia cada 6-12 m para evaluar la posible recurrencia.
- Los nitratos (solos o combinados), la terapia derivativa y la esclerosis de varices no deben utilizarse en la profilaxis primaria de la hemorragia variceal.

3.5.3.4.- Pacientes con episodio previo de hemorragia digestiva por rotura de varices esofágicas.

- Los pacientes que sobreviven a un episodio de hemorragia variceal, deben recibir tratamiento para prevenir la recidiva (profilaxis secundaria).

- La combinación de β-bloqueantes más ligadura endoscópica es la mejor opción.

- Los betabloqueantes deben administrarse a las dosis máximas toleradas y la ligadura endoscópica debe realizarse cada 1-2 semanas hasta obliteración de las varices, siendo la primera revisión a los 1-3 meses y después cada 6-12 meses.

- El TIPS debe considerarse en pacientes con Child A/B en los que se produce recidiva a pesar de tratamiento combinado. En centros con experiencia, la derivación quirúrgica puede ser una opción en pacientes Child A.

- Los pacientes que sean posibles candidatos a trasplante deben ser derivados para valoración a un centro de referencia.

3.5.4.- Varices gástricas (VG)

Son menos prevalentes que las varices esofágicas. Están presentes en un 5-33% de los pacientes con hipertensión portal, con una incidencia de sangrado del 25% en dos años. Los predictores de sangrado son los mismos que en las varices esofágicas y además su localización.

Actualmente se utiliza la clasificación de Sarín y colaboradores. (Baveno III y IV), que distingue entre VG primarias (las que se presentan antes de una intervención terapéutica) y secundarias (las que aparecen después del tratamiento endoscópico o de la intervención quirúrgica para tratar VE). Según su localización y relación con las VE, se clasifican en:

- Varices gastroesofágicas (VGE): prolongación de las varices esofágicas hacia estómago:
    - o VGE1, que se extienden por la curvatura menor.
    - o VGE2, que se extienden hacia fundus.
- VG aisladas (VGA), no asociadas a VE, también con dos tipos diferentes:
    - o VGA1, localizadas en el fundus gástrico.
    - o VGA2, localizadas en cualquier otra parte del estómago (cuerpo, antro o piloro).

Los pacientes con VG pueden presentar una hemorragia en una proporción importante o mantener las varices a pesar de un GPVH < 12 mmHg. En conjunto, las VG parecen tener un menor riesgo de hemorragia que las VE, aunque tienen peor pronóstico. Como en las VE, los factores que se han identificado asociados al riesgo de hemorragia de VG son el tamaño de las varices, la presencia de puntos rojos y el estado de la función hepática.

En cuanto al tratamiento profiláctico en pacientes con VG, son necesarios estudios controlados y randomizados para demostrar su utilidad, ya que los disponibles en la actualidad incluyen pocos pacientes. Las VGE tipo 1 se comportan igual que las esofágicas y por ello se manejan igual. En espera de los estudios mencionados, parece lógico utilizar β-bloqueantes en la profilaxis primaria. En cuanto a su manejo endoscópico presentan más dificultades que las VE, por su mayor tamaño, su mayor flujo y en ocasiones localización poco accesible. Para todas las VG el TIPS constituye la terapia de rescate recomendada cuando el tratamiento inicial fracasa, después de un episodio de sangrado.

3.6.- CARCINOMA HEPATOCELULAR

Los tumores primarios hepáticos son la 5ª causa de cáncer más frecuente y la 3ª causa de muerte por cáncer. El carcinoma hepatocelular (CHC) comprende el 85-90% de los tumores primarios hepáticos, aparece en la mayoría de los casos sobre hígados cirróticos y es la principal causa de muerte en pacientes con cirrosis.

El desarrollo de programas de seguimiento con ecografía periódica en pacientes con hepatopatía crónica y el desarrollo de técnicas de imagen como la TAC o RMN permiten realizar un diagnóstico cada vez más precoz del CHC y con ello la posibilidad de ofrecer tratamiento con intención curativa a estos pacientes.

3.6.1.- Epidemiología

La incidencia de hepatocarcinoma varía de forma sustancial entre diversas regiones geográficas debido a la distinta prevalencia de factores de riesgo del mismo como son las infecciones virales hepáticas crónicas por VHB o VHC entre otros. Asia y África presentan la mayor incidencia con más de 20 casos por 100.000 habitantes/año. Países de Europa meridional, incluyendo España, presentan una incidencia media de 5-20 casos por 100.000 habitantes/año. El CHC es más frecuente en población masculina que femenina con una relación 2:1, llegando hasta 4:1 en el sur de Europa.

Los factores de riesgo de CHC comprenden cualquier situación que condicione lesión hepática crónica. La infección crónica por VHB es la principal causa de CHC a nivel mundial, en especial en África y Asia, y su mecanismo oncogénico depende del daño hepático crónico y de la integración del ADN viral en el núcleo de la célula infectada. La infección crónica por VHC es la causa de CHC más importante en occidente, asociado o no al consumo de alcohol. La ingesta moderada o intensa de alcohol (>50-70 gr./día) de forma prolongada también se considera factor de riesgo, más aún si se asocia a una hepatitis viral crónica.

La aflatoxina es una toxina de origen micótico que contamina los alimentos conservados en zonas húmedas y condiciona la mutación del gen p53, que se detecta en áreas con alta incidencia de CHC. Otras causas menos frecuentes son la hemocromatosis, deficiencia de alfa1antitripsina, hepatitis autoinmune y algunas porfirias (porfiria cutánea tarda). Actualmente existe escasa evidencia pero se especula que la obesidad y la diabetes mellitus podrían ser también factores de riesgo en el contexto de una esteatohepatitis no alcohólica, lo cual podría explicar el aumento de CHC actual en EE.UU.

3.6.2.- Diagnóstico

Clínicamente el CHC se puede manifestar como un cuadro constitucional en el seno de una enfermedad hepática conocida previamente (pérdida de peso, astenia, anorexia), una descompensación de la misma con aparición de ictericia o complicaciones secundarias a hipertensión portal (ascitis, sangrado digestivo, etcétera), o bien deterioro analítico de la función hepática. Estos casos se suelen asociar a enfermedad avanzada.

En la actualidad se pretende realizar un diagnóstico precoz del CHC, cuando éste es asintomático y subsidiario de tratamiento con intención curativa. Dado que el CHC aparece mayoritariamente sobre un hígado cirrótico se recomiendan programas de screening en pacientes con cirrosis, independientemente de su causa inicial, y en algunos portadores de VHB con antígeno HBs positivo (varones con más de 40 años, mujeres con más de 50, africanos con más de 20 años por la mayor prevalencia de VHB perinatal).

3.6.2.1.- Pruebas serológicas

La determinación de alfafetoproteína (AFP) en suero no se recomienda dada su baja sensibilidad para detección de tumores de pequeño tamaño, así tomando niveles de 20 ng/ml como límite de normalidad tiene una sensibilidad entre 25%-60% para el diagnóstico de CHC.

Existe evidencia de niveles persistentemente elevados en algunas hepatopatías con importante regeneración hepatocitaria (como la infección crónica por VHC) en ausencia de neoplasia.

Actualmente sólo presenta utilidad por su alto valor predictivo positivo de CHC cuando los niveles superan los 200 ng/ml en pacientes cirróticos con lesión ocupante de espacio hepática.

Otros test serológicos han sido evaluados como los niveles de la des-gammacarboxiprotrombina (DGCP) o la fracción glicosilada de AFP (L3 AFP), aunque aún no existe evidencia suficiente para su uso rutinario como test de screening.

3.6.2.2.- Pruebas radiológicas

La AASLD (American Association for the Study of the Liver Diseases) recomienda seguimiento con ecografía abdominal cada 6 meses en pacientes cirróticos. Se estima que esta técnica, en manos expertas, tiene una sensibilidad del 60% y una especificidad del 90%. Algunos estudios proponen un intervalo de screening de 12 meses con buenos resultados. Los CHC suelen ser lesiones habitualmente ecogénicas por su contenido graso aunque también se pueden comportar como lesiones hipoecoicas.

Una vez existe una ecografía con hallazgos patológicos se debe confirmar que se trate de un CHC mediante una técnica radiológica con estudio dinámico con contraste ya sea ecografía con contraste, una TAC con estudio trifásico o RMN con gadolinio.

El comportamiento del CHC en todos los estudios es similar debido a su vascularización dependiente de ramas arteriales, a diferencia del resto de parénquima sano y de los nódulos displásicos o nódulos de regeneración donde la vascularización es mixta. Esto hace que en fase arterial presente un patrón típico de captación intensa y un lavado posterior del contraste en fase portal y tardía. Este comportamiento en estudios radiológicos presenta una sensibilidad y especificidad para el diagnóstico de CHC del 90% y 95% respectivamente.

El principal problema de la estadificación del CHC mediante pruebas de imagen cuando se compara con estudios anatomopatológicos de explantes es que infravalora la extensión del mismo en un 20-30% de los casos.

3.6.3.- Estadiaje

Ante la aparición de un nódulo en una ecografía de screening en un paciente con cirrosis la actitud dependerá del tamaño del nódulo, según las recomendaciones publicadas por la AASLD en 2005.

Si se trata de una lesión <1 cm, repetir la ecografía en 3 meses y si existe crecimiento proceder según tamaño; si se mantiene estable durante 18-24 meses pasar a realizar screening semestral.

Cuando es una lesión de 1-2 cm: si presenta patrón vascular típico en 2 pruebas de imagen diferentes estableceremos el diagnóstico de CHC. Si el patrón es atípico en una de las pruebas o en las dos se deberá realizar biopsia, y si es negativa repetir el estudio en 3 meses: si continúa con patrón atípico se debería repetir la biopsia.

Cuando la lesión es de 2-3 cm: si el patrón vascular es atípico realizar biopsia. Si es específico o típico en una única prueba de imagen o la AFP >200, establecer el diagnóstico de CHC.

La realización de una biopsia guiada tiene una sensibilidad y especificidad del 90% y 91% para la ecografía y 92% y 98% para la TAC, aunque si la biopsia es negativa no excluye malignidad ya que los CHC de pequeño tamaño suelen ser bien diferenciados.

Una vez diagnosticado un CHC hay que realizar un estudio de extensión descartando afectación vascular y extrahepática, fundamentalmente ósea, pulmonar o en glándulas suprarrenales.

El sistema de estadiaje más usado en nuestro medio es el BCLC (Barcelona Clinic Liver Cancer) que comprende el estadio tumoral, la función hepática y el estado general del enfermo; según esta clasificación se establecen 4 estadios que se relacionan con las distintas posibilidades de tratamiento y el pronóstico de supervivencia (**Algoritmo 7**).

La función hepática se establece según la clasificación de Child-Pugh y el estado general mediante la clasificación de Performance Status de la OMS:

- Estadio A inicial: tumor único menor de 5 cm o 3 nódulos menores de 3 cm con función hepática conservada y ausencia de síntomas. Subsidiario de tratamiento curativo con resección quirúrgica, trasplante hepático o tratamiento percutáneo. El pronóstico de supervivencia a 5 años es del 50-70%. Sólo el 30-40% de los CHC se diagnostican en esta fase.

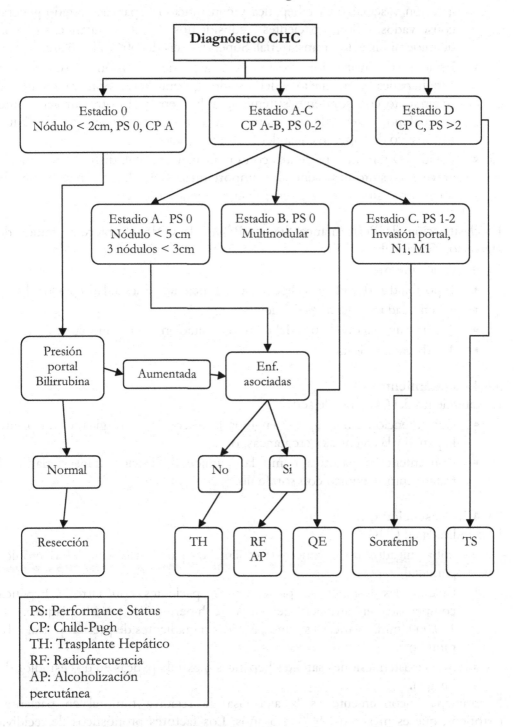

Algoritmo 7. Estadiaje y manejo del carcinoma hepatocelular

- Estadio B intermedio: nódulos que exceden los límites del estadio A, sin invasión vascular o extrahepática y con función hepática y estado general conservados. Son pacientes subsidiarios de tratamiento con quimioembolización transarterial. Supervivencia del 50% a los 3 años.

- Estadio C avanzado: existe evidencia de invasión vascular y/o extrahepática y afectación del estado general leve. Son candidatos a tratamiento con sorafenib sistémico; se han ensayado otras drogas como tamoxifeno, octeotride, interferón o agentes antiandrogénicos sin éxito. Pronóstico de supervivencia del 10% a los 3 años.

- Estadio D terminal: pacientes con gran carga tumoral, disfunción hepática grave o síntomas generales importantes. Subsidiario únicamente de tratamiento sintomático y supervivencia menor a 6 meses.

La clasificación de Performance Status (PS) de la OMS establece 5 grados de afectación funcional:
- 0: no síntomas
- 1: posibilidad de actividad ligera y autosuficiente para cuidado personal
- 2: actividad más del 50% del tiempo
- 3: vida cama-sillón el 50% del tiempo, limitaciones en el autocuidado
- 4: vida cama-sillón.

3.6.4.- Tratamiento
El tratamiento del CHC puede ser:
- Con intención curativa, que engloba la resección quirúrgica, el trasplante hepático y las técnicas percutaneas, o
- Con intención paliativa como la quimioembolización transarterial y el tratamiento sistémico con sorafenib.

3.6.4.1.- Resección quirúrgica
Está indicada en CHC:
- Sobre hígados no cirróticos (frecuente en países asiáticos, VHB crónica perinatal)
- Cuando las lesiones se presentan en pacientes con cirrosis hepática compensada en ausencia de datos de hipertensión portal (plaquetas > 100.000/mm3, varices esófago-gástricas o gradientes de presión portal >10 mmHg)
- Si no existen lesiones satélites hepáticas o extrahepáticas en dos estudios de imagen.

El principal inconveniente es la alta tasa de recidiva tumoral en pacientes cirróticos, que es mayor del 50% a 5 años. Los factores pronósticos de recidiva tumoral son el tamaño del tumor, el número de lesiones y la existencia de invasión vascular en la pieza quirúrgica, por lo que en nuestro medio se considera el trasplante hepático posterior si en la pieza quirúrgica existe invasión microvascular y/o lesiones satélites.

3.6.4.2.- Trasplante hepático
(Ver **Apartado 4.2.**)

3.6.4.3.- Ablación percutánea
- Indicada si el trasplante está contraindicado por enfermedad asociada y la resección no es posible.
- Recurrencia aproximada del 40% a los dos años.
- Se puede realizar con alcoholización percutánea (o inyección de ácido acético, solución salina, etcétera) y mediante modificación de la temperatura intratumoral por radiofrecuencia (o crioterapia, láser, etcétera).

La alcoholización consigue resultados de supervivencia similares a la cirugía con tumores menores de 3 cm (necrosis en el 80% de las lesiones); en lesiones de más de 3 cm la difusión del etanol es más irregular con lo que disminuye su efectividad.

La radiofrecuencia presenta mayor capacidad ablativa, consiguiendo mejores resultados de supervivencia que la alcoholización en tumores mayores de 2 cm; tiene además la ventaja añadida de requerir menos sesiones para el tratamiento completo de la lesión. Estudios recientes que la comparan con cirugía en tumores de 2 cms o menos no obtienen diferencias con respecto a la supervivencia ni a la recurrencia tumoral.

Las sondas actuales de radiofrecuencia consiguen un área de tratamiento de hasta 5 cm; si el sistema permite la inyección de soluciones salinas, que aumentan la conductividad, esta área puede llegar hasta los 7 cm. La radiofrecuencia está contraindicada en lesiones subcapsulares, cercanas al hilio hepático, corazón, grandes vasos o vesícula biliar.

La crioterapia es útil en lesiones donde no es posible la radiofrecuencia por estar cercanas a vasos o áreas críticas. Se realiza con sondas a través de las que se instila gas argón consiguiendo temperaturas de -100 °C, teniendo una única sonda un área de acción de unos 3.5 cm. Con varias sondas se pueden tratar lesiones de mayor tamaño. El control del tratamiento es posible con TAC sin contraste ya que las zonas tratadas se visualizan hipoatenuadas, se requiere un margen de tratamiento perilesional de al menos 5 mm para asegurar la correcta necrosis.

3.6.4.4.- Quimioembolización (TACE)/ Embolización transarterial (TAE)
- Consigue la isquemia del tumor mediante la oclusión de la rama arterial que nutre la lesión con inyección previa de agentes quimioterápicos (TACE) o sin este paso previo (TAE)

- Está indicada en lesiones que exceden los límites aceptables para realizar tratamiento curativo o CHC multinodular.
- Necesidad de función hepática conservada, ausencia de lesiones extrahepáticas o afectación vascular.
- Presencia de flujo portal hepatópeto, sin anastomosis portosistémicas ni trombosis.
- Ausencia de síntomas de neoplasia o insuficiencia renal.
- La supervivencia a 3 años en pacientes correctamente seleccionados es de un 50% aproximadamente.
- La necrosis extensa tumoral se consigue en un 30-50% de los CHC y en un 2% respuesta completa.

Se selecciona la rama de la arteria hepática que nutre al tumor y se inyecta selectivamente un agente de contraste que es captado por las células tumorales, usualmente lipiodol con un agente quimioterápico (doxorrubicina, mitomicina, cisplatino) y posteriormente alguna sustancia que produzca oclusión vascular. Suele usarse gelfoam (partículas de 1 mm).

Las lesiones multinodulares que afectan a ambos lóbulos hepáticos pueden requerir la completa oclusión de la arteria hepática.

La complicación más frecuente es el síndrome post-embolización presente en el 50% de los casos (fiebre, ileo intestinal, dolor abdominal) y las más graves la colecistitis isquémica por oclusión de la arteria cística y el absceso hepático.

La respuesta tumoral se evalúa mediante la persistencia de captación de contraste en pruebas radiológicas dinámicas (TAC, RMN) y la presencia de radiomarcador (lipiodol).

Las sesiones de TACE deben repetirse a intervalos regulares o en función del crecimiento que presente el remanente tumoral (a demanda).

3.6.4.5.- Terapias moleculares

Están indicadas cuando:

- Existe afectación vascular o extrahepática.
- Hay escasa afectación del estado general (PS 1-2).

Actualmente sólo está aprobado el uso de sorafenib, un inhibidor oral de la tirosina cinasa con acción sobre los receptores de factores de crecimiento endotelial, factores de crecimiento derivados de plaquetas, etcétera. Su acción radica en una inhibición de la progresión tumoral e inhibición de la angiogénesis tumoral.

En un estudio multicéntrico reciente se ha demostrado aumento de la supervivencia y disminución de la progresión sintomática en 12 semanas con respecto a los pacientes que recibieron placebo. La dosis es 400 mg/12 horas vía oral. Los efectos adversos más frecuentes son la toxicidad medular y síntomas gastrointestinales; si son graves se puede disminuir la dosis a la mitad para conseguir el control de los mismos.

4.- CRITERIOS DE DERIVACIÓN PARA INCLUSIÓN EN LISTA DE TRASPLANTE HEPÁTICO (TH)

Se propone la indicación de trasplante hepático cuando existe evidencia de fallo hepático fulminante, defecto metabólico hepático con complicaciones sistémicas o más comúnmente cirrosis con alguna complicación mayor como ascitis, encefalopatía, sangrado digestivo, hepatocarcinoma, etcétera.

Es importante, además de valorar la correcta indicación clínica, valorar el ámbito psicosocial del enfermo, ya que es importante hacer comprender al enfermo y su entorno la servidumbre que conlleva el trasplante.

Cuando se estima que un paciente puede ser candidato a TH, debe referirse a un centro especializado aunque puedan existir contraindicaciones, puesto que muchas de ellas son relativas y pueden resolverse.

4.1.- INDICACIONES DE TRASPLANTE HEPÁTICO

En la **Tabla 21** se recogen distintas enfermedades que pueden ser subsidiarias de recibir trasplante hepático.

El trasplante hepático debe ser considerado si no existe otra alternativa terapéutica, en pacientes sin enfermedades severas asociadas y cuando la función hepática esté lo suficientemente conservada para que éste sea viable.

Deben ser valorados por unidades de trasplante aquellos pacientes que presenten:

- Fallo hepático agudo o subagudo (la valoración y manejo de estos casos será en ámbito hospitalario que no es objetivo de este manual).
- Cuando aparece una complicación mayor de cirrosis que nos indica un cambio en la historia natural de la misma, aunque se recupere la función hepática posteriormente al evento agudo: ascitis, peritonitis bacteriana espontánea, síndrome hepatorrenal, sangrado digestivo agudo o crónico refractario, encefalopatía hepática, hepatocarcinoma, desarrollo de complicaciones sistémicas de la cirrosis (síndrome hepatopulmonar, hipertensión portopulmonar).
- En enfermedades colestásicas si aparece prurito intratable, astenia invalidante o enfermedad ósea progresiva.
- Considerarlo como opción en neoplasias o enfermedades metabólicas de base hepática aunque no se vea afectada la función hepática.

En las enfermedades colestásicas se calcula la supervivencia a 2 años mediante un modelo matemático que usa variables analíticas, cuando ésta comienza a disminuir el paciente debe ser considerado para TH. La disminución de la supervivencia suele coincidir con la aparición de hiperbilirrubinemia y descompensación hepática. En la colangitis esclerosante primaria si la manifestación fundamental es la aparición de estenosis de la vía biliar extrahepática que conduce a sepsis recurrente de origen biliar se intenta primero el tratamiento endoscópico; si no responde a éste también se debe considerar el TH. Estos pacientes siempre deben recibir coledocoyeyunostomía.

Tabla 21. Enfermedades subsidiarias de Trasplante Hepático

ENFERMEDADES HEPÁTICAS CRÓNICAS

Colestásicas:
- Cirrosis Biliar Primaria
- Cirrosis Biliar Secundaria
- Colangitis Esclerosante Primaria
- Atresia de Vías Biliares
- Enfermedad de Caroli
- Síndromes Colestásicos Familiares

Parenquimatosas:
- Cirrosis Hepática de etiología viral (B, C, D)
- Cirrosis Hepática Alcohólica
- Cirrosis Hepática inducida por Drogas
- Cirrosis Hepática Autoinmune
- Cirrosis Criptogenética

Vasculares:
- Enfermedad Veno-Oclusiva
- Síndrome de Budd-Chiari
- Fibrosis Hepática Congénita

NEOPLASIAS HEPÁTICAS

- Hepatocarcinoma
- Otras Neoplasias Hepáticas primarias
- Colangiocarcinoma (discutido)
- Metástasis de Tumores Neuroendocrinos

FALLO HEPÁTICO AGUDO O SUBAGUDO

- Secundaria a Virus (A, B, C, D,E)
- Drogas
- Enfermedad de Wilson
- Síndrome de Reye
- Criptogenética

ENFERMEDADES METABÓLICAS

- Déficit de Alfa -1 Antitripsina
- Enfermedad de Wilson
- Hemocromatosis
- Protoporfiria
- Hiperlipoproteinemia Homocigótica del tipo II
- Tirosinemia
- Síndrome de Cliger-Najjar tipo I
- Deficiencias enzimáticas en el ciclo de la Urea
- Aciduria Orgánica
- Hemofilia
- Galactosemia
- Colestasis Familiar
- Síndrome de Sanfilippo
- Deficiencias de factores de la coagulación.

La máxima prioridad en lista de espera de trasplante hepático se concede al fallo hepático agudo o subagudo, el resto de indicaciones se valoran según el sistema MELD (Model of End Stage Liver Disease), usado desde 2002 para establecer la prioridad de los pacientes con cirrosis en la lista de espera.

Este sistema es un modelo matemático, basado en variables analíticas (bilirrubina, creatinina, INR), predictor de la mortalidad a corto plazo y que varía entre 6 y 40 puntos. Previamente sólo era usada la clasificación de Child-Pugh, que consta de variables analíticas y cualitativas.

Actualmente se recomienda usar ambos sistemas en nuestro medio pues los dos tienen limitaciones, como por ejemplo que el MELD no contempla las complicaciones de la cirrosis que son predictores de mortalidad por sí mismos. Otra limitación del sistema MELD es que la puntuación obtenida puede no ser un buen reflejo de la función hepática, por ejemplo en el caso de enfermedad renal orgánica se sobrevalora la creatinina o la bilirrubina puede estar alterada por diversos tratamientos.

Existen indicaciones de TH que no son adecuadamente valoradas por ambos sistemas como el hepatocarcinoma, los trastornos metabólicos, tumores hepáticos raros, fibrosis quística y poliquistosis hepática, entre otros.

Aunque no está definida la puntuación mínima que deberían tener los pacientes para acceder a la lista de espera, según el consenso de la sociedad española de trasplante hepático deben incluirse pacientes con cirrosis descompensada con MELD > 10 y Child-Pugh > o igual 7. No deben incluirse pacientes con situación terminal, intubados, fallo multiorgánico o circunstancias que estimen una supervivencia postrasplante menor al 50% a 5 años.

Los pacientes que ya están en lista de espera deben ser reevaluados según su gravedad: si se trata de un trasplante urgente por fallo hepático fulminante o paciente con MELD > 25 valorar cada semana, con MELD de 19-24 valorar mensualmente y MELD de 11-18 trimestralmente.

4.2.- HEPATOCARCINOMA Y TRASPLANTE HEPÁTICO

El trasplante hepático debe ser considerado como tratamiento definitivo del tumor y de la enfermedad de base en algunos pacientes, y actualmente siguiendo una correcta selección se consigue una supervivencia similar a la de los pacientes trasplantados por otra causa no neoplásica.

A raíz del estudio realizado por Mazaferro se establecieron los criterios de Milán, que definen las lesiones subsidiarias de TH alcanzando una supervivencia a 5 años superior al 70% y una recidiva tumoral menor del 15%.

Posteriormente la Universidad de California de San Francisco (UCSF) ha propuesto una ampliación de los criterios de Milán, aunque su aplicación está sujeta a debate. La supervivencia a los 5 años es de un 50% aproximadamente (**Tabla 22**). Estos criterios son aceptados por algunos grupos de trabajo en los casos de pacientes que no permanecen en lista de espera para trasplante durante largos períodos por hacer uso de donantes de alto riesgo (donantes añosos, trasplante dominó, trasplante de donante vivo o LDLT). Estudios recientes apuntan hacia un aumento de la tasa de recidiva tumoral y menor supervivencia en los receptores de LDLT con esta indicación.

Tabla 22. Criterios de CHC susceptible de Trasplante Hepático
Criterios de Milán
• Única lesión ≤ 5 cm
• Máximo 3 nódulos menores de 3 cm
Criterios expandidos de la UCSF
• Una sola lesión ≤ 6.5 cm.
• Más de 3 lesiones, la mayor ≤ 4 cm y con volumen total que no exceda los 8 cm.

Otras publicaciones plantean que en los casos de CHC que superen los criterios de Milán se puede disminuir el tamaño tumoral mediante tratamiento con ablación percutánea o quimioembolización y posteriormente realizar TH, pero aún no existe evidencia de que con ello se consiga mejorar el pronóstico de estos pacientes. En pacientes que permanecen más de 6 meses en lista de espera es coste-efectivo realizar tratamiento del CHC, en especial con ablación percutánea.

La inclusión en lista de espera se realiza según la puntuación concedida por el MELD que para los pacientes con CHC que cumplen los criterios de Milán es de 22 puntos, salvo que la calculada previamente sea superior; con ello se consigue dar prioridad a los pacientes con buena función hepática.

El consenso de la sociedad española de trasplante hepático (SETH) de 2005 no recomienda ampliar los criterios de inclusión del CHC en nuestro medio. Se aconseja la reevaluación de la enfermedad cada 3 meses, una vez incluidos en lista.

4.3.- CONTRAINDICACIONES DEL TRASPLANTE HEPÁTICO

Las contraindicaciones absolutas están bien establecidas, aunque las relativas son más variables según los centros y la experiencia de los mismos (**Tabla 23**).

La edad aceptada por la mayoría de los centros para acceder al TH es un máximo de 65 años, aunque se aceptan pacientes hasta los 70 años con poca o nula comorbilidad a pesar de la evidencia que existe de disminución de supervivencia a mediano y largo plazo en pacientes mayores de 65 años.

La trombosis del sistema porta era inicialmente una contraindicación absoluta; en la actualidad si existe una colateral de suficiente calibre o acceso a la vena mesentérica superior es técnicamente posible el TH.

La existencia de neoplasia previa requiere de una evaluación oncológica exhaustiva, estimándose como aceptable un riesgo de recurrencia del 10% a 5 años. No existe consenso sobre el intervalo de remisión de la neoplasia necesario para indicar TH.

El colangiocarcinoma es una indicación controvertida para TH pues la recurrencia postrasplante es superior al 50%; existe un grupo de la Clínica Mayo que propone tratamiento previo con radioterapia y quimioterapia seleccionando aquellos pacientes que posteriormente serán trasplantados, con buenos resultados de supervivencia.

Tabla 23. Contraindicaciones del Trasplante Hepático	
ABSOLUTAS	**RELATIVAS**
<ul><li>SIDA</li><li>Enfermedad maligna extrahepática o neoplasia hepática difusa.</li><li>Enfermedad cardiopulmonar avanzada</li><li>Abstinencia alcohólica inferior a 6 meses.</li><li>Enfermedad psiquiátrica grave</li></ul>	<ul><li>HIV positivo</li><li>Edad</li><li>Sepsis de origen distinto al árbol biliar</li><li>Trombosis del Sistema Porta</li><li>Hipertensión pulmonar</li><li>Tumores hepáticos</li><li>Colangiocarcinoma</li><li>Neoplasias previas</li></ul>

4.4.- EVALUACIÓN PRETRASPLANTE

Existen múltiples estudios a realizar en un paciente candidato a trasplante hepático, para asegurar el diagnóstico que lleva al paciente a trasplante y que no existan alternativas de tratamiento mejores así como descartar comorbilidades del paciente no conocidas.

Este estudio se realiza en el centro de referencia habitualmente:

- Laboratorio: analítica con función hepática, marcadores virales, tumorales y marcadores de hepatopatía. Grupo sanguíneo y Rh. Orina elemental y de 24 horas. Mantoux.
- Pruebas de imagen hepáticas: Ecografía-doppler valorar viabilidad portal. TAC trifásico o RMN con gadolinio para descartar hepatocarcinoma.
- Estudios endoscópicos: Gastroscopia. Colonoscopia: si antecedentes familiares de neoplasia de colon, más de 50 años o existencia de colangitis esclerosante primaria.
- Evaluación cardiológica: ECG, ecocardiografía. Si factores de riesgo cardiovascular o más de 40 años valorar test esfuerzo por Cardiólogo.
- Evaluación respiratoria: Espirometría, radiografía de tórax y valoración por Neumólogo. Valorar test de esfuerzo si fumador.
- Evaluación ginecológica con mamografía en caso de mujeres.
- Evaluación psicológica.
- Evaluación por anestesista.

BIBLIOGRAFÍA

1. **Bruguera M, Rodés J. Cirrosis hepática compensada. En: AEEH. Tratamiento de las enfermedades hepáticas y biliares. Madrid: Elba 2001. p.99-104**
2. Bañares R, Ripoll C, Catalina MV, Salcedo M. Cirrosis hepática. Medicine 2004, 8: 489-493
3. Bass N M. Yao F. Hipertensión portal y hemorragia por varices. En: Feldman M, Friedman L, Sleissenger M. Enfermedades gastrointestinales y hepáticas. 7ªed. Tomo 2. Buenos Aires: Médica Panamericana, 2004. p. 1579-1609
4. Castellanos-Fernández MI. Nutrición y cirrosis hepática. Acta médica 2003; 11(1): 26-37.
5. Guarner Aguilar C, Soriano Pastor G. Infecciones en la cirrosis hepática. Fisiopatología de las infecciones bacterianas en la cirrosis. Gastroentrol Hepatol continuada 2006; 5 (1): 1-6.
6. González R, Andrade R, Lucena MI, Alcántara R. Farmacología de la hepatopatía crónica. Medicine 2004, 8: 521-527
7. **Gines P, Cabrera J, Guevara M, Morillas R, Ruiz del Árbol L, Solá R, Soriano G. Documento de consenso sobre el tratamiento de la ascitis, la hiponatremia dilucional y el síndrome hepatorrenal en la cirrosis hepática. Gastroenterol Hepatol 2004; 27: 535-544.**
8. **Moore KP, Wong F, Gines P, Bernardi M, Ochs A et al. The management of ascitis in cirrhosis: report on the consensus conference of the International Ascites Club. Hepatology 2003; 38: 258-266.**
9. Albillos A, Peña E, González M. Fisiopatología de la hipertensión portal en la cirrosis. Gastroenterología práctica 2002; 11: 9-13
10. Guevara M. Tratamiento del síndrome hepatorrenal. Gastroenterol Hepatol 2003; 26: 270-274.
11. Ruiz del Árbol L, Rivero M, Garrido E. Prevención de síndrome hepatorrenal en el paciente cirrótico. Gastroenterol Hepatol continuada 2006; 5: 241-245
12. García-Tsao G. Current management of the complications of cirrhosis and portal hypertension: variceal hemorrhage, ascites and spontaneous bacterial peritonitis. Gastroenterology 2001; 120: 726-748
13. García Tsao G, Sanyal AJ, Grace ND, Carey W et al. Prevention and management of gastroesophageal varices and variceal hemorrhage in cirrhosis. Hepatology 2007; 46 (3): 922-938
14. De Franchis R. Evolving consensus in portal hypertension report of the Baveno IV consensus workshop on methodology of diagnosis and therapy in portal hypertension. J Hepatol 2005; 43:167-176
15. Villanueva C, Aracil C, Lopez-Balaguer JM, Balanzó. Tratamientos combinados de las varices esofágicas.

16. **Riggio O, Merli M. Prevention and treatment of hepatic encephalopathy. En: Arroyo V, Sánchez-Fueyo A, Fernández-Gómez J, Forns X, Ginés P, Rodés J. Advances in the therapy of liver diseases. Ars Medica. Barcelona, 2007:61-63.**

17. El-Serag HB. Epidemiology of hepatocellular carcinoma. En: Arroyo V, Sánchez-Fueyo A, Fernández-Gómez J, Forns X, Ginés P, Rodés J. Advances in the therapy of liver diseases. Ars Medica. Barcelona, 2007:159-167.

18. Bhoori S, Russo A, Cotsoglou C, Mazzaferro V. Cure achievement or disease control for hepatocellular carcinoma treated with resecction or transplantation. En: Arroyo V, Sánchez-Fueyo A, Fernández-Gómez J, Forns X, Ginés P, Rodés J. Advances in the therapy of liver diseases. Ars Medica. Barcelona, 2007: 185-189.

19. **Bruix J, Sherman M. Management of hepatocellular carcinoma. Hepatology 2005;42:1208-1235.**

20. **El-Serag HB, Marrero JA, Rudolph L, Reddy KR. Diagnosis and treatment of hepatocellular carcinoma. Gastroenterology 2008;134:1752-1763.**

21. **Callstrom MR, Charboneau JW. Technologies for ablation of hepatocellular carcinoma. Gastroenterology 2008;134:1831-1841.**

22. **O´Leary JG, Lepe R, Davis GL. Indications for liver transplantation. Gastroenterology 2008;134:1764-1776.**

23. **Documento de consenso de la Sociedad Española de Trasplante Hepático. Gastroenterol Hepatol. 2008;31(2):82-91.**

PATOLOGÍA PANCREÁTICA

Luis Cueva Beteta - Leticia Lucía Mongil Poce - José María Moscardó Cardona

La patología pancreática es generalmente evaluada por primera vez durante un ingreso hospitalario, ya sea por pancreatitis aguda ó lesiones incidentales pancreáticas en las pruebas de imagen, pero es generalmente durante el seguimiento ambulatorio cuando se debe decidir si continuar con estudios diagnósticos exhaustivos o mantener una actitud expectante y tratamiento conservador. Por ello en este capítulo nos referiremos a la pancreatitis aguda idiopática/recurrente, la pancreatitis crónica y el manejo de las lesiones quísticas pancreáticas.

PANCREATITIS AGUDA IDIOPÁTICA / RECURRENTE

Aunque no son exactamente lo mismo, son dos conceptos relacionados.

1.- CONCEPTO
1.1.- PANCREATITIS AGUDA IDIOPÁTICA (PAI)

Se define como una pancreatitis aguda sin etiología establecida después de un estudio inicial con pruebas de laboratorio (incluyendo perfil de lípidos y niveles de calcio) y de imagen (ecografía abdominal y/ó TC Abdomen).

1.2.- PANCREATITIS AGUDA RECURRENTE (PAR)

Se define como la presentación de al menos dos episodios de pancreatitis aguda con resolución total o casi completa de los síntomas y signos de pancreatitis entre ambos. Aunque puede existir una etiología conocida, suele utilizarse para hacer referencia a episodios recurrentes de PAI.

Puede haber dificultad para definir un episodio de pancreatitis como único o recurrente, ya que no hay consenso en la duración de un "ataque agudo". Esto se debe a que los cambios pancreáticos en las pruebas de imagen pueden persistir tras la normalización completa de las enzimas pancreáticas y la resolución de los síntomas. La definición de un episodio como único o recurrente es aún más difícil si el intervalo entre dos "ataques agudos" es corto ya que la inflamación y el edema pancreático pueden persistir de uno a otro.

Es importante resaltar que el concepto de pancreatitis aguda idiopática se acuñó hace años cuando no existían los avances en pruebas complementarias de los que hoy disponemos; actualmente se sabe que muchas pancreatitis agudas consideradas inicialmente como idiopáticas, resultan no serlo al llevar a cabo estudios más exhaustivos (Ultrasonografía endoscópica-USE, Colangiopancreatografía por Resonancia Magnética-CPRM, etcétera)que permiten detectar la causa en el 70-85% de los casos. Las etiologías más frecuentes son la microlitiasis, la disfunción del esfínter de Oddi, el páncreas divisum y la pancreatitis crónica.

2.- DIAGNÓSTICO

Aunque durante la hospitalización por pancreatitis no se haya obtenido un diagnóstico etiológico, debe intentarse durante el seguimiento posterior en consulta por las siguientes razones:

- Si la causa no es corregida pueden producirse ulteriores ataques de pancreatitis e incluso, en algunos casos, dar lugar al desarrollo de una pancreatitis crónica si no se toman las oportunas medidas generales (dejar tabaco y/o alcohol) o específicas.

- Puede existir una enfermedad severa encubierta que requiera tratamiento específico; hasta el 2-3% de los casos de PAI pueden ser secundarios a cáncer de páncreas.

En la **Tabla 24** se enumeran las causas de pancreatitis aguda, alguna de las cuales puede estar detrás de una supuesta PAI.

Tabla 24. Etiología de la Pancreatitis Aguda	
Alcohol	**Infecciosa:**
Enfermedad calculosa biliar:	-Bacterias: Campylobacter jejuni,
-Macrolitiasis	Legionella, Leptospirosis,
-Microlitiasis: cristales biliares	Mycoplasma, Mycobacterium
Enfermedad quística biliar:	tuberculosis
-Quiste coledociano	-Parásitos: Ascaris lumbricoides,
-Coledococele	clonorchis sinensis, criptosporidium.
Anomalía congénita:	-Virus: Citomegalovirus,
-Páncreas divisum	Coxsackievirus, virus de Epstein-
-Páncreas anular	Barr, virus de Hepatitis A, B y C,
-Alteraciones de la unión pancreato-biliar	VIH, virus de parotiditis, rubeola y varicela.
Pancreatitis crónica	**Metabólicas:**
Obstrucción duodenal:	-Hipercalcemia
-Asa aferente obstruida (en Gastrectomía Billroth II)	-Hiperlipidemia
-Atresia	**Enfermedad Renal:**
Enfermedad de Crohn	-Insuficiencia Renal Crónica
Divertículo duodenal	-En relación con la diálisis
Fármacos	**Disfunción del Esfínter de Oddi**
Genéticas:	**Toxinas:**
-Deficiencia de Alfa 1-antitripsina	-Insecticidas organofosforados
-Fibrosis quística	-Picadura de escorpión
-Pancreatitis hereditaria	**Trauma**
Iatrogénica:	**Vasculitis:**
-CPRE	-Poliarteritis nodosa
-Cirugía abdominal	-Lupus eritematoso sistémico

De todas ellas, las más frecuentes son el barro biliar/microlitiasis y la disfunción del esfínter de Oddi, estimándose que entre ambas explican el 50-70% de los casos de PAI. Para el seguimiento de un paciente con pancreatitis aguda única o recurrente, de causa no filiada, deberemos tener en cuenta los siguientes aspectos:

2.1.- HISTORIA CLÍNICA DETALLADA
2.1.1.- Anamnesis: consumo de alcohol o de fármacos con asociación definida o presunta a pancreatitis (**Tabla 25**), antecedente de cálculos biliares, vasculitis, trauma abdominal, hipertrigliceridemia, CPRE reciente, cirugía abdominal previa, Enfermedad Inflamatoria Intestinal o historia familiar de pancreatitis.

Tabla 25. Fármacos asociados con Pancreatitis aguda
Asociación definida*
Ácido Valproico
Azatioprina
Didanosina
Estrógenos
Furosemida
6-Mercaptopurina
Pentamidina
Sulfonamidas
Tetraciclina
Tamoxifeno
Asociación probable*
L-Asparaginasa
Esteroides
Metronidazol
Aminosalicilatos
Tiazidas
Asociación posible*
Anfetaminas
Cimetidina
Ciproheptadina
Colestiramina
Diazoxido
Indometacina
Isoniacida
Rifampicina
Opiáceos
La mayoría de estas drogas se han relacionado con pancreatitis aguda como reporte de casos; basándose principalmente en la frecuencia de reportes y en la recurrencia de la pancreatitis cuando se ha vuelto a reintroducir el fármaco en cuestión, se ha clasificado la fuerza de la asociación entre fármacos y pancreatitis aguda como definida, probable o posible.

2.1.2.- Exploración Física: la presencia de ictericia sugiere cálculos, neoplasia ampular o pancreática, quistes de colédoco o SOD.

Los xantomas en las superficies extensoras de extremidades y nalgas y los xantomas tuberosos sobre las articulaciones de muñecas y mano sugieren hipertrigliceridemia.

2.2.-EXAMENES DE LABORATORIO

Debemos revisar la analítica durante el ingreso previo por pancreatitis.

- **Los niveles séricos de amilasa y lipasa** durante el mismo, además de establecer el diagnóstico de pancreatitis aguda, pueden ayudar a averiguar la etiología:

  -Niveles de amilasa y/o lipasa muy altos ($\geq$ 5 veces LSN) se asocian típicamente a litiasis/microlitiasis y fármacos, y la elevación de amilasa suele ser mayor que la de lipasa.

  -Niveles menos elevados y parejos, de amilasa y/o lipasa ($\leq$ 5 veces LSN), son más característicos de etiología alcohólica, hipertrigliceridemia, cáncer o pancreatitis crónica.

- **Perfil hepático:** suele alterarse mas frecuentemente cuando la etiología de la pancreatitis es biliar (macro o microlitiasis), neoplasia pancreática o ampular, quistes de colédoco, coledococele o disfunción del esfínter de Oddi.; un nivel sérico al ingreso hospitalario de ALT $\geq$ 150 UI/L (elevación aproximada $\geq$ 3 veces el LSN) tiene un VPP de 95% para el diagnóstico de pancreatitis aguda de etiología biliar; también una bilirrubina total > 2 mg./dL es muy sugestiva de causa biliar.

- **Triglicéridos ó calcio elevados**, detectados en la analítica durante la hospitalización, pueden ser la causa de la pancreatitis aguda (los triglicéridos por encima de 1000 mg./dL pueden precipitar episodios de pancreatitis); sin embargo hay que tener precaución ya que estos niveles pueden disminuir durante el ingreso (por el ayuno o fluidos IV), por lo que es preferible medirlos en el momento de la admisión o una vez superado el episodio agudo, durante el seguimiento ambulatorio.

- **IgG4:** este subtipo de inmunoglobulina constituye sólo el 5-6% del total de la IgG en sujetos sanos, y no se determina de rutina durante la hospitalización ni se encuentra disponible en todos los centros hospitalarios. Está en estrecha relación con la pancreatitis autoinmune que, aunque poco frecuente, últimamente se diagnostica cada vez más, por lo que deberíamos solicitarla durante el seguimiento si existe sospecha clínica. La pancreatitis autoinmune puede presentarse clínicamente como estenosis biliares ó pancreáticas, pancreatitis aguda recurrente o incluso como masa pancreática. Los niveles elevados de IgG4 son un marcador fiable de la enfermedad, de tal manera que en estudios recientes se ha visto que un valor de IgG4 mayor de 135 mg./dL tiene una sensibilidad y especificidad del 95% y 97%, respectivamente, para diferenciar la pancreatitis autoinmune del cáncer de páncreas.

2.3.- OTRAS PRUEBAS COMPLEMENTARIAS

Hay una serie de exploraciones más específicas, diferentes de las pruebas complementarias tradicionales (Ecografía abdominal, TC de abdomen), que permiten valorar la patología biliopancreática y que se detallan, con sus ventajas e inconvenientes, en el apartado 4.3.

3.- CAUSAS FRECUENTES DE PANCREATITIS AGUDA IDIOPÁTICA
3.1 MICROLITIASIS / BARRO BILIAR

La microlitiasis se define como pequeñas piedras de 1-2 mm, que no son detectadas en los estudios tradicionales de imagen, como la ecografía o el TC de abdomen. En contraste, el barro biliar es una colección de cristales (vistos únicamente al microscopio), glicoproteínas, proteínas, restos celulares y mucina. En la práctica clínica, dado que el barro biliar puede contener microlitiasis, se utilizan estos dos términos de forma indistinta. A diferencia de las pruebas tradicionales de imagen, la Ultrasonografía endoscópica (USE) muestra alta sensibilidad y especificidad para su diagnóstico.

3.2.- DISFUNCIÓN DEL ESFÍNTER DE ODDI (SOD)

La SOD es un trastorno benigno, no obstructivo, alitiásico, que afecta al esfínter de Oddi y se caracteriza clínicamente por dolor abdominal similar al del cólico biliar o al de origen pancreático, dependiendo de lo cual hablamos de disfunción de tipo biliar o pancreática y que, en algunos casos, puede llevar a pancreatitis. La fisiopatología de la SOD se relaciona ya sea con obstrucción pasiva del esfínter, causada por fibrosis y/o inflamación (alteración estructural, llamada estenosis papilar o papilitis estenosante), o bien con una obstrucción activa producida por espasmo del músculo esfinteriano (alteración funcional, llamada discinesia biliar), no siendo estos dos mecanismos necesariamente excluyentes.

Es mucho más frecuente en mujeres de mediana edad y colecistectomizadas, aunque también se puede dar en hombres con el árbol biliar íntegro.

Antaño se propuso una clasificación clínica basada en la coexistencia, junto al dolor, de distintos signos objetivos (alteraciones analíticas y radiológicas detectadas en la CPRE), distinguiendo tres tipos de disfunción biliar y tres tipos de disfunción pancreática. Dicha clasificación ha sido modificada buscando mayor aplicabilidad clínica y una restricción de la indicación inicial de CPRE, en favor de la ecografía transabdominal (ver **Tabla 26**).

Varios estudios han demostrado una alta frecuencia (30-65%) de hipertensión del esfínter de Oddi en pacientes con PAI. La presión elevada del esfínter de Oddi muestra correlación con un aumento de presión en el ducto intrapancreático que, probablemente, juega un papel en la patogénesis de la pancreatitis, aunque se desconoce si esta obstrucción ductal es causa o resultado de la inflamación del páncreas. Sin embargo, el hecho de que la ablación del esfínter pancreático (esfinterotomía pancreática) disminuya la frecuencia de posteriores ataques de pancreatitis, sugiere que la SOD tiene un papel en la patogenia de los ataques recurrentes aunque no sea su causa inicial.

Tabla 26. Tipos de disfunción del esfínter de Oddi (Biliar:B; Pancreático:P) según criterios de Roma III.			
Anomalías	**B-Tipo I**	**B-Tipo II**	**B-Tipo III**
Dolor tipo biliar	Si	Si	Si
Aumento de enzimas hepáticas[1]	Si	Uno o dos de	No
Dilatación de colédoco[2]	Si	los criterios	No
1. GOT, GPT $\geq$ 2 veces el valor normal, al menos, en 2 episodios de dolor. 2. Colédoco > 8 mm en ecografía.			
Anomalías	**P-Tipo I**	**P-Tipo II**	**P-Tipo III**
Dolor tipo pancreático	Si	Si	Si
Aumento de enzimas pancreáticas	Si	Uno o dos de	No
Dilatación de ducto pancreático	Si	los criterios	No

La manometría del esfínter de Oddi es la técnica de elección para confirmar la SOD y guiar el tratamiento. Se acepta de forma unánime como diagnóstico de SOD el hallazgo manométrico de una presión basal anormalmente alta (> 40 mm Hg). Sin embargo el alto valor diagnóstico de la manometría disminuye, en la practica clínica, al tratarse de una exploración invasiva, de ejecución e interpretación difíciles, disponible en pocos centros y con riesgo de complicaciones. Por ello, se han buscado métodos diagnósticos alternativos, no invasivos, basados en técnicas de imagen, radiológicas y endoscópicas (ecografía, CPRM y USE), e isotópicas (escintigrafía hepatobiliar) en asociación con la administración de estímulos de la secreción biliar y pancreática. Los datos disponibles sugieren que la escintigrafía hepatobiliar podría ser útil para la selección de pacientes candidatos a manometría del esfínter de Oddi. Por tanto si tras la historia clínica, las pruebas complementarias iniciales y alguna/s de estas técnicas diagnósticas alternativas persiste la sospecha de SOD, se deberá valorar la realización de la manometría como última opción para guiar el tratamiento.

En la **Tabla 27** se resumen las recomendaciones terapéuticas para los distintos tipos de SOD, independientemente de la presencia de episodios de PAI.

En la práctica clínica y sobre todo cuando hay sospecha de SOD tipo I (biliar o pancreática), ante episodios únicos o recurrentes de PAI, se suele recurrir (sin manometría previa) a una esfinterotomía biliar y pancreática, que resultará beneficiosa en los casos de SOD o de microlitiasis, con una eficacia reportada del 60-80%.

Tabla 27. Tratamiento en la disfunción del esfínter de Oddi		
Tipo de disfunción	Tratamiento	Grado de recomendación
Biliar tipo I	EE biliar sin manometrìa	B
Biliar tipo II	EE biliar si Pr. basal > 40 mm Hg	A
	EE biliar sin manometría	B
	Nifedipina	B-C
Pancreática tipos I y II	Stent pancreático	B
	EE pancreática si Pr. basal > 40 mm Hg	B
	Toxina botulínica	B-C
Biliar y Pancreática tipo III	EE si la manometría es anormal	B
	Toxina botulínica	B-C
	Nifedipina	C
EE: Esfinterotomía endoscópica. Pr. basal : Presión basal del esfínter de Oddi		

4.- ESTRATEGIAS DE MANEJO POSIBLES
4.1.- CONDUCTA EXPECTANTE

Puede optarse por ella en menores de 40 años con un solo ataque de PAI de grado leve. Se recomienda llevar a cabo una evaluación exhaustiva con estudios específicos (ver apartado **4.3.- ESTUDIOS ESPECÍFICOS**) si:

- Se presentan dos o más ataques de PAI,
- el paciente tiene mas de 40 años, ó
- la pancreatitis aguda inicial fue grave.

Esto se basa en la demostrada baja recurrencia de la pancreatitis aguda idiopática (menor del 5% en los siguientes 3-5 años) y la muy escasa incidencia de cáncer de páncreas (< 2-3%) como causa de PAI en los menores de 40 años.

4.2.- COLECISTECTOMÍA EMPÍRICA

Es una opción razonable en casos de PAR de etiología no filiada, sobre todo en áreas con alta incidencia de enfermedad litiásica biliar. Está avalada por la alta prevalencia de microlitiasis oculta (cristales biliares) en pacientes con PAI y la alta tasa de falsos negativos del análisis de cristales biliares en los centros en que está disponible. En un estudio reciente de pancreatitis aguda, tras confirmar la etiología biliar se realizó una CPRE con esfinterotomía endoscópica, lo cual fue suficiente para evitar recidivas de la pancreatitis, sin que una posterior colecistectomía aporte beneficio alguno en este sentido. Por ello en casos de alto riesgo quirúrgico y en ausencia de otra patología vesicular asociada puede ser una alternativa razonable llevar a cabo una esfinterotomía endoscópica (biliar y pancreática), que resultará efectiva no solo si la causa subyacente es una microlitiasis sino también en los casos de SOD o papilitis estenosante. Por último si tampoco es posible la esfinterotomía, una alternativa aceptable sería el tratamiento empírico con ácido ursodesoxicólico a dosis de 8-10 mg./kg./día por vía oral repartida en dos tomas. El enfoque diagnóstico se resume en el **Algoritmo 8**.

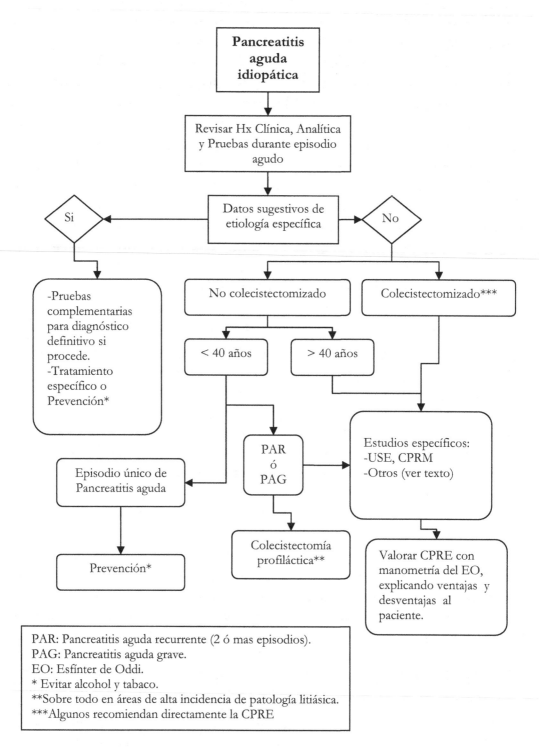

Algoritmo 8. Enfoque diagnóstico de la Pancreatitis aguda idiopática.

4.3.- ESTUDIOS ESPECÍFICOS

4.3.1.- Ultrasonografía endoscópica (USE)

Según algunos estudios, en pacientes no colecistectomizados con PAI se encuentra la microlitiasis como causa en el 20-60% de los casos. Por ello, la USE debería ser la primera prueba diagnóstica a plantear cuando existe alta sospecha de microlitiasis no detectada con estudios de imagen previos, ya que a diferencia de la CPRE, presenta un bajo riesgo de complicaciones. La USE en pacientes no colecistectomizados tiene una especificidad cercana al 100% para el diagnóstico de microlitiasis; adicionalmente, tiene una alta sensibilidad y especificidad para el diagnóstico de coledocolitiasis (90-100%). Además, permite descartar otras posibles causas de PAI como pancreatitis crónica, tumores ampulares o pancreáticos, quistes de colédoco, páncreas divisum o anular y alteraciones de la unión biliopancreática.

En pacientes colecistectomizados, las litiasis diagnosticadas en los 2 años siguientes suelen ser originarias de la vesícula y que pasaron desapercibidas en la cirugía; después de 2 años, se da por supuesto que son cálculos formados de novo. La USE tiene también gran sensibilidad y especificidad para su diagnóstico, y es más coste efectiva que la Colangiopancreatografía por Resonancia Magnética (CPRM); sin embargo el hecho de que la esfinterotomía biliar empírica, en pacientes con PAI, sea menos beneficiosa que la esfinterotomía pancreática o dual (biliar y pancreática), sugiere que la microlitiasis o barro biliar es una causa menos probable de PAI en pacientes colecistectomizados.

En casos de hallazgo de alguna masa focal pancreática, la USE tiene la ventaja añadida sobre la CPRM de permitir hacer una punción-aspiración con aguja fina (PAAF) o incluso la biopsia con tru-cut (aguja gruesa) en casos de sospecha de Pancreatitis autoinmune, ya que para el diagnóstico de ésta entidad es necesaria una muestra de tejido mayor que la que se obtiene con la PAAF.

Una de las mas grandes desventajas de la USE es que no permite valorar la presión basal del esfínter de Oddi en los casos de sospecha de SOD.

Una duda frecuente es la siguiente: ¿Cuánto tiempo después de un episodio de PAI se debe realizar la USE? Si se hace demasiado pronto, los cambios morfológicos secundarios a la pancreatitis aguda enmascararán una posible pancreatitis crónica focal o incluso un cáncer de páncreas como causa de la PAI. Las características ecoendoscópicas posteriores a un episodio de pancreatitis son:

- Aumento del tamaño glandular
- Áreas de parénquima hipoecoico
- Bandas y puntos hiperecogénicos

De éstas, las dos últimas son también criterios ecoendoscópicos de pancreatitis crónica, por lo que pueden llevar a confusión.

En este sentido, un estudio reciente con USE post pancreatitis aguda encontró que el hallazgo de parénquima hipoecoico es indetectable a los 2 meses del episodio agudo, y que las bandas y puntos hiperecogénicos pueden persistir hasta 6 meses en el 10% de pacientes.

Basándonos en estos hallazgos, se podría sugerir que si existe la sospecha de cáncer de páncreas debemos hacer la USE inmediatamente después del episodio de pancreatitis; si, por el contrario, se sospecha pancreatitis crónica, quizá sea recomendable esperar para hacer la USE entre 3 y 6 meses teniendo en cuenta que un pequeño porcentaje pueden presentar bandas y puntos hiperecogénicos.

4.3.2.- Colangiopancreatografía por Resonancia Magnética (CPRM)

Tampoco esta disponible en todos los centros hospitalarios, pero tiene alta sensibilidad y especificidad (similares a la USE) para el diagnóstico de coledocolitiasis, permitiendo valorar adecuadamente el árbol biliar intra y extrahepático asi como el ducto pancreático, y descartar causas estructurales y congénitas de PAI.

La introducción de la CPRM tras inyección de secretina aumenta la sensibilidad para el diagnóstico de pancreatitis crónica en estadios precoces, permitiendo también detectar disrupción del ducto pancreático como, por ejemplo, la secundaria a traumatismos abdominales.

Recientemente se ha publicado un estudio que compara la CPRM con secretina con la manometría del esfínter de Oddi por CPRE en pacientes con PAR idiopática, encontrando una tasa de concordancia entre el 80 y 100%; sin embargo se necesitan más estudios que lo confirmen.

La USE o la CPRM debería ser la primera exploración a utilizar para el diagnóstico etiológico de la PAI, dependiendo de la disponibilidad y experiencia que haya en la institución. Sólo en el caso de que alguna de estas pruebas (ó ambas) sea negativa se procederá a una CPRE, previa explicación al paciente de los riesgos y beneficios de este procedimiento invasivo.

4.3.3.- Colangiopancreatografía retrógrada endoscópica (CPRE)

Tiene capacidad diagnóstica y terapéutica para varias causas de PAI como coledocolitiais, microlitiasis, SOD, páncreas divisum y otras alteraciones de la unión biliopancreática, . En algunos hospitales se puede incluso hacer durante el mismo procedimiento manometría del esfínter de Oddi, en los casos de sospecha de SOD. Sin embargo, como se ha mencionado previamente, no se lleva a cabo de forma rutinaria por el elevado riesgo de pancreatitis.

En aquellos casos con episodios recurrentes de PAI, en los que la CPRE demuestre un páncreas divisum (ausencia de fusión de los conductos pancreáticos dorsal y ventral durante el periodo fetal), se puede considerar como causa de la PAI si se encuentra dilatación del conducto de Santorini con conducto de Wirsung normal, porque ello revela una obstrucción relativa al flujo pancreático a través de la papila menor. En estos casos se deberá realizar una esfinterotomía de la papila menor con ó sin inserción de prótesis pancreática.

Por el contrario, si ambos conductos (Santorini y Wirsung) son normales, es poco probable que el páncreas divisum sea causante de la PAI y no estará indicada la esfinterotomía.

4.3.4.- Otras Pruebas diagnósticas

Análisis de secreción biliar: tampoco disponible en todos los hospitales; se hace tras estimulación con colecistokinina (CCK) y aspiración con sonda duodenal/endoscopio/ o bien durante la CPRE, sin embargo esta prueba ha perdido popularidad por varias razones: en primer lugar, no es una técnica estandarizada, y aunque la especificidad es alta (94-100%), tiene baja sensibilidad (65%) y no es apropiada para pacientes colecistectomizados. Otro dato que pone en duda su utilidad es la observación de que la tercera parte de los pacientes con litiasis biliar (que se esperaría tuvieran microlitiasis o barro biliar) tienen un resultado negativo con esta prueba.

Tests de función pancreática: pueden ser de utilidad los test de estimulación con secretina o CCK para la detección de pancreatitis crónica como causa de la PAI.

Estudios Genéticos: para detectar mutaciones en los genes que codifican tripsinogeno catiónico (PRSS1) o el Inhibidor de la Tripsina secretoria pancreática (SPINK-1), en el gen de la fibrosis quística (CFTR) y alfa1- antitripsina.

Sin embargo, el papel de los estudios genéticos en la PAI es controvertido, ya que muchas de estas mutaciones no pueden medirse con los kits comerciales (mas aun en España donde estos estudios solo están disponibles en algunos pocos centros especializados) y, lo más importante, el diagnóstico de estas alteraciones cambiará poco el manejo del paciente ya que no hay tratamiento específico disponible. Todo esto sin hacer mención a los efectos psicológicos negativos que podría tener en el paciente.

PANCREATITIS CRÓNICA

Es un proceso inflamatorio del páncreas de carácter progresivo e irreversible. Se caracteriza por fibrosis y destrucción del parénquima, tanto exocrino como endocrino, con una incidencia aún no bien conocida.

La clínica predominante es el dolor abdominal recurrente (sobre todo en las primeras etapas de la enfermedad), la maldigestión en forma de esteatorrea y la diabetes, siendo estas dos últimas más frecuentes en estadios avanzados.

Sobre su fisiopatología existen varias hipótesis, aunque actualmente la más aceptada es la que postula un origen multifactorial: en su inicio y evolución actuarían diversos mecanismos que conducirían al estadio final común de insuficiencia pancreática y pancreatitis crónica (PC).

1.- ETIOPATOGENIA

Desde hace algunos años se estableció la clasificación etiológica TIGAR-O, la cual incluye varios factores patogénicos que pueden causar o contribuir al desarrollo de PC, aunque en algunos casos la relación se basa en una asociación estadística mas que en una clara base etiopatogénica. TIGAR-O son las iniciales de las siguientes causas:

- **T**óxico-metabólicas
- **I**diopática
- **G**enética
- **A**utoinmune
- **R**ecurrente
- **O**bstructiva

1.1.- TÓXICO-METABÓLICAS

Entre ellas se encuentra la causa más frecuente de PC, que es el consumo de alcohol (75-80% de los casos en países desarrollados).

La enfermedad suele aparecer con un consumo superior a 120 gr./día de etanol, tras un periodo de tiempo generalmente superior a 10 años, lo que explica su mayor frecuencia en adultos entre los 35-45 años. Sin embargo, es probable que el alcohol precise de otros factores añadidos, genéticos y/o ambientales, para causar PC, ya que se ha observado que sólo el 5-10% de los pacientes alcohólicos desarrolla pancreatitis, aguda ó crónica, y que la ingesta mantenida de alcohol no induce pancreatitis en animales de laboratorio. Así pues, no parece haber un umbral definido para la toxicidad por alcohol, existiendo una marcada variabilidad interindividual.

El tabaco es otro factor asociado a un incremento del riesgo de PC e incluso de cáncer de páncreas, independientemente del consumo de alcohol, con un riesgo relativo de entre el 7.8 y el 17.3 para el desarrollo de PC. El 90% de pacientes con PC que beben también son fumadores, y se ha observado que el abandono del tabaco en estadios precoces de PC reduce el riesgo de progresión y el desarrollo de calcificaciones pancreáticas.

1.2.- IDIOPÁTICA

Del 10 al 30% de pacientes con PC no tiene un factor etiológico identificado. Este grupo de pacientes tiene características que permiten su diferenciación de aquellos que padecen PC alcohólica: en primer lugar histológicas, como la presencia de un infiltrado inflamatorio con predominio de linfocitos T alrededor de los ductos interlobares, que origina una obstrucción y, ocasionalmente, destrucción de los mismos con la consecuente atrofia y fibrosis acinar. En segundo lugar, presenta una distribución bimodal: la forma juvenil (PC idiopática juvenil) incide en las primeras dos décadas de la vida, cursando con crisis recurrentes de dolor abdominal, y la forma adulta (PC idiopática adulta ó senil), que se inicia entre los 50-70 años con predominio de la insuficiencia pancreática endocrina y exocrina, y calcificaciones, estando libre de dolor abdominal hasta el 50% de los pacientes.

1.3.- GENÉTICA

En 1996 se encontró que una mutación en el gen del tripsinógeno catiónico (PRSSI) causaba PC. Luego se descubrió que mutaciones del gen regulador de la conductancia transmembrana de la fibrosis quística (CFTR) y del inhibidor de la serin proteasa (SPINK I) tienen un papel como cofactores patogénicos. Éstas son las mutaciones mas frecuentemente descritas en la PC, la del PRSSI, con transmisión autosómica dominante, y las del CFTR y SPINK I, con un carácter autosómico recesivo. Sin embargo, existen muchas otras mutaciones cuyo papel está aún por definir en esta enfermedad, y cuyo estudio sólo está disponible en algunos hospitales y centros de referencia. Este hecho, sumado a nuestras escasas posibilidades de intervenir en la predisposición genética, quita utilidad clínica práctica a estas investigaciones, relegándolas al contexto de los ensayos clínicos.

1.4.- AUTOINMUNE

La Pancreatitis autoinmune tiene características clínicas, morfológicas e histológicas diferenciadas, y puede presentarse tanto aislada como asociada a otras enfermedades autoinmunes (Síndrome de Sjögren, Cirrosis biliar primaria, Colangitis Esclerosante Primaria o Enfermedad Inflamatoria Intestinal). Suele responder al tratamiento con esteroides y, aunque es una entidad rara, posiblemente constituya una importante proporción de los pacientes diagnosticados de Pancreatitis aguda idiopática. Por tanto, es importante su diagnóstico precoz ante la mínima sospecha, ya que la buena respuesta al tratamiento corticoideo puede prevenir su progresión a la cronicidad.

1.5.- RECURRENTE

La asociación de pancreatitis aguda recurrente con PC es un tema en discusión. Se ha demostrado que la recuperación tras un episodio de pancreatitis aguda no siempre es completa, y diferentes estudios clínicos, anatomopatológicos y la evolución de los pacientes con pancreatitis hereditaria y alcohólica, han confirmado la posibilidad de que episodios de pancreatitis aguda grave y recurrente puedan conducir al desarrollo de una PC.

Sin embargo, existen datos contradictorios, como el hecho de que los pacientes con pancreatitis aguda recurrente secundaria a colelitiasis o a hipertrigliceridemia, raramente desarrollen una PC.

1.6.- OBSTRUCTIVOS

La obstrucción del conducto pancreático, por estenosis tanto congénitas (páncreas divisum) como adquiridas (tumores, traumatismos, secuelas de pancreatitis aguda grave, SOD), puede causar dilatación del conducto con atrofia del tejido acinar y fibrosis difusa que sustituye al parénquima pancreático y da lugar a PC. Se ha observado que este tipo de lesiones, distintas a las halladas en la PC alcohólica, pueden ser reversibles, total o parcialmente, con un tratamiento precoz.

2.- DIAGNÓSTICO

En la PC se produce un daño estructural del páncreas (generalmente irreversible) que termina por alterar su función endocrina y exocrina. De ahí la importancia del diagnóstico en un estadio precoz, pues la mayoría de los factores etiológicos (salvo los genéticos e idiopáticos) permiten la intervención terapéutica y/o preventiva, evitando la progresión del proceso inflamatorio y el desarrollo de insuficiencia pancreática.

El diagnóstico puede realizarse bien por criterios histológicos, morfológicos, o por una combinación de ambos, siempre partiendo de una adecuada anamnesis y exploración física; en la práctica, debido a la poca accesibilidad del tejido pancreático, se basa fundamentalmente en la clínica, las exploraciones de imagen y las pruebas funcionales.

2.1.- CLÍNICA

Se caracteriza por dolor abdominal e insuficiencia pancreática exocrina y/o endocrina.

2.1.1.- Dolor Abdominal

Es el síntoma más frecuente, siendo indoloros menos del 5% de los casos de etiología alcohólica. Generalmente es de tipo opresivo, continuo, localizado en hemiabdomen superior, con irradiación a la espalda hasta en un 65% de los pacientes. Es muy frecuente que no guarde una clara relación con la ingesta, ya que la causa más frecuente del dolor es la infiltración de los nervios pancreáticos por células inflamatorias. Su severidad, duración y frecuencia varían de un paciente a otro, pero habitualmente muestra alguna de las siguientes características:

- Se instaura con carácter recurrente y, aumentando progresivamente su frecuencia, termina por hacerse persistente, ó

- Disminuye en frecuencia y severidad con el paso del tiempo, a medida que se va desarrollando la fibrosis pancreática, hasta llegar prácticamente a desaparecer cuando aparece la insuficiencia pancreática exocrina/endocrina (teoría de "burn out").

2.1.2.-Insuficiencia pancreática

Se debe al deterioro progresivo de la capacidad secretora del páncreas. Para que aparezca, debe perder aproximadamente el 90% de su capacidad funcional. Se manifiesta como maldigestión de grasas, proteínas e hidratos de carbono y, en fases avanzadas, intolerancia a la glucosa que, finalmente, desemboca en diabetes mellitus.

La presencia de diarrea crónica con esteatorrea es una manifestación muy tardía de la enfermedad, y revela la pérdida de más de un 90%, de la función exocrina. Las heces esteatorreicas son amarillentas, pastosas y malolientes, generalmente con 3 a 4 deposiciones/día, pudiéndose perder hasta 40 gramos de grasa diarios. En fases avanzadas puede asociarse a malabsorción de vitaminas liposolubles (A, D, E, K) y de vitamina B_{12}, que suele cursar de forma subclínica.

Es importante remarcar que la pérdida de la función exocrina ocurre de forma progresiva a lo largo de años, lo que permite que el paciente adapte su dieta progresivamente, muchas veces de forma involuntaria, evitando las comidas ricas en grasa, lo que explica la ausencia de esteatorrea en muchos casos. De hecho, no es infrecuente encontrar pacientes con insuficiencia pancreática exocrina y estreñimiento.

La insuficiencia endocrina también suele presentarse en fases avanzadas cuando se encuentra destruida el 80% de la glándula y se manifiesta como hiperglicemia o diabetes mellitus insulinodependiente, aunque con un alto riesgo de episodios de hipoglicemia debido a la pérdida asociada de glucagón. Aunque éste hallazgo es poco específico de PC, cualquier diabetes de difícil control, con tendencia a la hipoglicemia, debe hacernos sospechar la presencia de la enfermedad. No es raro que una PC idiopática de inicio tardío (PC idiopática adulta ó senil) debute como diabetes mellitus en la sexta década de la vida.

2.1.3.- Otros Síntomas

La PC suele asociarse a alteraciones de la motilidad gastrointestinal, que con frecuencia causan síntomas dispépticos de tipo dismotilidad (hinchazón, pesadez postprandial, meteorismo por sobrecrecimiento bacteriano), y muchas veces constituyen la única manifestación clínica de la enfermedad.

La pérdida ponderal suele ser una manifestación tardía de la PC, y puede deberse a una reducción de la ingesta provocada por las molestias abdominales postprandiales, a la maldigestión que genera la insuficiencia exocrina y, al alcoholismo crónico. En pacientes seniles con factores de riesgo cardiovascular asociados, el dolor abdominal postprandial, la sitofobia y la pérdida de peso obligan a considerar la isquemia mesentérica crónica como diagnóstico diferencial.

2.2.- PRUEBAS DIAGNÓSTICAS

La toma de biopsias pancreáticas ha sido clásicamente un procedimiento difícil, lo que ha limitado el papel de la histología en el diagnóstico de la PC. Aunque con el reciente desarrollo de la USE y la punción guiada por la misma puede y debe cambiar esta situación, todavía el diagnóstico se sigue basando en la demostración de los cambios morfológicos y/o funcionales consecuentes a las alteraciones histológicas.

2.2.1.- Pruebas de imagen

En la PC aparecen de forma progresiva lesiones histopatológicas que condicionan alteraciones tanto ductales como parenquimatosas. Las primeras pueden detectarse por CPRE, CPRM o USE. Las segundas pueden demostrarse por USE, TC o RM. Tanto unas como otras se definen de acuerdo a la clasificación de Cambridge (**Tabla 28**)

Tabla 28. Criterios para el diagnóstico morfológico de PC		
	Criterios ductales[1]	**Criterios parenquimatosos[2]**
Cambios equívocos	CPP normal, < 3 colaterales anormales	Glándula agrandada < 2 veces su tamaño
Cambios leves	CPP normal, ≥ 3 colaterales anormales	Glándula agrandada < 2 veces su tamaño ± parénquima heterogéneo
Cambios moderados	CPP irregular y/o ligeramente dilatado	Contorno glandular irregular ± quistes < 10 mm ± pancreatitis focal
Cambios severos	CPP marcadamente irregular y dilatado, ± cálculos intraductales ± dilatación quística	Calcificaciones, ± quistes >10 mm, ± afectación órganos vecinos
*CPP: Conducto pancreático principal 1: según CPRE, CPRM o S-CPRM 2: según TC y Ecografía.		

Recientemente, con el desarrollo de la USE, se han establecido criterios ecoendoscópicos para el diagnóstico de PC (**Tabla 29**).

Tabla 29. Criterios ecoendoscópicos de pancreatitis crónica*.	
Criterios parenquimatosos	**Criterios ductales**
Lobularidad	Irregularidad
Puntos hiperecogénicos	Dilatación
Bandas hiperecogénicas	Pared hiperecogénica
Calcificaciones	Calcificaciones
Pseudoquistes	Dilatación de colaterales
*La presencia de 3 o más criterios se considera diagnóstica de la enfermedad	

Tanto la ecografía abdominal como la radiografía simple de abdomen tienen una sensibilidad muy baja para el diagnóstico de PC, limitándose en la práctica a detectar los casos más avanzados, con calcificaciones pancreáticas.

2.2.1.1.- Evaluación del sistema ductal pancreático

Las alteraciones ductales que definen la presencia de PC son la irregularidad, la dilatación o la presencia de cálculos en el conducto pancreático principal, así como la presencia de colaterales anormales (Ver **Tabla 28**). Para su adecuada valoración destacan dos técnicas: la CPRE y la CPRM.

La eficacia de la CPRM para el estudio del sistema ductal pancreático es muy elevada. Sin embargo es imprescindible, para alcanzar una sensibilidad diagnóstica adecuada, hacer el estudio pancreático basal y tras la inyección intravenosa de secretina (S-CPRM). Sin el uso de esta hormona, el valor de la CPRM es claramente inferior al de otras técnicas de imagen para el estudio del sistema ductal pancreático. Así, la concordancia entre la CPRE y la S-CPRM en el diagnóstico de PC oscila entre el 85-100% en la detección de dilataciones o de defectos de repleción intraductales, con valores algo menores, del 70-92%, en la identificación de estenosis ductales. La sensibilidad de la S-CPRM en el diagnóstico de PC es cercana al 90%, con un valor predictivo negativo de enfermedad de hasta un 98%. Entre las ventajas de la S-CPRM frente a la CPRE, tenemos:

- Es una prueba no invasiva y, por tanto, no asociada a la morbilidad de esta.
- Permite evaluar los segmentos proximales a una obstrucción total del conducto pancreático, a diferencia de la CPRE que, debido a que el contraste se inyecta por vía retrógrada, sólo lo hace hasta la zona de obstrucción.
- Permite una estimación indirecta de la capacidad funcional del páncreas exocrino, mediante la evaluación del volumen de secreción.

Por todas estas razones, hoy en día se considera la técnica de elección para el estudio del sistema ductal en la PC.

La única desventaja relativa es que, al no ser una técnica del todo conocida y estandarizada en España, se carece de la experiencia y/o infraestructura adecuadas para su utilización en algunos hospitales.

2.2.1.2.- Evaluación del parénquima pancreático

Las alteraciones parenquimatosas que caracterizan a la PC se muestran en la **Tabla 28**. El papel de la TC abdominal en el diagnóstico de PC es muy limitado, y su utilidad práctica se centra básicamente en la detección de las complicaciones de la enfermedad. La eficacia de la RM es muy similar a la de la TC pero, en cambio, permite evaluar el grado de fibrosis parenquimatosa mediante el estudio dinámico de la intensidad de señal pancreática tras la inyección intravenosa de gadolinio. Una relación de intensidad de señal pancreática, tras gadolinio vs. basal, superior a 1,7 en la fase arterial, o un pico retrasado de realce tras la inyección de gadolinio, presenta una sensibilidad cercana al 80% y una especificidad del 75% en el diagnóstico de PC precoz, muy superior a la sensibilidad del 50% obtenida mediante el análisis de las alteraciones morfológicas del parénquima pancreático. Estas características, junto a la posibilidad de realizar la S-CPRM en la misma sesión, hacen de la RM un método óptimo para el diagnóstico por imagen de PC, claramente superior a la TC.

2.2.1.3.- Ultrasonografía endoscópica (USE)

Permite evaluar con imágenes de alta definición tanto el parénquima pancreático como el sistema ductal. Tiene una alta sensibilidad para la detección de cambios precoces de PC. Otra ventaja adicional es la posibilidad de llevar a cabo, durante el procedimiento, una punción guiada del parénquima pancreático para su estudio histológico. Los criterios ecoendoscópicos de PC se muestran en la **Tabla 29**. La presencia de tres o más es altamente sugestiva de PC, con una especificidad que aumenta de forma paralela al número de criterios reunidos.

Las desventajas principales son dos: en primer lugar que se trata de una técnica invasiva aunque con un riesgo mucho menor de complicaciones que la CPRE y, en segundo, que es muy dependiente del operador y requiere una gran experiencia por parte del mismo.

En general, la decisión de realizar USE o S-CPRM y RM abdominal en pacientes con sospecha de PC depende de la disponibilidad de estas técnicas y de la experiencia del explorador en la evaluación pancreática.

2.2.2.- Pruebas de función pancreática

Las pruebas funcionales sirven para objetivar el grado de insuficiencia pancreática y, por tanto, no son diagnósticas por sí mismas, ya que no diferencian entre las distintas causas que originan la PC. Además, en general, las pruebas funcionales no invasivas carecen de una sensibilidad adecuada para el diagnóstico de PC en sus estadios iniciales.

Entre estas exploraciones tenemos aquellas que requieren intubación duodenal, las pruebas orales y los exámenes en heces. La eficacia diagnóstica de estas pruebas es muy variable. Por ejemplo el test de secretina con colecistokinina (CCK) es muy sensible para detectar el déficit en la secreción de enzimas y bicarbonato que aparece en estadios muy precoces de la enfermedad, pero al tratarse de una prueba invasiva es poco aplicable en pacientes asintomáticos con sospecha de PC. En cambio otros exámenes, como la cuantificación de la grasa fecal y el test de aliento con ^{13}C-triglicéridos demuestran la maldigestión grasa que aparece en fases avanzadas de la PC.

2.2.2.1.- Pruebas de intubación duodenal

Se basan en la cuantificación de la secreción pancreática de enzimas y bicarbonato en muestras de jugo duodenal obtenidas mediante intubación del duodeno durante la estimulación submáxima del páncreas con secretina y CCK. El test clásico de secretina-CCK es el más eficaz para el diagnóstico de PC, con cifras de sensibilidad y especificidad que alcanzan el 95%. No obstante, esta prueba tiene los inconvenientes de su invasividad (requiere colocación de una sonda nasoduodenal), su complejidad, su elevado coste y la falta de estandarización, por lo que su empleo queda limitado a unidades especializadas en enfermedades del páncreas. Más recientemente ha sido desarrollado un test endoscópico que, a diferencia del tradicional, obtiene el jugo pancreático mediante la aspiración de contenido duodenal, tras la inyección de secretina o CCK, en el curso de una endoscopia digestiva alta. Es menos sensible que el anterior e igualmente invasivo, por lo que su uso en la práctica clínica no es recomendable en el momento actual.

2.2.2.2.- Pruebas orales

Son tests indirectos que valoran la capacidad de digestión enzimática de determinados sustratos administrados junto a una comida de prueba. De todos ellos, en la actualidad aún mantienen su utilidad clínica el test de pancreolauril y, más recientemente, el test de aliento con mezcla de ^{13}C-triglicéridos (13C-MTG).

Test de pancreolauril

Consiste en la medición en suero de la concentración de fluoresceína, en distintos intervalos de tiempo, tras la administración de una comida de prueba con dilaurato de fluoresceína. Este sustrato es hidrolizado por una colesterol-éster hidrolasa pancreática, liberando la fluoresceína. Por tanto, la concentración sérica de esta es un índice indirecto de la función pancreática exocrina (normal si el pico de concentración durante 4 horas es > 4,5 µg/ml). El test clásico de pancreolauril en orina carece de utilidad clínica por su baja eficacia diagnóstica. Por otra parte, la administración de un bolo intravenoso de secretina antes de la realización de la prueba aumenta su sensibilidad, permitiendo detectar hasta un 75% de los casos en sus estadios iniciales y el 100% de los pacientes en fases avanzadas. Por ello, este examen puede considerarse adecuado como primera exploración en pacientes con sospecha de PC, aunque requiere de una unidad de exploraciones funcionales adecuadamente dotada.

Test de aliento con ^{13}C-MTG

Tiene como objetivo detectar la maldigestión grasa y evaluar con ello el grado de insuficiencia pancreática exocrina en pacientes con PC conocida. Tras la administración de una comida de prueba con ^{13}C-MTG se evalúa, mediante espectrometría de masas, el porcentaje de $^{13}CO2$ recuperado en el aire espirado, que es proporcional a la cantidad de grasa digerida (normal > 57% a las 6 horas). Esta prueba, que permite reemplazar a la cuantificación de grasa fecal en la práctica clínica, es muy eficaz en el diagnóstico de maldigestión grasa y permite controlar la eficacia del tratamiento enzimático sustitutivo.

2.2.2.3.- Examen de heces
Cuantificación de grasa fecal

También conocido como test de Van de Kamer, ha sido clásicamente el "gold standard" para el diagnóstico de esteatorrea. Sin embargo, tiene importantes desventajas que limitan su aplicabilidad clínica: en primer lugar, el paciente debe someterse a una dieta estricta con 80 a 120 gr./día de grasa durante los cinco días previos y recolectar las heces de los últimos tres, lo cual resulta difícil en la gran mayoría de pacientes con PC alcohólica. En segundo lugar, la incomodidad para el personal de laboratorio, que debe trabajar con un volumen elevado de heces. Con todo ello, se considera maldigestión grasa indicativa de insuficiencia pancreática exocrina la excreción de grasa fecal superior a 7.5 gr./día. Por último, es importante mencionar que la cuantificación de grasa fecal es un test de función pancreática no específico, y que cualquier otra causa de maldigestión (ictericia obstructiva) o malabsorción (esprúe, enfermedad de Crohn) puede también inducir la excreción anormal de grasa en heces. Este hecho, unido al desarrollo de otros exámenes de heces y al del test de aliento con ^{13}C-MTG, ha llevado a que se utilice cada vez menos en la práctica clínica.

Otras pruebas que cuantifican las enzimas pancreáticas en una muestra aislada de heces son las de la quimiotripsina y elastasa fecales.

Test de quimiotripsina fecal

Tiene el inconveniente de que la enzima se inactiva de forma variable durante el tránsito intestinal y, por tanto, no se refleja de forma precisa su secreción pancreática; adicionalmente, se puede diluir en pacientes con diarrea, disminuyendo la actividad fecal de la enzima. Por todo ello y para mantener una adecuada especificidad del test, se considera como anormal un corte por debajo de 3 U/gr. de heces, indicativo de insuficiencia pancreática exocrina. Hay que considerar que la sensibilidad de la prueba es baja, detectando poco más del 50% de los casos de insuficiencia pancreática exocrina moderada o severa, y prácticamente ningún caso leve.

La administración de enzimas pancreáticas exógenas también interfiere con la actividad de quimiotripsina en las heces, debiendo interrumpirse al menos 48 horas antes de la recolección de la muestra fecal.

Test de elastasa fecal

Ha superado ampliamente al test de la quimiotripsina fecal en cuanto a sensibilidad y especificidad, quedando este último relegado al control del cumplimiento terapéutico con suplementos pancreáticos.

A diferencia de la quimiotripsina, la elastasa pancreática es altamente estable durante el tránsito gastrointestinal y su concentración fecal se correlaciona significativamente con la cantidad de enzima secretada por el páncreas. Más aún, dado que la metodología de cuantificación se basa en anticuerpos específicos monoclonales humanos, la terapia enzimática sustitutiva no interfiere con el resultado por lo que no es necesario suspender el tratamiento antes de la recolección de las heces.

Se considera normal una concentración fecal de elastasa mayor de 200 µg/gr. Concentraciones por debajo de 50 µg/gr se correlacionan con insuficiencia pancreática exocrina. Aunque no tiene la sensibilidad suficiente para detectar a pacientes con insuficiencia leve (que suelen tener valores mayores de 200µg/gr), su sensibilidad en casos de disfunción pancreática moderada o severa es muy alta, con valores cercanos al 100%. Tiene también una especificidad muy alta, solo limitada por la dilución en los casos de diarrea acuosa. Por todo ello, constituye un buen test tanto para el cribado de PC en pacientes con sospecha clínica como para el seguimiento de pacientes ya diagnosticados.

2.3.- ENFOQUE DIAGNÓSTICO

La situación de menor dificultad diagnóstica es la del paciente con PAI recidivante o pancreatitis aguda alcohólica recidivante, situaciones en las que se requiere una exploración adecuada del páncreas. La clave para el diagnóstico en estadios iniciales es una elevada sospecha clínica. La presencia de síntomas dispépticos tipo dismotilidad en un bebedor habitual, la de dolor epigástrico que no cede con IBP o que se irradia a la espalda, o incluso una lumbalgia sin patología osteoarticular o renal que la justifique, obligan a sospechar enfermedad pancreática. También debe sospecharse cuando un paciente refiere historia de "intolerancia a grasas", ante la aparición de una diabetes mellitus de difícil control con tendencia a la hipoglucemia, o ante la presencia de diarrea crónica, continua o intermitente, sobre todo si se asocia a la ingesta de grasas, o a pérdida de peso. En todas estas situaciones se debe descartar patología pancreática tipo PC o cáncer de páncreas.

Tras una completa anamnesis, el primer método diagnóstico a emplear es la ecografía abdominal asociada, si es posible, a una prueba funcional no invasiva (como la elastasa fecal o test de pancreolauril). Aunque la sensibilidad de la ecografía para el diagnóstico de PC es muy baja, en algunos casos se detectan calcificaciones y/o marcada dilatación del Wirsung, que son altamente específicos de la enfermedad. Si la sospecha clínica persiste y las exploraciones son normales, el segundo método debe ser la S-CPRM + RM Abdomen o la USE, en función de la disponibilidad y de la experiencia local. La normalidad de estas pruebas prácticamente descarta una enfermedad pancreática. Adicionalmente, en los pacientes diagnosticados de PC por ecografía abdominal y/o pruebas funcionales, puede ser precisa la realización de una S-CPRM + RM de Abdomen o una USE, para una adecuada caracterización y estadificación de la enfermedad. Una vez establecido el diagnóstico de PC, es necesario realizar un test de cuantificación de grasa fecal o un test de aliento con 13C-MTG con el fin de detectar la insuficiencia pancreática exocrina y establecer el tratamiento enzimático sustitutivo.

3.- TRATAMIENTO

El enfoque terapéutico comprende tres aspectos fundamentales:

- Identificar y corregir la causa, si es posible
- Controlar las manifestaciones clínicas (dolor, insuficiencia pancreática)
- Tratar las complicaciones

En cuanto al tratamiento etiológico, es obligada la abstinencia de alcohol y tabaco en todos los casos (aunque se trate de un bebedor leve, pues contribuye a perpetuar el proceso inflamatorio pancreático). En los casos de obstrucción ductal, demostrada en las pruebas de imagen, puede estar indicado el tratamiento endoscópico/quirúrgico, así como también la administración de corticoides en los casos de pancreatitis autoinmune.

3.1.- TRATAMIENTO DEL DOLOR

Aunque aún no hay acuerdo acerca de los mecanismos que contribuyen a la aparición del dolor abdominal, se aceptan cuatro posibles causas:

-Inflamación aguda del páncreas, que se comporta clínicamente como una pancreatitis aguda y cuyo tratamiento debe ser el mismo.

-Hipertensión intraductal e intrapancreática: este dolor presenta típicamente un predominio postprandial. En estos casos, además del tratamiento escalonado propio del dolor, se recomiendan medidas que intentan reducir la secreción pancreática postprandial, como la administración oral de enzimas pancreáticas o tratamiento parenteral con derivados de la somatostatina (octreótide); en caso de obstrucción del conducto de Wirsung, se puede realizar tratamiento endoscópico o derivaciones quirúrgicas del conducto pancreático, aunque los resultados son contradictorios.

-Infiltración inflamatoria de las terminaciones nerviosas intrapancreáticas: la inflamación neural y perineural es una importante causa de dolor abdominal que no suele tener relación con la ingesta de alimentos; por ello a veces se asocian antidepresivos tricíclicos o antiepilépticos a los analgésicos habituales.

-Complicaciones: los pseudoquistes pancreáticos crónicos y la obstrucción del colédoco intrapancreático o del duodeno pueden causar dolor abdominal en la PC. La primera recomendación es la abstinencia alcohólica absoluta, con la cual se consigue eliminar el dolor hasta en el 50% de pacientes.

No se recomienda de forma generalizada una dieta pobre en grasas para reducir la secreción pancreática estimulada por la ingesta, salvo en los pacientes que presentan dolor de predominio postprandial y que no responden al tratamiento analgésico habitual.

El tratamiento del dolor en PC se realiza siguiendo el protocolo en escalones de la Organización Mundial de la Salud para el dolor en el paciente con cáncer. En primer lugar, se utilizan analgésicos no opioides para el dolor leve a moderado.

A continuación, para dolor más severo o que no responde al tratamiento anterior, se añade un analgésico opioide leve, que se dosifica hasta aliviar el dolor. Si no remite, se pasa al tercer escalón y se utilizan opioides potentes (**Tabla 30**). Si el patrón del dolor es altamente sugestivo de origen obstructivo ductal o inflamatorio, se pueden añadir, antes o después del primer escalón analgésico, AINES, Antioxidantes, Suplementos enzimáticos, Octreótide, etcétera (ver **Algoritmo 9**).

El uso de suplementos enzimáticos con recubierta entérica a altas dosis ha tenido resultados controvertidos en recientes estudios; sin embargo, dado que casi no tienen efectos secundarios, se pueden administrar durante 6-8 semanas y valorar la respuesta.

Adicionalmente, se puede añadir un antidepresivo tricíclico o un antiepiléptico en cualquier etapa del tratamiento analgésico, ya que ha demostrado efectividad en algunos pacientes.

Tabla 30. Tratamiento del dolor en Pancreatitis crónica		
Tipo de fármaco	Nombre	Dosis
Analgésicos no opioides	Paracetamol	0.5-1 g/6 h
	Metamizol	0.5-1 g/6 h
Antiinflamatorios no esteroideos*1	Ibuprofeno	400-800 mg/6-8 h
	Diclofenaco	50-100 mg/8-12 h
	Naproxeno	250-500 mg/12 h
Opioides de baja potencia	Tramadol	50-100 mg/6-8 h
Opioides potentes*2	Fentanilo	25-50 µg/ h (parche transdérmico)
	Buprenorfina	35-52 µg/ h (parche transdérmico)
	Morfina	5-10 mg/ 4-8 h
Antidepresivos tricíclicos	Amitriptilina	25-100 mg/ día
Antiepilépticos	Gabapentina*3	300-800 mg/ 8 h
	Carbamazepina	200-400 mg/ 6-8 h

*1 Los inhibidores COX-2 no están aprobados para el tratamiento del dolor en PC.
*2 La Morfina puede incrementar la constricción del esfínter de Oddi (aumentando presión intraductal hasta 15 veces), lo que puede empeorar el dolor; Fentanilo y Buprenorfina rara vez tienen este efecto secundario.
*3 Debe iniciarse a bajas dosis como 100 mg/8 h e ir titulando progresivamente de acuerdo al dolor.

En algunos casos de dolor intenso y persistente se ha ensayado la neurólisis (bloqueo) del plexo celíaco con alcohol, pero los resultados no han sido los esperados; los pacientes suelen mantenerse libres de dolor una media de 2 meses, siendo ineficaces los bloqueos posteriores.

No hay que olvidar que en los casos de dolor que requieran tratamiento opioide potente, se debe valorar, como causa del mismo, la existencia de complicaciones susceptibles de tratamiento endoscópico.

Finalmente, en los pacientes con PC que requieran tratamiento analgésico prolongado con opioides potentes se deberá considerar el tratamiento quirúrgico.

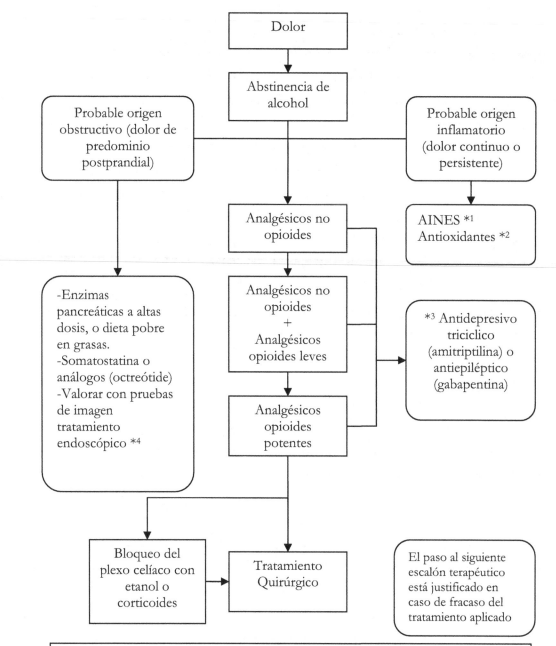

Algoritmo 9. Tratamiento del dolor en la Pancreatitis Crónica.

3.2.- TRATAMIENTO DE LA INSUFICIENCIA PANCREÁTICA EXOCRINA (IPE)

La probabilidad de IPE aumenta con el paso del tiempo, de tal forma que aproximadamente el 50% de pacientes con PC la desarrollan a los 10-12 años del inicio de la enfermedad. La IPE en etapas tempranas se denomina disfunción pancreática exocrina y se asocia a maldigestión. En fases avanzadas, la esteatorrea secundaria a esta maldigestión es a menudo el único síntoma de PC en ausencia de dolor. Sin embargo, dado que la IPE se desarrolla lentamente, los pacientes tienden a adaptar su dieta de manera progresiva limitando la ingesta de grasas; por ello, no es raro encontrar pacientes que presentan solo maldigestión grasa y estreñimiento. De la misma forma, la pérdida de peso no es evidente si hay un adecuado aporte nutricional.

Una cuestión importante es: ¿a qué pacientes debemos tratar?

Se acepta de forma unánime que los enfermos sintomáticos (esteatorrea con déficit de micronutrientes, pérdida de peso) deben ser tratados. La indicación de tratamiento en los casos con esteatorrea asintomática es más controvertida. Según la mayoría de autores, el tratamiento de estos pacientes sería innecesario. Sin embargo, el desarrollo de deficiencias vitamínicas y de micronutrientes es independiente de la presencia de síntomas. De hecho, los niveles circulantes de vitaminas liposolubles son frecuentemente bajos en pacientes asintomáticos con IPE. En base a ello, y con el fin de prevenir deficiencias nutricionales relevantes, el tratamiento enzimático sustitutivo debería iniciarse en todo paciente con IPE demostrada y esteatorrea, independientemente de la presencia o no de síntomas asociados.

3.2.1.- Como iniciar el tratamiento?

3.2.1.1.- Modificaciones dietéticas

Clásicamente, el tratamiento inicial consistía en la restricción de la ingesta de grasas en grado suficiente para abolir la esteatorrea, recomendándose por lo general una ingesta menor de 20 gramos de grasa/día. El tratamiento enzimático sustitutivo se indicaba sólo si la esteatorrea persistía a pesar de la restricción de grasas. Actualmente este abordaje terapéutico ha perdido vigencia. La restricción en la ingesta de grasas conlleva una insuficiente ingesta de vitaminas liposolubles, cuya absorción se ve comprometida como consecuencia de la maldigestión de las grasas. Debido a la IPE, el déficit vitamínico potencial es difícilmente compensado por los suplementos vitamínicos orales. En modelos animales se ha comprobado que la proporción de grasa que es digerida y absorbida aumenta cuando los suplementos enzimáticos se añaden a una dieta rica en grasas; por el contrario, la proporción de grasa absorbida disminuye cuando las enzimas pancreáticas se añaden a una dieta pobre en grasas.

Por ello, aparte de la abstinencia de alcohol, no se recomiendan otras restricciones dietéticas para el tratamiento de la maldigestión grasa. Sólo deben evitarse las comidas que produzcan dolor abdominal o síntomas dispépticos.

Los triglicéridos de cadena media, que son absorbidos directamente por la mucosa intestinal sin precisar de acción enzimática, pueden ser útiles para proporcionar calorías extra en pacientes con pérdida de peso y pobre respuesta al tratamiento enzimático sustitutivo. Finalmente, los pacientes con IPE pueden requerir suplementos de vitaminas liposolubles (A, D, E, K) y de calcio.

3.2.1.2.- Tratamiento enzimático sustitutivo

La reserva funcional del páncreas exocrino es tan importante que la maldigestión grasa y la esteatorrea no aparecen hasta que la secreción de lipasa cae por debajo del 10% de lo normal. Esto significa que 30000 U de lipasa activa secretadas en el duodeno tras una ingesta son suficientes para una adecuada digestión y absorción de las grasas. En términos prácticos, se debe administrar por vía oral suficiente suplemento enzimático pancreático que asegure que unas 30000 U de lipasa activa lleguen al duodeno junto con las comidas. Hay que tener en cuenta que, según estudios in vitro, 1 U de lipasa equivale a 3 U de las preparaciones americanas o europeas (USP/Eur.P), que son las utilizadas en los preparados comerciales. Esto significa que 90000 USP/Eur.P de lipasa activa deberían llegar al duodeno para prevenir la esteatorrea en pacientes con IPE.

Existen 3 problemas que pueden dificultar la eliminación de la esteatorrea:

1. La lipasa pancreática es muy sensible al ácido y se inactiva de forma irreversible a un pH $\leq$ 4.
2. El vaciamiento gástrico de las preparaciones enzimáticas pancreáticas y del alimento debería ser simultáneo para asegurar una mezcla óptima en el duodeno.
3. La lipasa pancreática sufre inactivación proteolítica en la luz intestinal, mediada principalmente por la quimiotripsina.

Por estas razones, existen actualmente preparaciones enzimáticas en forma de mini-microesferas con cubierta entérica, que previenen la inactivación ácida de la lipasa y aseguran el vaciamiento gástrico de las enzimas en forma paralela a los nutrientes. Así, hoy en día no deberían usarse suplementos enzimáticos pancreáticos sin cubierta entérica, excepto en los casos de pacientes con aclorhidria (por gastritis atrófica crónica, cirugía gástrica previa), en los cuales pueden conservar su utilidad.

3.2.2.- Como administrar el tratamiento?

Estudios recientes indican que la mayor efectividad se consigue al tomar el suplemento enzimático con las comidas de la siguiente manera: un cuarto de la dosis total al inicio de la comida, la mitad durante la misma y el cuarto restante al final. Dado que, generalmente, se mantiene algo de secreción de lipasa endógena, una dosis de 20000-40000 USP/Eur.P de lipasa (en forma de mini-microesferas con recubierta entérica) con cada comida suele ser suficiente en la gran mayoría de pacientes; sin embargo, no es raro que se necesite aumentar la dosis hasta 80000 USP/Eur.P de lipasa para obtener una adecuada respuesta al tratamiento.

Incluso a pesar del uso de estas modernas preparaciones enzimáticas, hay algunos factores adicionales que pueden dificultar el tratamiento de la esteatorrea:

- La secreción pancreática de bicarbonato anormalmente baja que ocurre en la PC avanzada con IPE, se asocia a un limitado efecto alcalinizante en el lumen duodenal. De esta forma, puede no alcanzarse un pH mayor de 5 (requerido para que la lipasa activa se libere de las preparaciones con cubierta entérica) hasta segmentos distales del intestino delgado.
- Un pH intestinal ácido puede causar precipitación de sales biliares, lo que contribuye a la malabsorción grasa.
- Hasta el 40% de los pacientes con PC tienen sobrecrecimiento bacteriano intestinal concomitante. Esto puede contribuir a la maldigestión y a la malabsorción en pacientes con IPE.

Por ello, el primer paso en caso de ausencia de respuesta es confirmar que el paciente toma el tratamiento enzimático de la manera apropiada. En segundo lugar, considerar que la dosis puede aumentarse hasta 80000 USP/Eur.P /comida; en caso de respuesta insuficiente, se debe inhibir la secreción ácida gástrica con IBP a dosis simple o doble (30 minutos antes del desayuno/cena). Si a pesar de todo no hay respuesta, deberán descartarse y, en su caso, tratarse las posibles causas extrapancreáticas de maldigestión, principalmente el sobrecrecimiento bacteriano. Si, tras adoptar estas medidas, persiste la esteatorrea, se pueden reemplazar las grasas de la dieta por triglicéridos de cadena media, que son absorbidos directamente por la mucosa intestinal sin necesidad de mediadores enzimáticos (**Figura 3**)

3.3.- TRATAMIENTO DE LA INSUFICIENCIA PANCREÁTICA ENDOCRINA

Aunque esta compete más a los endocrinólogos, es recomendable conocer sus aspectos diferenciales con respecto al de la diabetes mellitus primaria. Básicamente, la diabetes secundaria a PC se asocia a la alteración de la síntesis y liberación, tanto de insulina como del resto de hormonas de los islotes de Langerhans, como el glucagón. Por ello, estos pacientes tienen una importante tendencia a los episodios de hipoglicemia, lo que dificulta el tratamiento insulínico. En estos casos se debe ser menos exigente en el control, tanto de las cifras de glucemia (se recomienda mantenerla entre 120-180 mg/dl), como de las de hemoglobina glicosilada.

3.4.- COMPLICACIONES Y SU TRATAMIENTO

Los pacientes con PC deben someterse a revisiones periódicas para la detección precoz de complicaciones. Como regla general, una analítica (que incluya hemograma, bioquímica básica y perfil hepático) y una ecografía abdominal anuales son suficientes, junto con la anamnesis y la exploración física, para descartar complicaciones relevantes. Otras exploraciones invasivas o costosas como la TC, la USE o la S-CPRM + RM deben reservarse para situaciones de duda diagnóstica o para planificar el tratamiento más adecuado en casos específicos.

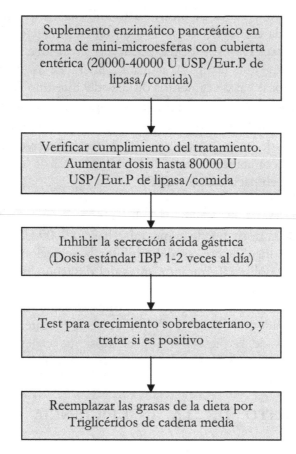

Figura 3. Tratamiento de la Insuficiencia Pancreática Exocrina

Las complicaciones más relevantes que deben ser descartadas en cada revisión se muestran en la **Tabla 31.**

Las complicaciones más frecuentes de la PC son los pseudoquistes pancreáticos y la estenosis del colédoco intrapancreático con ictericia obstructiva secundaria. Hasta un tercio de los pacientes con PC desarrollan pseudoquistes, que son habitualmente únicos y asintomáticos. Sólo deben tratarse en caso de producir síntomas (habitualmente dolor) o si se complican (infección, rotura, pseudoaneurisma), como se explica mas adelante en el capítulo de Lesiones quísticas pancreáticas, apartado **1.1.- Manejo de Pseudoquistes pancreáticos.**

La estenosis del colédoco intrapancreático se presenta hasta en la mitad de los casos de PC, y es consecuencia de la progresión del proceso fibrótico del parénquima pancreático. Su tratamiento es quirúrgico. En algunos casos, el drenaje biliar endoscópico mediante la colocación de endoprótesis puede considerarse como tratamiento provisional si el tratamiento quirúrgico definitivo se retrasa por cualquier motivo.

Tabla 31. Complicaciones de la Pancreatitis Crónica	
Complicación	Frecuencia (%)
Pseudoquiste pancreático	25.30%
Estenosis biliar	40-50%
Cáncer de páncreas	1-3%
Cáncer extrapancreático	10-15%
Trombosis de la vena esplénica	2-5%
Trombosis portal	2-4%
Obstrucción duodenal	4-5%
Pseudoaneurisma	2-3%
Abceso pancreático	2-3%
Enfermedades cardiovasculares	20-30%

Otras complicaciones menos frecuentes (<5%) incluyen la trombosis de la vena esplénica o portal, cuyo tratamiento es el de sus complicaciones (hemorragia digestiva alta por varices esófago-gástricas); la estenosis duodenal, que requiere tratamiento quirúrgico, o el abceso pancreático.

No hay que olvidar que la PC supone un factor de riesgo para el desarrollo de cáncer de páncreas, que alcanza hasta el 4% a los 20 años del diagnóstico.

Finalmente, se ha reportado en los pacientes con PC una frecuencia aumentada de enfermedades cardiovasculares, con tendencia a desarrollar lesiones vasculares a edades tempranas. Además, muchos de estos pacientes son habitualmente bebedores y fumadores, por lo que presentan el riesgo de las enfermedades extrapancreáticas propias de estos hábitos.

LESIONES QUÍSTICAS DE PÁNCREAS

Actualmente, las lesiones quísticas pancreáticas (LQP) son cada vez más diagnosticadas de forma incidental, debido al uso generalizado de pruebas de imagen de alta definición como TC y RM de abdomen para estudios diagnósticos. La mayoría son asintomáticas, y pueden ser de naturaleza inflamatoria o proliferativa. Hasta hace algunos años, se recomendaba en algunos centros la escisión quirúrgica de todas las LQP; bajo el razonamiento de que la diferenciación entre quistes benignos y malignos es difícil, se pretendía disminuir la posibilidad de perder una resección quirúrgica curativa en aquellos que podían tolerar la cirugía. Esto llevaba inevitablemente a que pacientes con LQP benignas se expusieran a la morbimortalidad que conlleva una resección pancreática. Por todo ello, y debido al mejor desarrollo de las técnicas de imagen, recomendaciones más recientes establecen que es posible identificar un grupo de pacientes con un riesgo muy bajo de malignidad y que podrían ser manejados de forma conservadora.

En general las LQP pueden ser de 3 tipos:

- Pseudoquistes pancreáticos (PP).
- Tumores quísticos pancreáticos (TQP).
- Quistes pancreáticos verdaderos.

Sobre el tercer grupo de quistes pancreáticos no neoplásicos (quistes epiteliales benignos, de retención mucosa, mucinosos no neoplásicos, quistes linfoepiteliales o los propios de la enfermedad de Von Hippel-Lindau), son extremadamente raros en adultos; constituyen menos del 1% de las LQP y su diagnóstico es generalmente postquirúrgico, motivo por el cual no serán tratados en este capítulo. Es importante saber que se han descrito algunas veces quistes hidatídicos pancreáticos, por lo que puede considerarse en el diagnóstico diferencial en zonas endémicas. En el **Algoritmo 10** se representan los diferentes tipos de LQP.

Los PP constituyen la mayoría (75%) de las LQP, y resultan de la inflamación pancreática o traumatismos. Los pacientes con TQP son generalmente asintomáticos, pero pueden tener dolor abdominal o historia previa de pancreatitis. A pesar de que el riesgo de malignidad es mayor en pacientes sintomáticos, hasta el 17% de los pacientes con TQP asintomáticos presentan cáncer in situ o invasivo, y un 42% tienen lesiones premalignas. Estas neoplasias quísticas representan sólo el 10% de las neoplasias pancreáticas, y pueden ser primariamente quísticas o resultar de la degeneración quística de un tumor sólido.

Es importante el diagnóstico preciso para indicar el manejo óptimo de estas lesiones, ya que dependiendo del tipo de lesión, se puede requerir un manejo conservador, drenaje percutáneo/endoscópico o incluso resección quirúrgica; tener en cuenta que, de no hacer un diagnóstico correcto, se pueden indicar tratamientos inapropiados, como el drenaje de un TQP maligno (con el consecuente elevado riesgo de diseminación) o la extirpación quirúrgica de un PP (que es susceptible de drenaje).

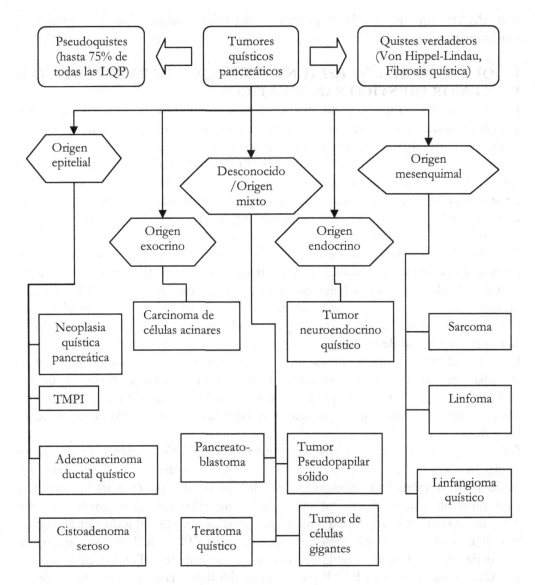

Algoritmo 10. Tipos de lesiones quísticas pancreáticas.

El manejo de las LQP depende primordialmente de 3 aspectos:

1. El tipo de LQP.
2. El potencial de malignidad de la LQP.
3. El riesgo quirúrgico y la decisión conjunta con el paciente.

Para definir los dos primeros aspectos, se emplean la TC o RM abdomen, y desde hace algunos años la Ultrasonografía endoscópica (USE). Estas técnicas de imagen, y sobre todo la USE (que da mayor detalle de las características morfológicas de la lesión), permiten caracterizar y diferenciar las LQP con una precisión aceptable; adicionalmente, la realización de punción-aspiración con aguja fina (PAAF) durante la USE para análisis del fluido quístico, puede aumentar el rendimiento diagnóstico.

1.- ¿QUÉ TIPO DE LQP ES? ¿UN PSEUDOQUISTE PANCREÁTICO O UN TUMOR QUÍSTICO PANCREÁTICO?

Los PP son casi siempre secundarios a pancreatitis aguda, crónica o traumatismos y, generalmente, requieren manejo conservador; se requieren tratamientos más agresivos, como drenaje o cirugía, sólo cuando dan síntomas.

Tener en cuenta que menos del 5% de las LQP encontradas de forma incidental serán PP, porque la mayoría de estos tienen una historia previa bien documentada de pancreatitis aguda, crónica o traumatismo abdominal. De todas maneras, al encontrar este tipo de lesiones, debemos investigar sobre estos antecedentes y realizar las pruebas complementarias adecuadas.

De estas, la TC abdominal es de elección para el diagnóstico diferencial, pues permite caracterizar las lesiones y detectar calcificaciones de la pared del quiste, septos, nódulos murales o hallazgos sugestivos de pancreatitis. La RM tiene la ventaja añadida de definir mejor las características del quiste y la posibilidad de mostrar una comunicación entre el quiste y el ducto pancreático (útil cuando se valora la posibilidad de drenaje).

En la TC, el PP tiene apariencia de quiste unilocular de baja atenuación, con signos acompañantes de pancreatitis aguda o crónica. La densidad del fluido en un PP complicado puede ser mayor que la densidad líquida habitual de un quiste, debido a la presencia de hemorragia o gas que se desarrolla como resultado de la infección bacteriana.

Sin embargo, los métodos de imagen no invasivos (TC, RM) tienen limitaciones en la clasificación de las lesiones quísticas uniloculares, sobre todo cuando no hay evidentes características clínicas y morfológicas de pancreatitis y no hay comunicación con el ducto pancreático; en aquellos casos, su precisión para determinar si existe enfermedad maligna o premaligna no es del todo satisfactoria.

Si con la anamnesis y pruebas de imagen iniciales (TC o RM) no se caracteriza adecuadamente la lesión y queda la duda de que sea un PP o TQP, debe recurrirse a la USE, idealmente con PAAF para análisis del fluido con amilasa y marcadores tumorales; esta puede guiar el manejo hacia la observación, cuando las lesiones muestran mínimo potencial para enfermedad maligna, o hacia la resección cuando hay sustancial riesgo de ella. Tener en cuenta que si con las pruebas de imagen no invasivas podemos caracterizar la lesión y decidimos la resección quirúrgica, la USE no está indicada, pues no proporciona ningún beneficio adicional (por ejemplo en un paciente sintomático con bajo riesgo quirúrgico).

Las imágenes de alta resolución de la USE permiten identificar mejor las características morfológicas de las LQP. Es sobre todo útil para valorar septos internos, nódulos murales y áreas sólidas dentro de los quistes no visibles con otras técnicas de imagen. Los quistes no neoplásicos usualmente presentan septos finos y compartimentos uniloculares simples. La presencia de paredes gruesas, septos gruesos o nódulos murales, son hallazgos que ocurren con más frecuencia en TQP malignos. Sin embargo, las características detalladas que pueden ser visualizadas con esta técnica, no parecen ser suficientemente precisas para permitir una diferenciación entre TQP benignos o malignos, a menos que haya evidencia de una masa sólida o un tumor invasivo por fuera del páncreas; adicionalmente tiene la desventaja propia de todas las pruebas de imagen dinámicas, de ser dependiente del operador.

Por ello, para caracterizar mejor las lesiones debe hacerse la USE con PAAF. En la **Tabla 32** se resumen las características del fluido quístico según el tipo de LQP.

Tabla 32. Características del fluido quístico según tipo de LQP			
	Viscosidad*	Amilasa	Citología
Pseudoquiste	Baja	Alta	Inflamatoria
CAS	Baja	Baja	25% positivas
CAM	Alta	Baja	40% positivas
CACM	Alta	Baja	67% positivas
	CEA**	CA 15-3	CA 72-4
Pseudoquiste	Baja	Baja	Baja
CAS	Baja	Baja	Baja
CAM	Alta	Alta	Baja
CACM	Alta	Alta	Alta

CAS: Cistoadenoma seroso
CAM: Cistoadenoma mucinoso
CACM: Cistoadenocarcinoma mucinoso
*Está relacionado con el contenido de mucina de la LQP, teniendo los TQP malignos o premalignos generalmente un mayor contenido de mucina, y como consecuencia, una más alta viscosidad.
**En un gran estudio multicéntrico, se determinó al analizar el fluido de las LQP >1 cm, que si la CEA es > 192 ng/ml, puede asumirse una lesión pancreática maligna con una sensibilidad del 73% y una especificidad del 84%.

La citología del fluido quístico y el análisis de una variedad de marcadores bioquímicos y tumorales pueden ayudar a establecer el diagnóstico. Sin embargo, la citología del fluido quístico identifica células malignas o benignas en sólo la mitad de casos (baja sensibilidad, 50%); por otro lado, en el fluido de los PP solo deben encontrarse células inflamatorias.

Una variedad de marcadores tumorales pueden encontrarse en el fluido quístico. El Ca19.9 tiene baja sensibilidad (35%), y sólo cuando presenta valores mayores de

50000 U/l tiene una especificidad aceptable (85%) y un alto valor predictivo positivo (90-95%) para distinguir una LQP maligna o premaligna de una benigna. El CEA y CA 72-4 son útiles para identificar lesiones mucinosas. Algunos estudios han reportado la superioridad de la mucina extracelular al CEA en el fluido quístico, como medio de diagnóstico de neoplasias malignas. Aunque la amilasa no es un marcador tumoral, su presencia en el fluido quístico es a menudo usada como indicador de una comunicación entre una lesión quística y el sistema ductal pancreático. Un fluido rico en amilasa es uniformemente encontrado en los PP y en los quistes asociados a TPMI, mientras que una baja concentración de amilasa se encuentra en el fluido de los cistoadenomas serosos (CAS) y la gran mayoría de las neoplasias quísticas mucinosas (NCM).

1.1.- MANEJO DE PSEUDOQUISTES PANCREÁTICOS

El PP puede requerir tratamiento conservador o intervención terapéutica según sea sintomático, este complicado o haya sospecha de malignidad (**Tabla 33**).

La intervención terapéutica puede consistir en:
- Drenaje endoscópico transpapilar o transmural (transgástrico o transduodenal).
- Drenaje percutáneo.
- Tratamiento quirúrgico (drenaje interno, externo o resección del PP).

Aunque no hay ensayos clínicos que comparen directamente la tasa de éxito, morbilidad y mortalidad del tratamiento endoscópico vs. quirúrgico, algunos estudios favorecen el primero, ya que es menos invasivo y está asociado a menor estancia hospitalaria, morbilidad y mortalidad. Sin embargo, debemos tener en cuenta que sólo pacientes seleccionados pueden ser manejados endoscopicamente, y que aquellos que requieren cirugía están por lo general más graves.

Entre los requisitos y características a tener en cuenta para el drenaje endoscópico tenemos:
- Valorar previamente la presencia de restos necróticos en el PP.
- Descartar la presencia de neoplasias y pseudoaneurismas.
- Tamaño > 5 cm, compresión intestinal, quiste único, quiste maduro, segmento no desconectado del ducto pancreático.
- En PP maduros realizar primero pancreatografía, y si hay comunicación con el ducto pancreático, realizar abordaje transpapilar si es posible.
- Distancia del PP a la pared gastrointestinal < 1 cm (para el drenaje transmural).
- Localización del abordaje transmural basado en la máxima protrusión del pseudoquiste a la pared adyacente.

La elección del tipo de intervención terapéutica depende de las características del pseudoquiste y su etiología, además de la experiencia propia de cada centro

(**Algoritmo 11**). La descripción detallada de estas técnicas escapa a los objetivos de este manual.

Tabla 33. INDICACIONES DE TRATAMIENTO DE PP
INDICACIONES ABSOLUTAS
1.- PP COMPLICADO (1 criterio es suficiente)
• Compresión de grandes vasos (síntomas clínicos o en TC)   • Obstrucción gástrica o duodenal   • Estenosis compresiva del colédoco   • Pseudoquiste pancreatico infectado   • Hemorragia intrapseudoquiste   • Fistula pancreatico-pleural
2.- PP SINTOMÁTICO
• Saciedad, nauseas y vómitos   • Dolor   • Hemorragia Digestiva Alta (10-20%)
3.- SOSPECHA DE MALIGNIDAD: Supervivencia media a 5 años después de la resección de 56%.
INDICACIONES RELATIVAS
1.- PP ASINTOMÁTICO
• Pseudoquistes > 6 cm, con tamaño en aumento y/o cambios morfológicos en pruebas de imagen consecutivas después de las 6 semanas.*   • Diámetro > 4 cm y complicaciones extrapancreáticas en pacientes con pancreatitis crónica alcohólica.   • Alteraciones del ducto pancreático (estenosis, litiasis, ruptura).**   • Quiste múltiples.***
MANEJO CONSERVADOR (deben cumplirse los 3 criterios)
• Asintomático.   • No complicado.   • Estable o disminuyendo de tamaño.
*Actualmente se da menos importancia al tamaño del PP como indicación de tratamiento, dándose más importancia a los síntomas o presencia de complicaciones.   **En la pancreatitis crónica, los PP tienen a menudo una pared gruesa y cambios morfológicos asociados en el ducto (irregularidad, dilatación, estenosis, litiasis) o parénquima pancreático. Por ello es menos probable que vayan hacia una resolución espontánea lo cual es frecuente en los PP post pancreatitis aguda.   ***Las Neoplasias Mucinosas Papilares Intraductales pueden asemejar múltiples pseudoquistes y son vistos como una dilatación quística del ducto pancreático principal o sus ramas, generalmente en la cabeza pancreática o el proceso uncinado, por lo que ante la duda en el diagnóstico diferencial podría optarse por una resección programada.

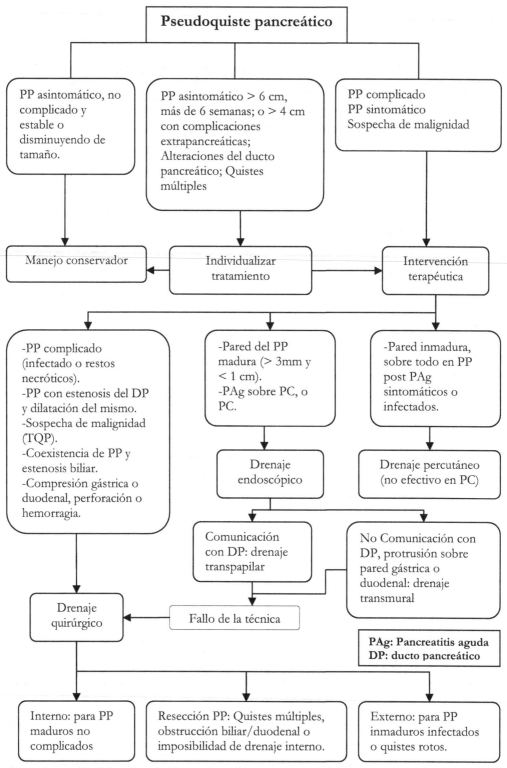

Algoritmo 11. Manejo de Pseudoquistes pancreáticos.

Es importante tener en cuenta que no todas las colecciones líquidas secundarias a pancreatitis aguda son pseudoquistes. La TC es notablemente pobre en identificar tejido necrótico inmerso dentro de colecciones pancreáticas fluidas, a diferencia de la RM y USE, que tienen mayor sensibilidad. Por ello, una vez decidido el drenaje, se debe asegurar por medio de una RM o USE la presencia o ausencia de tejido necrótico, según lo cual se recomienda la técnica más apropiada de drenaje:

Si hay moderada cantidad de restos necróticos, se indica drenaje quirúrgico.

Si hay mínima cantidad de restos necróticos o ausencia de contenidos sólidos, se puede optar por el drenaje endoscópico.

2.- SI ES UN TQP, ¿LA LESIÓN ES MALIGNA, BENIGNA, O CUÁL ES SU POTENCIAL DE MALIGNIDAD?

La mayoría son de lento crecimiento y, por tanto, asintomáticos. Cuando son sintomáticos, se debe generalmente a un efecto de masa y tiende a ser una molestia o dolor abdominal pobremente localizado, aunque puede presentarse también como pancreatitis recurrente.

Cuando la neoplasia quística está avanzada, los síntomas pueden ser similares al carcinoma ductal pancreático, incluyendo dolor, pérdida de peso e ictericia.

Los TQP pueden ser:

- 35-50% tumores papilares mucinosos intraductales (TPMI)
- 20-25% cistoadenomas serosos (CAS)
- 10-15% neoplasias quísticas mucinosas (NCM)
- < 10% tumores pseudopapilares sólidos (TPS)
- Otros más raros: cistoadenomas de células acinares, hamartomas quísticos, degeneración quística de adenocarcinomas ductales y neoplasia neuroendocrina quística.

Así, más del 90% de los TQP son TPMI, CAS, NCM, o TPS, y cuyas características y manejo describiremos a continuación.

2.1.- TUMORES PAPILARES MUCINOSOS INTRADUCTALES (TPMI)

Son los TQP más frecuentes, y los que con más frecuencia presentan síntomas; el síntoma más habitual es el dolor epigástrico irradiado a la espalda exacerbado con las comidas. Esto se explica probablemente por la elevada producción de mucina que bloquea el ducto pancreático. Otros síntomas descritos incluyen pérdida de peso, fiebre e ictericia. Son más frecuentes en hombres (3:1) alrededor de los 70 años, y el 50% están localizados en la cabeza pancreática (proceso uncinado). No es infrecuente que muchos de ellos hayan sido diagnosticados previamente de pancreatitis crónica.

Los TPMI son considerados premalignos o francamente malignos, diagnosticándose el 5-27% como carcinoma in situ y del 15-40% como carcinoma invasivo.

Histológicamente los TPMI están constituidos por células neoplásicas productoras de mucina organizadas en un patrón papilar. La producción de mucina lleva a su acumulación intraductal y subsecuente dilatación quística. Esta producción de mucina puede ser tan grande, que algunas veces se observa en la endoscopia una extrusión de mucina desde la ampolla de Vater, siendo este hallazgo patognomónico de un TPMI (muy específico, pero poco sensible).

Los TPMI generalmente producen lesiones mayores de 1 cm, con un rango de atipia celular que va desde leve displasia a franco carcinoma. Suelen afectar al ducto pancreático principal, a una rama lateral del ducto principal, o a ambos.

Cuando afecta exclusivamente a ramas ductales, tiene un curso clínico diferente a aquellos con afectación exclusiva del ducto principal o afectación combinada, siendo más frecuente en pacientes jóvenes y caracterizándose por un bajo potencial de malignidad.

Histológicamente los TPMI muestran marcadas diferencias, siendo descritos un subtipo intestinal bien diferenciado y otro pancreaticobiliar. El subtipo intestinal se caracteriza por abundante mucina extracelular mientras progresa hacia la malignidad, y tiene una alta supervivencia posterior a la resección quirúrgica. El subtipo pancreaticobiliar evoluciona a adenocarcinoma ductal, y tiene la pobre supervivencia que caracteriza a los adenocarcinomas ductales invasivos del páncreas. El TPMI con afectación exclusiva de ramas ductales muestra una arquitectura histológica diferente llamada foveolar gástrica, que rara vez progresa a malignidad.

2.1.1.- Diagnóstico

Para el diagnóstico podemos utilizar TC y CPRM, y como siguiente paso la CPRE o USE. La demostración, por cualquiera de estas pruebas, de comunicación del tumor con el ducto pancreático principal, prácticamente confirma el diagnóstico de TPMI.

La CPRM puede indicar adecuadamente la extensión de la dilatación del ducto pancreático, el tamaño de los nódulos murales, y la presencia de una comunicación entre el ducto principal y la lesión quística. La presencia de nódulos murales y una dilatación difusa o segmentaria del ducto pancreático principal mayor de 15 mm de diámetro, son muy indicativas del desarrollo de enfermedad maligna.

Los TPMI también pueden ser visualizados con CPRE y USE. La utilización de inyecciones de contraste en el ducto pancreático principal realzará los siguientes hallazgos característicos: defectos de relleno mucinoso, dilatación ductal y dilatación quística de las ramas laterales.

La USE puede ayudar en la detección de enfermedad maligna proveniente de un TPMI, mostrando invasión de la pared, y puede ser usada para guiar la PAAF de lesiones sospechosas.

Son predictores de malignidad: el TPMI tipo ductal principal, la dilatación del ducto pancreático principal, el tamaño tumoral, la extrusión de mucina por la ampolla de Vater, y la presencia de ictericia o diabetes.

Según estudios recientes, los TPMI menores de 30 mm son casi siempre benignos, y tumores mayores de 30 mm con presencia de nódulos murales son predictores significativos de malignidad.

2.1.2.- Manejo

Depende fundamentalmente de qué tipo de TPMI se trate.

El bajo potencial de progresión maligna de los TPMI con afectación exclusiva de ramas ductales, combinado con los datos recientes que sugieren que la transformación maligna es muy baja en lesiones menores de 3 cm, ha llevado en los últimos años a la recomendación de que dichas lesiones en pacientes asintomáticos pueden ser manejadas solo con observación y seguimiento con pruebas de imagen.

Los pacientes con TPMI con afectación del ducto pancreático principal, deben ser derivados para resección quirúrgica en centros con experiencia en cirugía pancreática, siempre y cuando sean buenos candidatos quirúrgicos (baja comorbilidad). La escisión de tales lesiones antes de que la neoplasia sea invasiva garantiza un excelente pronóstico. Posterior a la resección de un TPMI con cáncer no invasivo, la supervivencia a 5 años es mayor del 70%, e incluso mayor del 40% cuando hay cáncer invasivo. Los factores que predicen una menor supervivencia cuando hay un cáncer invasivo incluyen metástasis de nódulos linfáticos, invasión vascular y márgenes de resección positivos.

Como los TPMI están más frecuentemente localizados en la cabeza del páncreas, requieren por lo general una pancreatoduodenectomía. Sin embargo, ya que tienden a crecer longitudinalmente a lo largo de los ductos más que radialmente dentro del parénquima, los márgenes de resección de los TPMI deben ser idealmente examinados con biopsia por congelación intraoperatoria, para confirmar la eliminación del tumor y prevenir las recurrencias.

Hasta el 30% de los TPMI son multifocales y el 5-10% pueden presentar una afectación extensa del sistema ductal, por lo cual hasta un 15% de los pacientes derivados a cirugía pueden requerir una pancreatectomía total. El seguimiento en el resto de pacientes en los que se realiza una pancreatectomía parcial es muy importante, ya que se ha reportado recurrencia aún con márgenes quirúrgicos negativos. A pesar de todas estas consideraciones, no se recomienda de forma generalizada una pancreatectomía total profiláctica en estos pacientes.

2.2- CISTOADENOMAS SEROSOS (CAS)

Son lesiones benignas que están típicamente compuestas de microquistes tipo panal de abeja (similar a una esponja). Presentan una cicatriz central estrellada en el 10% de los casos, siendo este hallazgo característico y patognomónico. Son más frecuentes en mujeres (2-3:1), con un pico de edad a los 60 años, y son también conocidos como adenomas quísticos serosos o adenomas microquísticos serosos. Los CAS no producen mucina, y las células tienen un citoplasma claro con bordes bien definidos. Las lesiones son generalmente menores de 5 cm de diámetro, con un tamaño medio de 25-30 mm. En comparación con las NCM, tienen distribución más uniforme en el páncreas, aunque suelen predominar un poco más en cuerpo y cola. Los quistes de la enfermedad de Von Hippel-Lindau son virtualmente idénticos a los del CAS, excepto en su distribución, ya que están dispersos por toda la glándula en lugar de formar una lesión única.

189

Los CAS suelen crecer lentamente, un promedio de 6 mm por año, y se han reportado variantes sólidas y oligoquísticas. Una variante del CAS es el adenoma macroquístico seroso, el cual tiene menos septos y espacios quísticos más grandes; es importante tener en cuenta esta variante del CAS, ya que radiologicamente se asemeja a las NCM.

Los CAS tienen un potencial de enfermedad maligna extremadamente bajo (menor del 3%), con solo 10 casos reportados en la literatura; por ello estas lesiones son esencialmente tratadas como lesiones benignas.

2.2.1.- Diagnóstico

La mayoría de CAS son asintomáticos y descubiertos de forma incidental, aunque a veces pueden causar dolor abdominal leve o discomfort. Los CAS de gran tamaño pueden causar síntomas por compresión mecánica de la vía biliar (ictericia) o produciendo una masa palpable. En la Ecografía, la TC o la RM, se suele objetivar una masa bien delimitada con múltiples pequeños septos y una apariencia en "panal de abeja"; en aproximadamente el 10-30% de los casos puede haber calcificación de los septos y una cicatriz central.

2.2.2.- Manejo

Los CAS asintomáticos y pequeños deben ser manejados de forma conservadora.

Los CAS sintomáticos mayores de 4 cm deberán ser considerados para resección. Es más probable que den síntomas los CAS grandes (mayores de 4 cm), y se ha demostrado que tienen una tasa de crecimiento mas rápida que aquellos menores de 4 cm (1.98 vs. 0.12 cm por año, respectivamente). No está claro si esta mayor tasa de crecimiento en tumores grandes tiene algún impacto en el potencial maligno, pero intuitivamente incrementaría la probabilidad de que aparecieran síntomas con el paso de los años, por lo que se aconseja también la escisión.

Dado que los CAS tienen una distribución más uniforme en el páncreas que las NCM, cuando se indica la resección suele hacerse con el segmento pancreático apropiado (pancreatectomía distal, proximal o Whipple, o media).

2.3.- NEOPLASIAS QUÍSTICAS MUCINOSAS (NCM)

También conocidas como Cistoadenomas mucinosos (CAM), las NCM son lesiones que pueden medir entre 6-30 cm. Están constituidas típicamente por varios compartimentos grandes (multiloculares) con paredes fibróticas gruesas, y se localizan generalmente en el cuerpo o cola pancreática (90% de las veces). A diferencia de los TPMI, no suelen tener comunicación con el ducto pancreático principal, a menos que haya ocurrido fistulización (aunque estudios recientes sugieren que podría haber comunicación microscópica con el sistema ductal pancreático).

Típicamente se presenta en mujeres (75%) entre los 40-60 años.

La OMS describe 3 estadios en estas neoplasias: benigno (adenomatoso), bajo grado de malignidad (borderline) y maligno (carcinoma in situ y cáncer invasivo), diagnosticándose este último estadio hasta en el 50% de los casos.

2.3.1.- Diagnóstico

En cuanto a la clínica, cuando da síntomas estos suelen ser molestias abdominales inespecíficas o dolor abdominal. Síntomas tales como pérdida de peso y anorexia tienen alta probabilidad de asociarse a cambios malignos de la lesión. En las imágenes de TC o RM se suele ver un quiste único en cuerpo o cola pancreática, sin comunicación con el ducto pancreático principal, multiloculado y con la pared externa y septos de un grosor similar.

Un hallazgo en la TC, poco frecuente pero específico, es la calcificación periférica de la lesión, que también es altamente sugestiva de malignidad.

Aparte de la calcificación periférica, otras características en las pruebas de imagen sugestivas de malignidad son la pared externa engrosada, con presencia de proliferaciones papilares o nódulos en la misma, el compromiso vascular y un patrón hipervascular.

Tener en cuenta que si se realiza una PAAF o biopsia guiada, las características histopatológicas de las NCM y los TPMI son casi idénticas, excepto por un estroma mesenquimal denso similar al ovárico que es característico de las NCM.

2.3.2.- Manejo

Dado que son consideradas lesiones premalignas o malignas, el tratamiento de elección es la escisión en los pacientes que son susceptibles de cirugía. Cuando en la lesión hay evidencia de cambios de estadio benigno a carcinoma in situ, esta resección es generalmente curativa; sin embargo, se pueden encontrar focos de invasión en hasta el 30% de los casos con carcinoma in situ, por lo que se recomienda muestreo y estudio histológico exhaustivo de la pieza tumoral. Si hay invasión presente, se denomina cistoadenocarcinoma mucinoso (CACM).

Dado que la mayoría de NCM se localizan en la cola pancreática, una pancreatectomía distal es por lo general suficiente, y a menos que se sospeche o descubra un carcinoma invasivo durante la cirugía, se suele preservar el bazo.

Es importante hacer el diagnóstico diferencial con los TPMI, que pueden tener una actitud terapéutica diferente. Recordar que las lesiones quísticas con contenido mucinoso en la cabeza pancreática en varones, es poco probable que sean una NCM, y más probable que se trate de un TPMI, sobre todo si se demuestra comunicación con el ducto pancreático por CPRM, CPRE o USE.

2.4.- TUMORES PSEUDOPAPILARES SÓLIDOS (TPS)

También conocidos como neoplasias epiteliales papilares sólidas, tumor papilar sólido y quístico o tumor de Frantz, son tumores de origen epitelial de bajo potencial maligno. Usualmente empiezan como tumores sólidos que luego degeneran de forma masiva dando lugar a la apariencia quística en las pruebas de imagen. Las áreas quísticas están compuestas de sangre, restos necróticos y macrófagos espumosos.

Los TPS son usualmente grandes (mayores de 10 cm), bien delimitados y pueden aparecer en cualquier parte del páncreas. Tienen potencial maligno pero no existen características histológicas que puedan predecir el potencial metastásico de estas lesiones.

2.4.1.- Diagnóstico

Se presenta casi exclusivamente en mujeres jóvenes con una edad media de 30 años. Presentan típicamente un dolor abdominal vago ocasionalmente asociado a pérdida de peso, anorexia y una masa palpable. En las pruebas de imagen, los TPS pueden presentar todo un rango de apariencias que van desde áreas sólidas a quísticas, pero típicamente se presenta con una combinación de ambas, con bordes bien delimitados y a veces con una calcificación central. Son por lo general bien vascularizados, con áreas de hemorragia en la lesión. El hallazgo más característico en las pruebas de imagen es la alternancia de áreas sólidas y quísticas en la lesión.

2.4.2.- Manejo

Los TPS son generalmente indolentes y no agresivos, aunque las metástasis locales y a distancia son posibles. Por ello, generalmente se recomienda la resección, siendo esencial asegurar los márgenes quirúrgicos libres para garantizar la mayor supervivencia. Más del 80% de los TPS son curados por la escisión, y las recurrencias son generalmente tratadas con posteriores resecciones.

2.5.- OTRAS NEOPLASIAS QUÍSTICAS PANCREÁTICAS

Son extremadamente raras, y por ello no existe suficiente experiencia en cuanto a la presentación y manejo de estos tumores.

2.5.1.- Carcinoma de células acinares

Constituido por células neoplásicas formando acinos y quistes, que a menudo tienen alto contenido de enzimas pancreáticas. Estas enzimas pueden causar poliartralgias, probablemente secundarias a necrosis grasa. El hallazgo típico radiológico consiste en lesiones bien delimitadas, a menudo con un centro necrótico si son mayores de 5 cm de diámetro. Aunque tiene un mejor pronóstico que el adenocarcinoma ductal, es también una enfermedad agresiva que puede desarrollar metástasis hepáticas de forma precoz.

2.5.2.- Adenocarcinoma ductal quístico

Se ha reportado que en aproximadamente el 1% de los adenocarcinomas ductales pancreáticos se produce una degeneración quística. Una necrosis central puede resultar en un quiste único rodeado por un anillo de tejido maligno viable. La degeneración quística de neoplasias sólidas a menudo se presenta con un componente sólido en el compartimento quístico y frecuentemente con enfermedad diseminada (por ejemplo metástasis hepáticas).

2.5.3.- Neoplasia endocrina quística

A diferencia del adenocarcinoma de páncreas, estos tumores no desarrollan áreas quísticas secundarias a necrosis pancreática, probablemente debido a la mejor vascularización. La formación de quistes es usualmente unilocular, pero a veces pueden ser de naturaleza microquística. El estudio histológico detallado de las áreas sólidas por lo general confirma el origen endocrino de la lesión.

3.- RIESGO QUIRÚRGICO Y DECISIÓN CONJUNTA CON EL PACIENTE

Aunque muchas veces se establezca con seguridad el tipo de TQP con las pruebas de imagen, en un gran porcentaje de casos no podemos asegurar un pronóstico exacto sin la resección quirúrgica y evaluación histológica de la pieza tumoral. Es por ello que el paciente debe ser informado de las posibilidades diagnósticas, y valorar conjuntamente la cirugía teniendo en cuenta la comorbilidad y el riesgo quirúrgico.

Finalmente, en la decisión del manejo se debe tener en cuenta que la edad del paciente está inversamente relacionada a la esperanza de vida. Por ejemplo, en el caso de una paciente joven menor de 40 años, con una LQP incidental asintomática de características benignas, como podría ser un CAS o CAM, y teniendo en cuenta que si la lesión progresa o crece puede requerir cirugía a edades mas avanzadas con mayor comorbilidad, ¿sería recomendable la conducta expectante el resto de su vida? ¿La paciente será fiel al seguimiento?

En el **Algoritmo 12** se propone un esquema para el manejo de las lesiones quísticas pancreáticas.

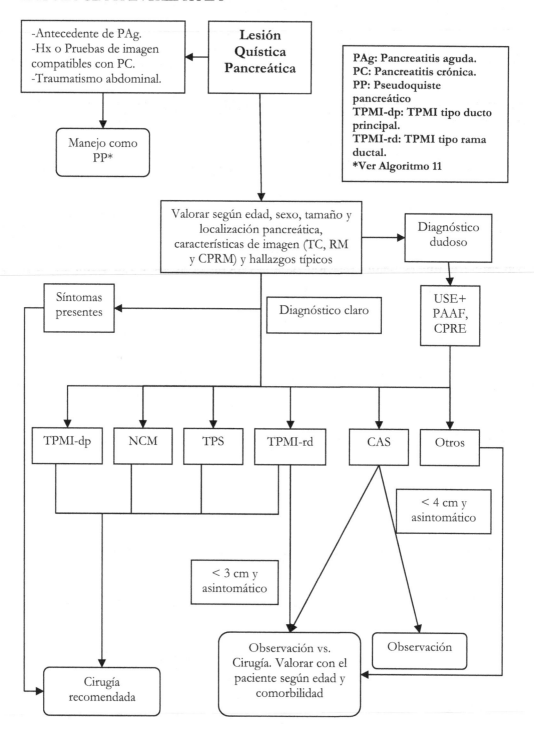

Algoritmo 12. Manejo de lesiones quísticas pancreáticas.

BIBLIOGRAFIA

1. Venu RP, Geenen JE, Hogan W, Stone J, Johnson GK, Soergel K. Idiopathic recurrent pancreatitis. An approach to diagnosis and treatment. Dig Dis Sci 1989; 34: 56-60.

2. **Steinberg WM, Chari ST, Forsmark CE, Sherman S, Reber HA, Bradley EL 3rd, DiMagno E. Controversies in clinical pancreatology: management of acute idiopathic recurrent pancreatitis. Pancreas 2003; 27: 103-117.**

3. Bank S, Wise L, Gersten M. Risk factors in acute pancreatitis. www.wjgnet.com. Al-Haddad M et al . Acute idiopathic and recurrent pancreatitis. Am J Gastroenterol 1983; 78: 637-640.

4. **Gullo L, Migliori M, Pezzilli R, Olah A, Farkas G, Levy P, Arvanitakis C, Lankisch P, Beger H. An update on recurrent acute pancreatitis: data from five European countries. Am J Gastroenterol 2002; 97: 1959-1962.**

5. Tandon M, Topazian M. Endoscopic ultrasound in idiopathic acute pancreatitis. Am J Gastroenterol 2001; 96: 705-709.

6. Lee SP, Nicholls JF, Park HZ. Biliary sludge as a cause of acute pancreatitis. N Engl J Med 1992; 326: 589-593.

7. Toskes PP. Hyperlipidemic pancreatitis. Gastroenterol Clin North Am 1990; 19: 783-791.

8. Feller ER. Endoscopic retrograde cholangiopancreatography in the diagnosis of unexplained pancreatitis. Arch Intern Med 1984; 144: 1797-1799.

9. **Behar J, Corazziari E, Guelrud M, Hogan W, Sherman S, Toouli J. Functional gallbladder and sphincter of Oddi disorders. Gastroenterology, 2006; 130:1498-1509.**

10. **Coyle WJ, Pineau BC, Tarnasky PR, Knapple WL, Aabakken L, Hoffman BJ, Cunningham JT, Hawes RH, Cotton PB. Evaluation of unexplained acute and acute recurrent pancreatitis using endoscopic retrograde cholangiopancreatography, sphincter of Oddi manometry and endoscopic ultrasound. Endoscopy 2002; 34: 617-623.**

11. Freeman ML, Nelson DB, Sherman S, Haber GB, Herman ME, Dorsher PJ, Moore JP, Fennerty MB, Ryan ME, Shaw MJ, Lande JD, Pheley AM. Complications of endoscopic biliary sphincterotomy. N Engl J Med 1996; 335: 909-918.

12. Frossard JL, Sosa-Valencia L, Amouyal G, Marty O, Hadengue A, Amouyal P. Usefulness of endoscopic ultrasonography in patients with "idiopathic" acute pancreatitis. Am J Med 2000;109: 196-200.

13. Yusoff IF, Raymond G, Sahai AV. A prospective comparison of the yield of EUS in primary vs. recurrent idiopathic acute pancreatitis. Gastrointest Endosc 2004; 60: 673-678.

14. Prat F, Edery J, Meduri B, Chiche R, Ayoun C, Bodart M, Grange D,

Loison F, Nedelec P, Sbai-Idrissi MS, Valverde A, Vergeau B. Early EUS of the bile duct before endoscopic sphincterotomy for acute biliary pancreatitis. Gastrointest Endosc 2001; 54: 724-729.

15. Napoleon B, Dumortier J, Keriven-Souquet O, Pujol B, Ponchon T, Souquet JC. Do normal findings at biliary endoscopic ultrasonography obviate the need for endoscopic retrograde cholangiography in patients with suspicion of common bile duct stone? A prospective follow-up study of 238 patients. Endoscopy 2003; 35: 411-415.

16. Norton SA, Alderson D. Endoscopic ultrasonography in the evaluation of idiopathic acute pancreatitis. Br J Surg 2000; 87: 1650-1655.

17. **Liu CL, Lo CM, Chan JK, Poon RT, Fan ST. EUS for detection of occult cholelithiasis in patients with idiopathic pancreatitis. Gastrointest Endosc 2000; 51: 28-32.**

18. **Hirano K, Komatsu Y, Yamamoto N, Nakai Y, Sasahira N, Toda N, Isayama H, Tada M, Kawabe T, Omata M. Pancreatic mass lesions associated with raised concentration of IgG4. Am J Gastroenterol 2004; 99: 2038-2040.**

19. Hamano H, Kawa S, Horiuchi A, Unno H, Furuya N, Akamatsu T, Fukushima M, Nikaido T, Nakayama K, Usuda N, Kiyosawa K. High serum IgG4 concentrations in patients with sclerosing pancreatitis. N Engl J Med 2001; 344: 732-738.

20. Levy MJ, Reddy RP, Wiersema MJ, Smyrk TC, Clain JE, Harewood GC, Pearson RK, Rajan E, Topazian MD, Yusuf TE, Chari ST, Petersen BT. EUS-guided trucut biopsy in establishing autoimmune pancreatitis as the cause of obstructive jaundice. Gastrointest Endosc 2005; 61: 467-472.

21. Rocca R, De Angelis C, Castellino F, Masoero G, Daperno M, Sostegni R, Rigazio C, Crocella L, Lavagna A, Ercole E, Pera A. EUS diagnosis and simultaneous endoscopic retrograde cholangiography treatment of common bile duct stones by using an oblique-viewing echoendoscope. Gastrointest Endosc 2006; 63: 479-484.

22. Mariani A, Curioni S, Zanello A, Passaretti S, Masci E, Rossi M, Del Maschio A, Testoni PA. Secretin MRCP and endoscopic pancreatic manometry in the evaluation of sphincter of Oddi function: a comparative pilot study in patients with idiopathic recurrent pancreatitis. Gastrointest Endosc 2003; 58: 847-852.

23. **Kahaleh M, Hall HD, Kohli A, Cortes Alaguero C et al. Does cholecystectomy protect from recurrent gallstone pancreatitis after biliary sphincterotomy? A prospective study. Gastrointest Endosc. 2007;65:223AB.**

24. Ammann R. Diagnosis and management of chronic pancreatitis: current knowledge. Swiss Med Wkly 2006;136:166–174.

25. **DiMagno M, DiMagno P. Chronic Pancreatitis. Curr Opin Gastroenterol 2006, 22:487–497.**

26. Witt H, Apte M, Keim V, et al. Chronic Pancreatitis: Challenges and

Advances in Pathogenesis, Genetics, Diagnosis, and Therapy. Gastroenterology 2007;132:1557–1573.

27. **Dominguez-Muñoz JE. Clinical Pancreatology for Practising Gastroenterologists and Surgeons. Edit. Blackwell Publishing. 2005: 259-267**

28. **Dominguez-Muñoz JE. Pancreatitis crónica y sus complicaciones. En: Montoro MA, García Pagán JC, Castells A, Gomollón F, Mearín F, Panés J, Pérez Gisbert J, Santolaria S, eds. Problemas comunes en la práctica clínica "Gastroenterología y Hepatología". Jarpyo editores. Madrid, 2006: 461-474.**

29. **AGA technical review: treatment of pain in chronic pancreatitis. Gastroenterology 1998; 15: 765-76.**

30. Delhaye M, Matos C, Deviere J. Endoscopic management of chronic pancreatitis. Gastrointest Endosc Clin North Am 2003; 13: 717-42

31. Wittel UA, Pandey KK, Andrianifahanana M, Johansson SL, Cullen DM et al. Chronic pancreatic inflammation induced by environmental tobacco smoke inhalation in rats. Am J Gastroenterol. 2006 Jan;101(1):148-59.

32. Scheiman JM. Cystic lesion of the pancreas. Gastroenterology. 2005 Feb;128(2):463-9.

33. **Garcea G, Ong SL, Rajesh A, Neal CP, Pollard CA et al. Cystic lesions of the pancreas. A diagnostic and management dilemma. Pancreatology 2008; 8(3):236-51.**

34. **Vignesh S, Brugge WR. Endoscopic Diagnosis and Treatment of Pancreatic Cysts. J Clin Gastroenterol 2008;42:493–506.**

35. **Jacobson BC, Baron TH, Adler DG, Davila RE, Egan J et al. American Society for Gastrointestinal Endoscopy. ASGE guideline: The role of endoscopy in the diagnosis and the management of cystic lesions and inflammatory fluid collections of the pancreas. Gastrointest Endosc. 2005;61(3):363-70.**

36. **Giovannini M. What is the best endoscopic treatment for pancreatic pseudocysts? Gastrointest Endosc. 2007 Apr;65(4):620-3.**

37. Aghdassi AA, Mayerle J, Kraft M, Sielenkämper AW et al. Pancreatic pseudocysts - when and how to treat? HPB (Oxford) 2006;8(6):432-41.

38. **Brugge WR, Lauwers GY, Sahani D, Fernandez-del Castillo C et al. Cystic neoplasms of the pancreas. N Engl J Med. 2004 Sep 16;351(12):1218-26.**

39. Levy MJ, Clain J. Evaluation and Management of Cystic Pancreatic Tumors: Emphasis on the Role of EUS FNA. Clinical Gastroenterology and Hepatology 2004;2:639–653.

40. Seijo S, Lariño J, Iglesias J, Lozano A, Dominguez JE. Tumor papilar, mucinoso e intraductal: abordaje diagnóstico y terapéutico. Gastroenterología y Hepatología 2008;31(2):92-97.

41. **Goh BK, Tan YM, Thng CH, Cheow PC, Chung YF, Chow PK et al. How useful are clinical, biochemical, and cross-sectional imaging**

features in predicting potentially malignant or malignant cystic lesions of the pancreas? Results from a single institution experience with 220 surgically treated patients. J Am Coll Surg. 2008 Jan;206(1):17-27.

42. Allen PJ, D'Angelica M, Gonen M, Jaques DP, Coit DG et al. A selective approach to the resection of cystic lesions of the pancreas: results from 539 consecutive patients. Ann Surg. 2006 Oct;244(4):572-82.

PATOLOGÍA INTESTINAL

Luis Vázquez Pedreño - Isabel Pinto García – Cristina Montes Aragón

Se exponen las patologías más frecuentes en la consulta de gastroenterología: el síndrome de intestino irritable, estreñimiento crónico y diarrea crónica. De los dos primeros se aborda el diagnostico y manejo terapéutico, mientras que de la última se detalla el procedimiento diagnóstico y manejo terapéutico general, pues el tratamiento específico depende de la etiología de base y escapa a los objetivos de este manual. Finalmente, se aborda el cribaje y seguimiento del cáncer colorrectal y pólipos colónicos.

SÍNDROME DE INTESTINO IRRITABLE

El síndrome de intestino irritable (SII) es el trastorno funcional digestivo más frecuentemente evaluado en una consulta médica. La prevalencia del mismo en la población española varía, según los estudios y criterios diagnósticos aplicados, entre el 3.3% y el 12%. Se estima que entre el 25-75 % de estos pacientes, en algún momento, solicitan valoración de su problema por un especialista. La alta prevalencia de SII junto con el alto impacto en la calidad de vida de los pacientes (incluso mayor que en enfermedades orgánicas como enfermedad inflamatoria intestinal o ERGE erosiva) hace fundamental el adecuado manejo de esta patología en una consulta general de gastroenterología.

El SII se caracteriza por la presencia de dolor o discomfort abdominal asociado a cambios en la frecuencia y/o consistencia de las deposiciones. Es importante hacer hincapié en la asociación de ambos síntomas, pues cada uno de ellos por separado, aunque cumpliesen criterios de funcionalidad, quedarían encuadrados en otros trastornos funcionales digestivos (TFD) como estreñimiento crónico, diarrea crónica o dolor abdominal crónico.

También es necesario que los síntomas se prolonguen en el tiempo, al menos 12 semanas, pues trastornos con sintomatología de corta duración quedan excluidos del SII.

Se desconoce la etiología exacta del SII aunque se han puesto de manifiesto anomalías en la motilidad intestinal así como alteraciones en la sensibilidad visceral, que esta aumentada ante estímulos normales (hiperalgesia visceral), y trastornos de la esfera psicológica.

Actualmente existe evidencia de trastornos microinflamatorios en el SII con aumento de linfocitos intraepiteliales y mastocitos en la pared intestinal, que podrían explicar la persistencia del fenómeno de hiperalgesia visceral.

1.- ABORDAJE DIAGNÓSTICO

Durante mucho tiempo el diagnóstico del SII se ha basado en la exclusión de la patología orgánica; la tendencia actual es realizar un diagnóstico positivo a través de criterios diagnósticos que permitan diferenciarlo de otros procesos orgánicos, sin necesidad de recurrir a pruebas complementarias innecesarias cuando se sospecha la existencia de un trastorno funcional.

En 1978 surgieron los primeros criterios diagnósticos de Manning, que fueron sustituidos en 1988 por los criterios de Roma, formulados por un comité de expertos; la última modificación ha sido realizada en 2006 con los criterios de Roma III, menos restrictivos que los previos (Ver **Tabla 34**). Los criterios de Roma II, utilizados hasta ahora, requerían una evolución de al menos 12 meses de los síntomas mientras que los de Roma III acortan este período a 6 meses.

Tabla 34. Criterios diagnósticos de Roma III (2006)
Criterios diagnósticos de Roma III

Dolor o molestia abdominal* recurrente al menos 3 días por mes en los últimos 3 meses relacionado con dos o más de los siguientes:
  Mejora con la deposición.
  Comienzo coincidente con un cambio en la frecuencia de las deposiciones.
  Comienzo coincidente con cambio en la consistencia de las deposiciones.
 	
* Los síntomas deben iniciarse al menos 6 meses antes de establecer el diagnóstico.

Con los criterios de Roma III, los subtipos de SII con patrón de estreñimiento, de diarrea o mixto, se establecen según la consistencia de las heces evaluada por la escala visual de Bristol.

Así, si más del 25% de las deposiciones son del tipo 1 y 2 se considera SII tipo estreñimiento; si el 25% corresponden a heces tipo 6 y 7 se trataría de SII tipo diarrea, y si hay más de un 25% de ambas se trataría de un SII mixto (ver **Figura 4**).

Así, llegamos al diagnóstico del SII en un paciente que cumple los criterios expuestos anteriormente y que no presenta síntomas de alarma como:

- Comienzo de los síntomas con 50 años o más.
- Antecedentes familiares de cáncer de colon, enfermedad inflamatoria intestinal o celiaquía.
- Síntomas nocturnos.
- Fiebre.
- Pérdida de peso no explicable por otra causa.
- Presencia sangre en las heces.

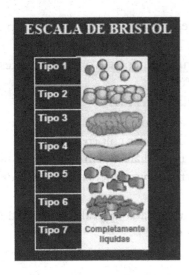

Figura 4. Escala de Bristol: clasificación de las deposiciones según su forma y consistencia.

La exploración física debe excluir cualquier hallazgo que sugiera organicidad como lesiones dérmicas, linfadenopatías, masas abdominales, etcétera.

El abordaje diagnóstico de pacientes con síntomas sugestivos de SII consiste en:

1.- Valoración de criterios clínicos de Roma III.

2.- Ausencia de síntomas de alarma.

3.- Examen físico normal.

En pacientes que no cumplen estos requisitos, se debe investigar organicidad según el patrón clínico dominante (diarrea o estreñimiento). En los que sí los cumplan, se puede establecer un diagnóstico positivo de SII. Según varios estudios, la probabilidad de que realmente estemos ante un SII en este grupo de pacientes (valor predictivo positivo de los criterios) es superior al 98%.

Se recomienda iniciar tratamiento médico y reevaluar en 4-6 semanas la respuesta clínica. Aunque la ausencia de respuesta no es un dato objetivo de alarma, ya que es un hecho muy frecuente en el SII, sí nos obliga a considerar otras posibilidades de diagnóstico diferencial (ver **Tabla 35**).

Tener en cuenta que, en pacientes con SII tipo diarrea, es coste efectivo solicitar inicialmente (junto a la analítica general) los marcadores serológicos de enfermedad celiaca, puesto que su prevalencia en la población general es del 2-6%.

2.- PRUEBAS DIAGNÓSTICAS

- **Analítica general con hemograma, coagulación y bioquímica**; la medición de parámetros inflamatorios (PCR, VSG) no se recomienda salvo que existan datos de alarma o bien falta de respuesta al tratamiento inicial. Tampoco se recomienda la determinación de TSH (las alteraciones tiroideas en la población general tienen la misma prevalencia que en SII).

La serología de enfermedad celiaca es coste efectiva en caso de SII tipo diarrea.

- **Parásitos en heces**: no está justificado su examen salvo en pacientes inmunodeprimidos o viajes a zonas endémicas.
- **Estudio baritado de colon**: no son de utilidad en el SII.
- **Colonoscopia**: sólo recomendada en caso de síntomas de alarma y en pacientes mayores de 50 años como cribado de cáncer colorrectal.
  Se indica también en pacientes con SII tipo diarrea sin respuesta al tratamiento, para despistaje de colitis microscópica mediante toma de biopsias colónicas.
- **Test de intolerancia a la lactosa**: no está justificada su realización, dado que su prevalencia en la población general es del 32%.

3.- DIAGNÓSTICO DIFERENCIAL

Tabla 35. Diagnóstico diferencial del SII
Trastornos digestivos por factores dietéticos
Intolerancia a hidratos de carbono
Intolerancia a fructosa-sorbitol
Cafeína o alcohol
Alimentos grasos y flatulentos
Trastornos por fármacos
Antibióticos, antiácidos, laxantes con magnesio.
Aines, colchicina
Quimioterápicos
Opiáceos
Infecciones
Bacterianas
Protozoos/ VIH
Sobrecrecimiento bacteriano
Malabsorción
Postgastrectomía
Enfermedad celíaca
Insuficiencia pancreática
Enfermedad inflamatoria
Enfermedad Crohn/ Colitis ulcerosa
Colitis microscópica
Miscelánea
Tumores neuroendocrinos
Cáncer de colon
Colitis isquémica
Endometriosis
Hiperparatiroidismo

4.- TRATAMIENTO

El tratamiento del SII presenta un espectro muy variado, y puede ser distinto según la variabilidad de los síntomas, la intensidad de los mismos, la repercusión sobre la calidad de vida del paciente, así como los trastornos que puedan existir en la esfera psicoafectiva.

4.1.- MEDIDAS GENERALES

En todos los trastornos funcionales, pero especialmente en el SII, es muy importante fomentar una correcta relación médico-paciente; esto por un lado le permite al paciente comprender el origen de sus síntomas, y por otro nos puede ayudar a detectar algún estado psicopatológico (ansiedad, depresión, etcétera) que pueda influir en la sintomatología.

Cambios dietéticos: aunque no existe evidencia científica, pueden obtenerse beneficios clínicos en algunos pacientes al restringirse determinados alimentos como café, alimentos con alto contenido graso, alcohol, diversas legumbres, bebidas gaseosas o azúcares no absorbibles como sorbitol. No debe recomendarse restricción dietética, aunque sí observar la relación de la aparición de los síntomas con algunos de estos alimentos.

Cambios en el estilo de vida como la realización de ejercicio físico y abandono del hábito tabáquico también pueden ser útiles, como por ejemplo en el paciente con SII tipo diarrea, en el cual el tabaco puede condicionar aumento de la sintomatología.

4.2.- TRATAMIENTO FARMACOLÓGICO

Se recomienda en casos moderados o graves cuando no hay respuesta a las medidas mencionadas.

La orientación del tratamiento farmacológico se realiza en función del síntoma predominante. A continuación desglosaremos cada grupo terapéutico.

4.2.1.- Espasmolíticos

Relajan la musculatura lisa, disminuyendo el dolor sobre todo en relación a la ingesta; aunque han demostrado utilidad en el control del dolor, pueden aumentar la constipación en los casos de SII con patrón de estreñimiento. En España disponemos de mebeverina a dosis de 135 mg cada 8 horas, bromuro de octilonio (40 mg cada 8 horas), trimebutina (200 mg cada 8 horas) y bromuro de pinaverio (50 mg cada 8 horas). Un metaanálisis reciente sólo encuentra mejoría global de los síntomas del SII con octilonio bromuro.

4.2.2.- Antidepresivos

Utilizados a dosis menores de las antidepresivas, pueden ser útiles en el control del dolor. Los más usados son los antidepresivos tricíclicos (amitriptilina, imipramina, desipramina). Se recomienda iniciar con dosis de 10 mg y aumentarla semanalmente hasta alcanzar 50 mg. A dosis mayores es recomendable valorar un ECG por sus efectos arritmogénicos. Los inhibidores de recaptación de serotonina (fluoxetina, paroxetina, citalopram) también se han usado, evitando los efectos secundarios de los tricíclicos.

En un reciente metaanálisis se concluye que no existe suficiente evidencia para recomendar el uso de antidepresivos en el tratamiento del SII, con lo cual se aconseja reservar su uso para casos severos sin respuesta a tratamiento convencional.

4.2.3.- Fibra

Existen múltiples estudios sobre el uso de fibra como agente formador de masa fecal. La fibra insoluble no mejora el dolor ni los síntomas globales del SII, e incluso puede aumentar la distensión abdominal y la flatulencia. Puede mejorar el estreñimiento asociado a SII a dosis de hasta 20-25 gr./día. En caso de intolerancia, puede usarse fibra soluble como ispagula (plantago ovata 3.5-20 mg./día).

4.2.4.- Laxantes

Los laxantes estimulantes como bisacodilo (5-10 mg./día) o sen (7.5-22.5 mg./día) pueden aumentar el dolor abdominal, por lo que se recomienda el uso de laxantes osmóticos (lactitol: 10-20 gr./día, lactulosa: 15-30 gr./día, polietilenglicol: 1-3 sobres/día) o salinos para tratar el SII tipo estreñimiento, cuando no hay respuesta al tratamiento con fibra. Sin embargo, tener en cuenta que no son eficaces para el control global de los síntomas.

4.2.5.- Procinéticos

La metoclopramida y la domperidona, antagonistas de los receptores dopaminérgicos D2, actúan estimulando el tránsito gastrointestinal con lo que podrían mejorar el estreñimiento. El único que ha sido evaluado es la domperidona, mejorando la distensión abdominal aunque no los síntomas globales de SII.

4.2.6.- Agentes con acción en receptores de serotonina

La cisaprida y renzaprida, con acción mixta antagonista 5-HT3 y agonista 5-HT4, presentan efecto procinético; la primera ha demostrado mejorar la frecuencia de las deposiciones en pacientes con estreñimiento, pero ha sido retirada por efectos adversos severos cardiovasculares. Sobre la renzaprida no existen datos concluyentes hasta el momento.

Fármacos no disponibles en España: el tegaserod (4-12 mg/día hasta 12 semanas), agonista selectivo del receptor 5-HT4, actúa aumentando la motilidad intestinal y la secreción de electrolitos a nivel de intestino delgado y colon proximal, disminuyendo a su vez la sensibilidad visceral. Varios estudios señalan su eficacia en el control global de los síntomas del SII que cursa con estreñimiento. Los efectos secundarios más frecuentes son diarrea, cefalea y se han comunicado algunos casos de colitis isquémica. En EE.UU fue aprobado para su uso en mujeres con SII y estreñimiento (no en el caso de hombres), aunque actualmente se ha restringido su utilización hasta disponer de más estudios.

El alosetrón (2 mg./día 4 semanas), un antagonista de receptores 5-HT3, ha demostrado ser eficaz en el control de los síntomas globales del SII con diarrea, mejorando el número de deposiciones, su consistencia, la urgencia defecatoria y el dolor abdominal. Actualmente se utiliza en EE.UU de forma restringida, en mujeres con SII y diarrea severa. El ondansetrón, aprobado en Europa como antiemético, se ha usado en varios estudios con resultados contradictorios. En estudio también está el cilansetrón.

4.2.7.- Antidiarreicos

La loperamida (5-10 mg./día) es un derivado opioide que actúa disminuyendo la motilidad intestinal; ha demostrado disminuir el número de deposiciones y aumentar la consistencia de las mismas, aunque no mejora los síntomas globales del SII. A dosis altas aumenta el tono del esfínter anal, con lo que puede aliviar la incontinencia que presentan muchos de los pacientes con diarrea.

Las resinas de intercambio aniónico (colestiramina: 8-24 gr./día, colestipol: 5-10 gr./día) se han usado de manera empírica sin estudios que valoren su eficacia en el SII.

4.3.- PSICOTERAPIA

Incluye la terapia cognitivo-conductual, conductista, técnicas de relajación, biofeed-back y terapia psicodinámica; aunque no existe evidencia científica que la avale, se recomienda en el caso de pacientes con refractariedad al tratamiento convencional y síntomas severos. Podría mejorar la sintomatología así como la capacidad de adaptación del paciente al cuadro.

5.- ALGORITMOS DE TRATAMIENTO

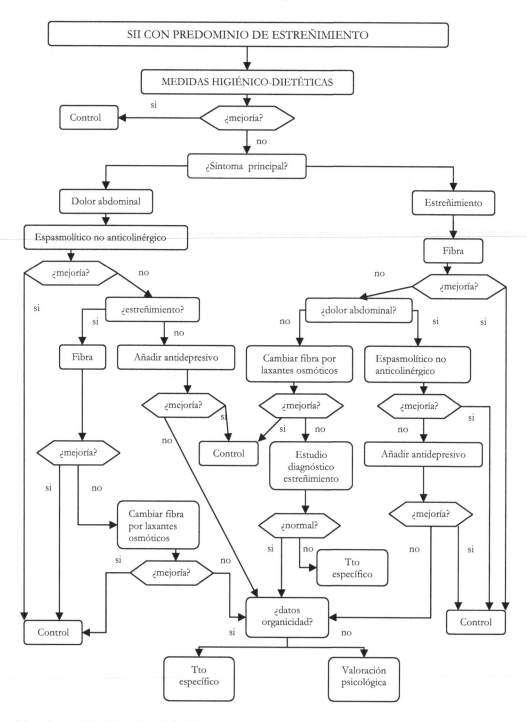

Algoritmo 13. Manejo del SII con patrón de estreñimiento (modificado de "Guía de práctica clínica de síndrome de intestino irritable")

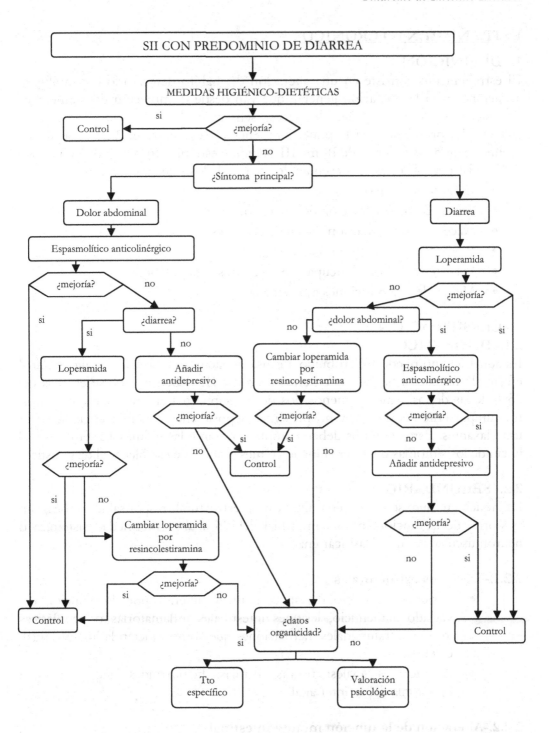

Algoritmo 14. Manejo del SII con patrón de diarrea (modificado de "Guía de práctica clínica de síndrome de intestino irritable")

ESTREÑIMIENTO CRÓNICO

1.- DEFINICIÓN

El estreñimiento consiste en una alteración del hábito defecatorio con múltiples acepciones para la población general, que van desde disminución del número de deposiciones, de la cantidad de heces, sensación de evacuación incompleta, etcétera. La prevalencia en la población general oscila entre el 2-28%, según las fuentes. Según los criterios de Roma III se define estreñimiento cuando en más del 25% de las deposiciones se presentan dos o más de los siguientes síntomas:

- Esfuerzo excesivo.
- Sensación de obstrucción del área anorrectal.
- Necesidad de extracción digital de las heces.
- Presencia de heces duras o caprinas.
- Persiste sensación de ocupación rectal tras la deposición.
- Menos de 3 deposiciones a la semana.

2.- CLASIFICACIÓN
2.1.- IDIOPÁTICO

Es aquel que no puede ser atribuido a causa estructural o bioquímica alguna, ni al efecto de fármacos. Según los criterios de roma III deben cumplirse en más del 25% de las deposiciones al menos dos de los supuestos anteriormente descritos, no cumplir criterios de SII, y no presentar deposiciones con frecuencia si no se usan laxantes. Estos criterios deben cumplirse durante las últimas 12 semanas y el inicio de los síntomas debe ser al menos 6 meses antes de establecer el diagnóstico.

2.2.- SECUNDARIO

Es aquel en que se determina una causa estructural responsable o bien un trastorno de la función motora intestinal debido a una enfermedad sistémica o neuromuscular; se suele clasificar en:

2.2.1.- Lesiones estructurales

- Lesiones en tracto digestivo: a nivel superior por disminución del vaciado alimenticio, lesiones intestinales inflamatorias o neoplásicas intra o extraluminales, herniaciones que comprometan la luz intestinal, etcétera.
- Alteraciones anales: fisuras, fístulas, hemorroides que provoquen hipertonía del esfínter anal.

2.2.2.-Alteración de la función motora intestinal

- Trastornos endocrinometabólicos: los más frecuentes son el hipotiroidismo y la diabetes mellitus (un 60% muestran formas leves o moderadas de estreñimiento por neuropatía autónoma). Menos frecuentes son hipercalcemia (debida a hiperparatiroidismo, síndrome paraneoplásico o sarcoidosis), uremia, glucagonoma, porfiria, intoxicación plúmbica, etcétera.

- Causas neurógenas: con afectación entérica (enfermedad de Hirschsprung, enfermedad de Chagas), con afectación de la inervación extrínseca del colon (traumatismos medulares, mielomeningocele sacro, tabes dorsal, esclerosis múltiple), afectación cerebral (accidentes cerebrovasculares, demencia, enfermedad Parkinson) o trastornos psiquiátricos (depresión, psicosis, anorexia nerviosa).

- Enfermedades con afectación de la musculatura lisa intestinal: miopatías congénitas o adquiridas, esclerosis sistémica, amiloidosis, etcétera.

- Fármacos: antiácidos (sales de aluminio), bismuto, antiparkinsonianos, antidepresivos, antiepilépticos, antipsicóticos, calcioantagonistas, suplementos de calcio, quelantes de sales biliares, opiáceos, etcétera.

- Lesiones anorrectales y/o del suelo pélvico: son frecuentes en mujeres con antecedente de cirugía ginecológica o trauma obstétrico, e incluyen el prolapso rectal, síndrome del periné descendente y síndrome de úlcera rectal solitaria.

3.- FISIOPATOLOGÍA

En referencia al estreñimiento crónico idiopático (ECI), se ha postulado durante años que la causa primordial del mismo era la baja ingesta de fibra en la dieta y la ausencia de ejercicio físico, lo cual no ha podido demostrarse a través de estudios clínicos. Sin embargo es cierto que estos dos factores pueden contribuir a la perpetuación de los síntomas. Actualmente se relaciona el ECI con:

- Alteraciones primarias de la motilidad cólica, bien sea por descenso de las ondas propulsivas (inercia colónica) o por incremento de actividad colónica descoordinada a nivel de colon distal.

- Obstrucción funcional distal: incluye la disinergia rectoesfinteriana y la disfunción del suelo pélvico. Consiste en la ausencia de relajación o incluso contracción paradójica del músculo puborectal y del esfínter anal externo.

- Percepción rectal anómala: consiste en la ausencia del deseo de defecación cuando la ampolla rectal se llena de heces, y suele presentarse cuando de forma reiterada y voluntaria se inhibe el deseo de defecación.

- Disminución de la prensa abdominal.

- Factores psicológicos: la mayoría de los casos severos y refractarios de estreñimiento crónico suelen relacionarse con alteraciones de la esfera psicosocial del paciente con presencia de tránsito colónico y función anorrectal normal.

4.- DIAGNÓSTICO

La realización de una historia clínica minuciosa, haciendo hincapié en las características del estreñimiento, es vital para determinar aquellos pacientes que serían subsidiarios de estudios complementarios. Investigar antecedentes clínicos de enfermedades sistémicas, trastornos endocrinos o consumo de fármacos que puedan justificar un estreñimiento secundario, así como los hábitos dietéticos, estilos de vida y síntomas psicológicos que puedan condicionar el estreñimiento.

Es necesario descartar síntomas de alarma:

- Comienzo de la clínica a partir de los 50 años.
- Antecedentes familiares de cáncer de colon, enfermedad inflamatoria o enfermedad celíaca.
- Cambio reciente del hábito intestinal.
- Presencia de dolor abdominal/anal con las deposiciones (sin criterios de SII).
- Si el síntoma predominante es el esfuerzo excesivo para la defecación, puede indicar patología anorrectal orgánica. La ausencia de deseo de defecación indica más comúnmente alteración de la motilidad y percepción rectal anómala.
- Presencia de sangre o pus en las heces. El moco no se considera producto patológico aunque puede estar asociado a pólipos vellosos.
- Pérdida de peso no explicable por otras causas.
- Fiebre.

La exploración física debe incluir una valoración abdominal (descartar masas, hernias, ver cicatrices previas, etcétera), valoración perineal y rectal; en esta última es recomendable, aparte de realizar el tacto rectal, realizar las siguientes dos maniobras:

- Explorar el reflejo anal, mediante pequeños pinchazos en los cuatro cuadrantes anales que deberían desencadenar la contracción del esfínter externo, ya que su ausencia orienta hacia la presencia de neuropatía.
- Valorar la respuesta del esfínter anal externo al esfuerzo simulado de defecación, pues la ausencia de relajación del esfínter durante esta maniobra sugiere disinergia rectoesfinteriana u obstrucción funcional.

Las pruebas de laboratorio recomendadas en la valoración del estreñimiento incluyen un hemograma, parámetros inflamatorios (VSG, PCR), bioquímica con glucemia, calcemia y hormonas tiroideas.

En la **Tabla 36** describimos las distintas pruebas complementarias disponibles para el estudio del estreñimiento crónico, por un lado aquéllas dirigidas a descartar lesiones estructurales (radiografía simple de abdomen, enema opaco, colonoscopia) y las que valoran la función motora colónica (manometría anorrectal, electromiografía de suelo pélvico, estudio de motilidad colorrectal, estudio dinámico de defecación).

Tabla 36. Diagnóstico del estreñimiento crónico	
Pruebas complementarias para estudio del estreñimiento crónico	Utilidad
Radiografía simple de abdomen	Descartar obstrucción mecánica del tracto digestivo (hernias, volvulaciones, impactación fecal).
Enema opaco	Escasa utilidad. Evaluar tamaño y morfología del colon (megacolon, diverticulosis, morfología de estenosis).
Colonoscopia	Evaluar todo tipo de lesiones estructurales (pólipos, neoplasias, estenosis, trastornos inflamatorios) y toma de biopsias para estudio anatomopatológico.
Manometría anorrectal	Evaluar la actividad motora del recto y esfínter anal. Evaluar reflejo rectoanal (mediante distensión con balón intrarrectal, debe aparecer relajación del esfínter anal interno, alterado en enfermedad de Hirschsprung. Valorar función anorrectal durante la defecación (debe haber aumento de presión rectal y relajación de esfínter anal externo, alterado en disinergia del suelo pélvico).
Electromiografía de suelo pélvico	Valora la actividad motora del esfínter anal y músculo puborectal en reposo y durante defecación. Útil para valorar la disinergia rectoesfinteriana; actualmente desplazada por el uso de la manometría.
Estudio de tránsito colónico	Se realiza con la ingesta de marcadores radio opacos (10 al día) durante 3 días consecutivos y la realización de una radiología simple al 4° y 7° día.
Estudio de motilidad colónica	Valorar la inercia colónica, técnicamente difícil mediante electromiografía o manometría. Valorar la indicación de resección colónica segmentaria o total en casos de estreñimiento severo. Más útil en niños.
Estudio dinámico de defecación	Se realiza mediante la expulsión de un balón intrarrectal, el proctograma o la defecografía. Valoran el volumen intrarrectal, el comportamiento del suelo pélvico y del esfínter anal durante la defecación.

El esquema diagnóstico ante el paciente con estreñimiento crónico es el siguiente:

1.- Historia clínica y exploración física sin alteraciones. Descartar presencia de enfermedades endocrinometabólicas, sistémicas o uso de fármacos concomitantes. Descartar otros síntomas que sugieran un síndrome de intestino irritable.

2.- Valorar examen de laboratorio con hemograma, VSG, bioquímica con glucemia, calcemia y hormonas tiroideas.

3.- Valorar la presencia de síntomas de alarma o datos de sospecha de daño estructural. Si éstos existen realizar colonoscopia.

4.- Si la colonoscopia descarta lesiones estructurales realizar ensayo terapéutico, aplicar medidas dietéticas y cambios de estilo de vida.

5.- Si no hay respuesta terapéutica, valorar el patrón del estreñimiento; si es de defecación infrecuente realizar estudio de tránsito colónico, si el patrón es esfuerzo excesivo durante la defecación realizar manometría rectal, test de expulsión con balón o defecografía (Ver **Algoritmo 15** al final del capítulo).

5.- TRATAMIENTO

5.1.- MEDIDAS HIGIÉNICO-DIETÉTICAS

Realización de ejercicio físico, consumo de fibra en la dieta, adecuada ingesta de líquidos, adoptar horario regular para la defecación (aprovechar el desayuno ya que el reflejo gastrocólico es de mayor intensidad), intentar no reprimir el deseo de evacuación.

Se debe aumentar el consumo de fibra hasta unos 30 gr./día, teniendo en cuenta que en promedio la dieta occidental aporta unos 15 gr./día. El salvado de trigo aporta 44 gr. de fibra/ por cada 100 gr. del producto. Es particularmente útil si el tránsito colónico es normal; en caso de tránsito lento u obstrucción funcional distal puede existir empeoramiento de la clínica.

5.2.- LAXANTES

5.2.1.- Agentes formadores de volumen (mucílagos)

Tiene efecto similar a la fibra dietética. Proporcionan un aumento del volumen de las heces aumentando el contenido de agua de las mismas.

Se usan la semilla de psilio (plantago ovata: 3.5-10 mg./día) o derivados semisintéticos como la metilcelulosa (3-5 gr./día, presentado en capsulas de 500 mg.). No tienen efecto inmediato en la corrección del estreñimiento y producen flatulencia. Inocuos en su uso prolongado.

5.2.2.- Osmóticos

En este grupo se encuentran:

- Los laxantes salinos; entre estos tenemos las sales de magnesio: presentado como granulado de 100 gr. (1-2 cucharadas/día) o sales de sodio: usado para limpieza intestinal antes de exploraciones diagnósticas.

- Los azúcares no absorbibles: lactulosa (10-20 gr./día), lactitol (10-20 gr./día), y polietilenglicol (13.2-40 gr./día), asociando este último electrolitos.

Los laxantes salinos aumentan el contenido de agua de las heces, no se recomienda el sulfato de magnesio en insuficiencia renal. Los azúcares no absorbibles son fermentados en el colon produciendo ácidos grasos de cadena corta y CO_2. Esto hace que disminuya el pH intestinal y se produzca un efecto osmótico y estimule la motilidad. Producen flatulencia por la producción de CO_2.

El lactitol no altera la glucemia, por lo que puede administrarse en diabéticos.

5.2.3.- Laxantes estimulantes

Actúan sobre el plexo mientérico activando la peristalsis y la secreción de agua. Este grupo incluye los derivados antraquinónicos (cáscara sagrada, aloe, sen: 7.5-22.5 mg./día), los polifenólicos (bisacodilo: 5-10 mg./día) y el aceite de ricino.

No se recomienda su uso prolongado por el efecto deletéreo que pueden tener en el plexo mientérico y los disturbios hidroelectrolíticos que pueden causar. El uso prolongado de derivados antraquinónicos produce la pigmentación de la mucosa colónica (melanosis coli).

5.2.4.- Agentes emolientes de las heces

Favorecen la mezcla del componente graso e hidrófilo de las heces, facilitando su deslizamiento. Incluye el docusato sódico (100-500 mg./día) y los aceites minerales como el aceite de parafina (4-12 gr./día). Útiles en ancianos para evitar impactación fecal y en estreñimiento asociado a tratamiento con opiáceos. Los aceites minerales no deben administrarse antes de las comidas (malabsorción de vitaminas liposolubles) y pueden causar neumonitis lipoidea por aspiración. El docusato sódico puede producir hepatitis periportal.

La glicerina también pertenece a este grupo y se emplea en forma de supositorio.

5.3.- AGENTES PROCINÉTICOS

La mayoría no se encuentran disponibles para uso clínico. Estarían indicados en casos de estreñimiento severo con inercia cólica. Existen múltiples agentes con diferente mecanismo de acción como neostigmina (parasimpaticomimético de uso hospitalario), el tegaserod o prucalopida (agonistas serotoninérgicos no aprobados en Europa con esta indicación). El tegaserod ha demostrado disminuir el tiempo de tránsito colónico.

La colchicina (0.6 mg./8 horas) y el misoprostol también han demostrado acortar el tiempo de tránsito aunque su mecanismo principal es el de aumentar la secreción de agua y electrolitos a nivel intestinal.

5.4.- TÉCNICAS DE BIOFEEDBACK O RETROALIMENTACIÓN

Útiles en el tratamiento de la disfunción del suelo pélvico o disinergia rectoesfinteriana. Consiste en la visualización digital del correcto mecanismo de relajación esfinteriana durante la defecación. Consiguen mejoría clínica en aproximadamente 2/3 de los pacientes.

5.5.- CIRUGÍA

Incluye distintas técnicas como colectomía segmentaria, colectomía total con anastomosis ileoanal o colectomía subtotal con anastomosis ileorrectal. Está indicada en casos muy seleccionados en los que no se demuestra enfermedad neurológica ni psiquiátrica subyacente. Los síntomas de obstrucción funcional distal no desaparecen salvo que el paciente quede con ileostomía.

En resumen, ante un paciente con estreñimiento crónico debemos iniciar tratamiento con medidas higiénico-dietéticas y cambios en el estilo de vida. Si esto no es suficiente añadir un agente formador de volumen, y si no responde ante esta medida añadir laxante salino.

Si fracasan las medidas anteriores, entonces añadir laxante osmótico o estimulante.

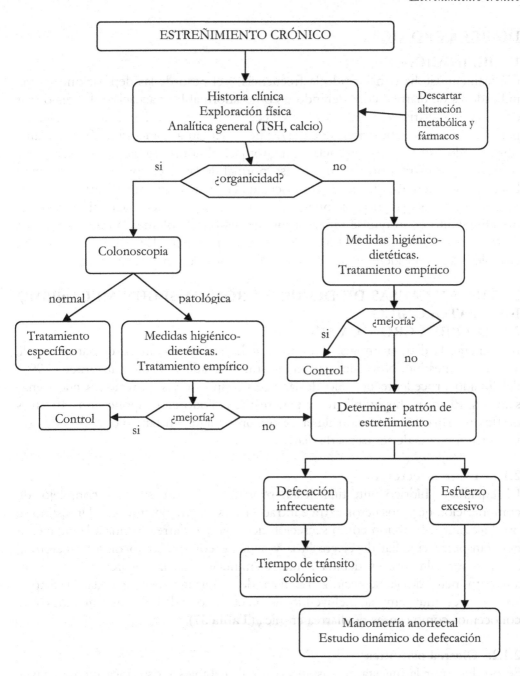

Algoritmo 15. Abordaje diagnóstico del estreñimiento crónico

DIARREA CRÓNICA

1.- DEFINICIÓN

Clásicamente se ha considerado la frecuencia o el peso de las deposiciones como indicadores de diarrea, considerándose como anormal la evacuación de tres o más deposiciones diarias o un peso de las heces > 200 g/día. Sin embargo, algunas personas evacuan deposiciones de mayor peso debido a la ingestión de abundante fibra siendo éstas de consistencia normal y por el contrario, algunos sujetos que consultan por diarrea presentan un peso normal de las heces pero de consistencia líquida. Se define diarrea como cualquier variación significativa de las características de las deposiciones, respecto al hábito deposicional previo del paciente, tanto en lo que se refiere a un aumento del volumen o de la frecuencia de las heces, como a una disminución de su consistencia. En base a la evolución cronológica se considera diarrea crónica aquella que dura más de 4 semanas.

2.- TIPOS Y CAUSAS DE DIARREA CRÓNICA SEGÚN MECANISMO FISIOPATOLÓGICO

2.1.- DIARREA CRÓNICA ACUOSA

En general, la diarrea implica la existencia de una alteración en el transporte de agua en el intestino. Normalmente, el intestino delgado y el colon absorben el 99% del líquido procedente no sólo de la ingesta, sino de las secreciones endógenas salivales, gástricas, hepatobiliares y pancreáticas. Todo ello supone unos 10 litros de fluido al día. La reducción de la absorción de agua en tan solo un 1% de este volumen total puede ser causa de diarrea.

2.1.1.- Diarrea secretora

El equilibrio hídrico intestinal está regulado por un sistema complejo de comunicación de mensajeros extra e intracelulares. Normalmente, en el intestino se produce tanto absorción como secreción de agua. La diarrea debida a la alteración del transporte epitelial de electrolitos y agua se conoce como diarrea secretora, aunque normalmente es debida a una disminución de la absorción y no a un aumento neto de la secreción. La lista de enfermedades asociadas a diarrea secretora es muy amplia incluyendo la práctica totalidad de las entidades que conocemos como causas de diarrea crónica (**Tabla 37**).

2.1.2.- Diarrea osmótica

Se produce por la ingesta de sustancias no absorbibles y osmótica mente activas que retienen fluido dentro de la luz intestinal, reduciendo con ello la absorción de agua. Los ejemplos más característicos son la ingestión de carbohidratos no absorbidos (lactosa, fructosa, sorbitol) y la ingestión de laxantes a base de magnesio, fosfato o sulfato.

La característica esencial de la diarrea osmótica es que desaparece con el ayuno o al evitar la ingesta de la sustancia provocadora.

DIARREA CRÓNICA ACUOSA

1. Osmótica

- Laxantes osmóticos (mg.$^{+2}$, PO^{-3}, SO$_4^{-2}$).

- Malabsorción de carbohidratos.

- Ingestión excesiva de carbohidratos poco absorbibles (lactulosa, sorbitol y manitol, fructosa, fibra).

2. Secretora

- Clorhidrorrea congénita.

- Enterotoxinas bacterianas.

- Malabsorción de ácidos biliares.

- Enfermedad inflamatoria intestinal (colitis ulcerosa, enfermedad de Crohn, colitis microscópica).

- Vasculitis.

- Abuso de laxantes estimulantes.

- Fármacos y venenos.

- Alergias alimentarias.

- Alteraciones de la motilidad (diarrea postvagotomía, neuropatía autonómica, diarrea postsimpatectomía, diabética, síndrome del intestino irritable, impactación fecal, incontinencia anal).

- Causa endocrinológica (enfermedad de Addison, hipertiroidismo, gastrinoma, vipoma, somatostatinoma, Síndrome carcinoide, mastocitosis).

- Otros tumores (carcinoma de colon, linfoma, adenoma velloso).

- Diarrea secretora idiopática.

- Otras: amiloidosis.

DIARREA CRÓNICA INFLAMATORIA

- Enfermedad inflamatoria intestinal (colitis ulcerosa, enfermedad de Crohn, diverticulitis, yeyunoileitis ulcerativa).

- Enfermedades infecciosas (bacterias: shigella, salmonella, campylobacter, yersinia, clostridium difícile; virus: herpes simple, CMV; parásitos: amebiasis, strongyloides).

- Colitis isquémica.

- Colitis por radiación.

- Neoplasias (cáncer de colon, linfoma).

DIARREA CRÓNICA CON ESTEATORREA

- Síndromes de malabsorción (enfermedades de la mucosa: celiaquía, Whipple, etcétera; síndrome del intestino corto, sobrecrecimiento bacteriano, isquemia mesentérica crónica).

- Síndromes del maldigestión (insuficiencia exocrina del páncreas, concentración inadecuada de ácidos biliares en la luz del intestino).

Tabla 37. Diagnóstico diferencial según mecanismo fisiopatológico

2.2.- DIARREA CRÓNICA INFLAMATORIA

Se define por la presencia de leucocitos o sangre en la materia fecal. Estos hallazgos fecales reflejan la ruptura y la inflamación de la mucosa. Las posibles etiologías de una diarrea inflamatoria son enfermedad inflamatoria intestinal, infecciones, enterocolitis pseudomembranosa, isquemia, enteritis por radiaciones y neoplasias. Estos trastornos pueden inducir diarrea secretora en ausencia de indicadores fecales de inflamación por lo que deben también considerarse en el diagnóstico diferencial de la misma.

2.3.- DIARREA CRÓNICA CON ESTEATORREA

La esteatorrea implica una alteración subyacente de la solubilización, la digestión o la absorción de las grasas en el intestino delgado. La evaluación de la diarrea grasa crónica tiene por finalidad principal diferenciar entre **maldigestión** (degradación intraluminal deficiente de los triglicéridos) y **malabsorción** (transporte mucoso deficiente de los productos derivados de la digestión). Las causas principales de maldigestión son la insuficiencia pancreática exocrina (pancreatitis crónica) y ausencia de bilis (cirrosis biliar primaria avanzada) mientras que las causas más frecuentes de malabsorción son las enfermedades de la mucosa (celiaquía, Whipple, giardiasis, enfermedad de Crohn, linfoma intestinal, gastroenteritis eosinofílica, linfangiectasia, abetalipoproteinemia, amiloidosis, mastocitosis y numerosas infecciones por hongos, parásitos, micobacterias y protozoos), sobrecrecimiento bacteriano, síndrome de intestino corto e isquemia mesentérica crónica.

3.- EVALUACIÓN DEL PACIENTE CON DIARREA CRÓNICA

Desde un punto de vista práctico, el enfoque diagnóstico del paciente con diarrea crónica debe basarse en la presencia de una serie de características que nos permitan distinguir entre pacientes con una diarrea de probable origen funcional o de probable origen orgánico. A continuación se describen los puntos clave que permiten al clínico establecer estas diferencias.

3.1.- HISTORIA CLÍNICA

El interrogatorio cuidadoso es la clave de la evaluación del paciente con diarrea siendo necesario realizar una anamnesis rigurosa y sistematizada teniendo en cuenta los siguientes aspectos:

3.1.1.- Duración de los síntomas

Los pacientes con diarrea aguda (menos de 4 semanas de evolución) deben diferenciarse de los que presentan diarrea crónica cuyo espectro diagnóstico es mucho más amplio.

3.1.2.- Severidad de la diarrea

En general, los pacientes no tienen una idea clara del volumen de las deposiciones. Sin embargo, el número de deposiciones en 24 horas junto a la presencia de sequedad bucal, aumento de la sed, disminución de la diuresis, debilidad y pérdida de peso sugieren la evacuación de una cantidad importante de materia fecal y son indicadores de diarrea severa.

3.1.3.- Características de las heces

El aspecto más importante es la disminución de la consistencia de las heces. El volumen de la deposición o la presencia de productos patológicos (sangre, moco, pus, gotitas de grasa o partículas alimentarias) ayudan a diferenciar entre diarrea orgánica o funcional y a ubicar el trastorno (colon vs. intestino delgado). La detección de sangre y moco en las heces apoya un origen inflamatorio con afectación predominante del colon orientando hacia la posibilidad de un tumor maligno o una enfermedad inflamatoria intestinal (EII). La diarrea acuosa profusa y de gran volumen sugiere un origen en intestino delgado o colon proximal y un proceso osmótico o secretor subyacente. Las heces pastosas, voluminosas, de coloración amarillenta, brillantes, que dejan un halo aceitoso a su alrededor o con partículas alimentarias orientan hacia los diagnósticos de malabsorción/maldigestión con esteatorrea asociada. Por último, las heces semilíquidas, de pequeño volumen, generalmente acompañadas de tenesmo, sugieren un origen en colon izquierdo y recto. La presencia de moco con las heces sin sangre es inespecífica y tiene escaso significado patológico.

3.1.4.- Relación de la diarrea con la ingesta, el ayuno, el sueño y el stress emocional

En la mayoría de las ocasiones la ingesta agrava la diarrea pero es difícil identificar algún alimento específico como origen de la misma (lácteos, frutas, alimentos dietéticos, bebidas con cafeína, etcétera). Por otra parte, la diarrea que cede totalmente con el ayuno sugiere un origen puramente osmótico y la diarrea nocturna que despierta al paciente sugiere con firmeza una causa orgánica más que un trastorno funcional. Las situaciones de stress emocional pueden agravar cualquier tipo de diarrea tanto de base orgánica como funcional.

3.1.5.- Síntomas asociados

La flatulencia excesiva y la distensión abdominal sugieren el aumento de la fermentación de carbohidratos por las bacterias colónicas en casos de malabsorción o ingesta de carbohidratos poco absorbibles. La presencia de fiebre y pérdida de peso permiten orientar hacia un origen orgánico de la diarrea (EII, linfoma, enfermedad de Whipple, tuberculosis, amebiasis, neoplasias, etcétera). La aftas bucales son características del esprue celíaco y la estomatitis aftosa, mientras que el eritema nodoso y el pioderma gangrenoso van asociados frecuentemente a la EII. Finalmente, el dolor abdominal que precede a la deposición es un síntoma que puede acompañar a la diarrea crónica tanto de origen orgánico como funcional.

3.1.6.- Causas iatrogénicas de diarrea

Es importante revisar los fármacos prescritos por médicos o de venta libre, incluidos hierbas y productos nutricionales que contengan carbohidratos poco absorbibles como fructosa, sorbitol o manitol. Los antecedentes de cirugía gastrointestinal previa pueden ser causa de sobrecrecimiento bacteriano (gastrectomía Billroth II con asa aferente muy larga) y síndrome de vaciamiento gástrico rápido postgastrectomía. La diarrea postcolecistectomía es secundaria a malabsorción de ácidos biliares y mejora con colestiramina. Las resecciones masivas de intestino delgado debidas generalmente a enfermedad de Crohn, isquemia mesentérica o enterocolitis necrotizante, pueden provocar diarrea en el contexto de un síndrome de intestino corto. Otra causa iatrogénica frecuente de diarrea crónica es el antecedente de radioterapia en mujeres sometidas a irradiación pélvica tras neoplasia ginecológica o en hombres después de una neoplasia de próstata.

3.1.7.- Factores epidemiológicos

Algunos datos epidemiológicos como el antecedente de un viaje reciente, la procedencia urbana o rural, el origen del agua utilizada para beber, la profesión u ocupación habitual (trabajadores en guarderías, mataderos, cuidadores de pacientes institucionalizados) y las preferencias sexuales del paciente (gonorrea, sífilis, diarrea por gérmenes oportunistas en el SIDA, etcétera) pueden ser muy útiles para discernir el origen de la diarrea. Por otra parte, la ingesta de alcohol y el uso ilícito de drogas pueden causar diarrea por múltiples mecanismos.

3.2.- EXPLORACIÓN FÍSICA

Los hallazgos derivados del examen físico proporcionan datos importantes para el diagnóstico aunque a menudo son más valiosos para establecer la severidad que la causa de la diarrea. Los cambios ortostáticos del pulso o la presión arterial, la disminución de la turgencia cutánea y la sequedad de las mucosas indican deshidratación importante. La pérdida de peso severa, el edema, la neuropatía periférica, la queilosis y la glositis son consecuencia de una intensa malabsorción. Entre los signos cutáneos relevantes figuran la dermatitis herpetiforme relacionada con la enfermedad celiaca y el pioderma gangrenoso relacionado con la EII. La presencia de adenopatías múltiples asociadas a diarrea, artropatía y trastornos neuropsiquiátricos debe sugerir enfermedad de Whipple. La taquicardia en reposo o la presencia de bocio puede indicar hipertiroidismo, mientras que en el tumor carcinoide puede aparecer estenosis pulmonar e insuficiencia tricuspídea o flushing. Una neuropatía periférica autónoma con hipotensión ortostática puede indicar diabetes mellitus de larga evolución o pseudobstrucción intestinal. La presencia de masa abdominal palpable no solo debe sugerir neoplasia sino también enfermedad de Crohn, diverticulitis, tuberculosis intestinal o enfermedad de Whipple. La inspección anal puede revelar enfermedad perianal en caso de enfermedad de Crohn (fisuras, abscesos y fístulas) y el tacto rectal puede demostrar reducción del tono del esfínter que podría originar incontinencia. Algunos pacientes que se quejan de diarrea en realidad sólo padecen una incontinencia anal con heces de volumen y consistencia normales.

3.3.- ANALÍTICA ELEMENTAL

En todos los pacientes con diarrea crónica se deberá realizar una analítica con las siguientes determinaciones: hemograma completo, velocidad de sedimentación globular (VSG), proteína C reactiva (PCR), electrolitos séricos incluyendo calcio y fósforo, función renal y hepática, estudio de coagulación, proteínas totales, albúmina, colesterol y función tiroidea. Estos parámetros proporcionan información valiosa del impacto de la diarrea sobre el estado general y nutricional del paciente y a menudo ofrecen pistas importantes para el diagnóstico. La existencia de anemia, trombocitosis, VSG elevada, PCR elevada, hipoproteinemia o hipocolesterolemia constituyen claros indicadores de una enfermedad de base orgánica.

3.4.- ESTUDIO MICROBIOLÓGICO DE LAS HECES

En todos los pacientes debe realizarse un coprocultivo, estudio de parásitos en heces (3 muestras) y determinación en heces de toxina de *Clostridium difficile*. El test inmunológico que detecta antígenos específicos de *Giardia* (ELISA) puede ser útil en zonas geográficas en que la prevalencia de otros parásitos intestinales patógenos sea baja o nula. En muy raras ocasiones pueden encontrarse *Campylobacter* o *Salmonella* como origen de una diarrea persistente. Las infecciones por *Cándida albicans* o *Clostridium difficile* pueden originar diarrea crónica, sobre todo tras el uso de antibióticos de amplio espectro. Todas estas infecciones son más frecuentes en inmunodeprimidos.

4.- DIARREA CRÓNICA: FUNCIONALIDAD VS ORGANICIDAD

Una vez recogidos los datos proporcionados por la historia clínica, el examen físico, la analítica y los exámenes microbiológicos de las heces se debe establecer una orientación inicial y clasificar al paciente en dos grandes grupos: diarrea crónica con características sugestivas de origen funcional y diarrea crónica con características sugestivas de organicidad.

4.1.- DIARREA CRÓNICA CON CARACTERÍSTICAS DE FUNCIONALIDAD

La ausencia de síntomas o signos de alarma, de antecedentes familiares de interés (EII, celiaquía o cáncer de colon), la normalidad del examen físico y la ausencia de alteraciones analíticas y microbiológicas (ver **Tabla 38**) sugieren las existencia de una diarrea de origen funcional.

Sin embargo, existen algunas enfermedades de base orgánica que producen un cuadro de diarrea crónica clínicamente indistinguible de la diarrea funcional cuyo diagnóstico es relativamente fácil y tienen un tratamiento específico. Estas enfermedades son la enfermedad celíaca, la colitis microscópica, la malabsorción idiopática de ácidos biliares y la malabsorción de azúcares (sobre todo lactosa).

4.1.1.- Descartar enfermedad celíaca

Deberán determinarse anticuerpos antiendomisio (AAE) y antitransglutaminasa tisular (Ac t-TG) séricos junto con la dosificación de inmunoglobulina A (IgA). Si existen un alto índice de sospecha deben realizarse biopsias endoscópicas del duodeno distal. La positividad del estudio genético HLA-DQ2 / HLA-DQ8, junto con una lesión compatible, apoya fuertemente el diagnóstico de enfermedad celíaca. El diagnóstico de certeza se establece después de comprobar la respuesta clínica, serológica y/o histológica a la dieta sin gluten.

Tabla 38. Características que sugieren organicidad de la diarrea crónica*
• Presencia de sangre en las heces.
• Aparición de fiebre.
• Pérdida reciente de peso (> 5 Kg.) (en ausencia de síndrome depresivo concomitante).
• Inicio reciente de los síntomas o cambios en las características previas de los mismos.
• Aparición en edades avanzadas (> 40 años).
• Historia familiar de cáncer o pólipos colorrectales.
• Existencia de diarrea nocturna.
• Diarrea que persiste tras el ayuno.
• Heces muy abundantes o esteatorreicas.
• Volumen de heces en 24 h > 400 ml/día.
• Anomalías en la exploración física (hepatoesplenomegalia, adenopatías, masa abdominal).
• Presencia de anemia, macrocitosis, hipoprotrombinemia, hipoalbuminemia).
• Presencia de otras alteraciones analíticas (por ejemplo aumento de VSG o PCR).
* La presencia de alguna de estas características orienta al diagnóstico de diarrea crónica orgánica, y por tanto obliga a la realización de pruebas complementarias para establecer la etiología.

4.1.2.- Excluir colitis microscópica (colágena o linfocítica)

Deberá realizarse una colonoscopia total (necesaria en todo paciente de más de 40 años con un cambio del hábito intestinal para descartar una neoplasia de colon) con toma de biopsias escalonadas de la mucosa macroscópicamente normal.

4.1.3.- Evaluar una posible malabsorción de ácidos biliares

El diagnóstico puede confirmarse mediante la prueba de retención abdominal del ácido homotaurocólico marcado con selenio-75 (SeHCAT) y si ésta prueba no está accesible puede realizarse una determinación de la excreción fecal de ácidos biliares o un ensayo terapéutico con colestiramina; la ausencia de mejoría significativa de la diarrea tras 3 días de tratamiento con colestiramina convierte en improbable a la malabsorción de ácidos biliares como causa de la diarrea.

4.1.4.- Descartar intolerancia a la lactosa

La malabsorción de azúcares de la dieta como la lactosa, la fructosa y el sorbitol es relativamente frecuente debiéndose realizar una prueba para descartar la intolerancia a la lactosa antes de hacer un diagnóstico de diarrea funcional. El diagnóstico es sencillo y económico y se realiza mediante la prueba del hidrógeno (H_2) en aire espirado tras la ingestión de 50 g de lactosa.

4.2.- DIARREA CRÓNICA CON CARACTERÍSTICAS DE ORGANICIDAD

Cuando la historia, el examen físico o las determinaciones elementales de laboratorio sugieren una causa orgánica, deben solicitarse pruebas complementarias dirigidas a establecer con seguridad la causa de la diarrea.

En el **Algoritmo 16** se resume el manejo inicial de la diarrea crónica.

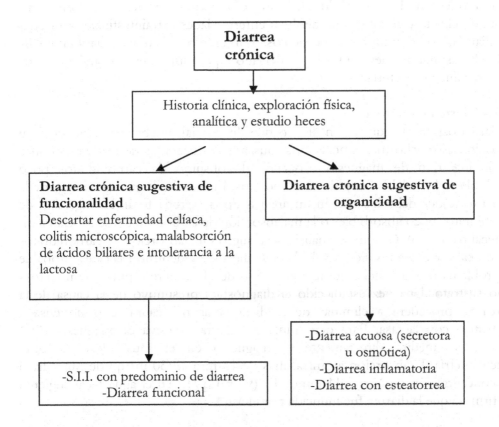

Algoritmo 16. Esquema de evaluación inicial de la diarrea crónica.

4.2.1.- Diarrea secretora

El estudio diagnóstico de los pacientes con diarrea secretora comprenderá los siguientes pasos:

4.2.1.1.- Descartar infección

La presencia de infección debe descartarse mediante coprocultivos bacterianos y otros estudios especiales para detectar otros microorganismos como las especies *Aeromonas* y *Pleisiomonas* que pueden provocar diarrea crónica. Otros agentes patógenos que también requieren técnicas de cultivo especiales son los coccidios y los microsporidios. La detección de antígenos específicos de *Giardia* mediante ELISA aumenta la probabilidad de hallar este microorganismo.

4.2.1.2.- Excluir patología estructural

La presencia de enfermedades estructurales como síndrome el intestino corto, fístula gastrocólica o enterocólica, enfermedades de la mucosa, EII y algunos tumores debe investigarse mediante tránsito gastrointestinal y endoscopia (colonoscopia o enteroscopia) con toma de biopsias de la mucosa de intestino delgado o colon. La TC abdominal no solo permite detectar trastornos del intestino delgado y el colon sino también enfermedades extraintestinales asociadas con diarrea, como tumores pancreáticos. Por último, el cultivo cuantitativo de material aspirado del intestino delgado permitirá el diagnóstico de sobrecrecimiento bacteriano.

4.2.2.- Diarrea osmótica

La diarrea osmótica requiere un diagnóstico diferencial mucho más limitado y su evaluación es mucho más sencilla. Las causas más frecuentes de diarrea osmótica son la ingestión de magnesio exógeno, el consumo de carbohidratos poco absorbibles o la malabsorción de carbohidratos. El estudio diagnóstico inicial de la diarrea osmótica debe basarse en un análisis de la materia fecal. La ingestión de carbohidratos poco absorbibles o la malabsorción de carbohidratos se asocian a un pH fecal bajo (< 6). Cuando el análisis fecal sugiera malabsorción de carbohidratos deberá realizarse una revisión detallada de la dieta para identificar la causa probable del problema o una prueba de determinación de H_2 en aire espirado con lactosa como sustrato. Una vez establecido el diagnóstico presuntivo de la causa de la diarrea se procederá a eliminar de la dieta el agente causante o un ensayo terapéutico con lactasa. Para determinar la ingesta excesiva de magnesio (Mg) exógeno se medirá directamente el magnesio en el agua fecal mediante espectrometría de absorción atómica; más de 15 mmol. (30 mEq.) de Mg /día o una concentración de Mg > 44 mmol/L (90 mEq./L) en el agua fecal sugieren con firmeza que la diarrea fue inducida por el Mg.

4.2.3.- Diarrea inflamatoria

El enfermo suele referir heces líquidas o semilíquidas, escasas en volumen, con moco, sangre y pus, con frecuencia acompañada de urgencia defecatoria, tenesmo

224

y dolor en hipogastrio. No es infrecuente que presente fiebre y el examen de las heces puede mostrar leucocitos abundantes. La evaluación de estos pacientes se realizará en el siguiente orden:

4.2.3.1.- Descartar enfermedad estructural

La sigmoidoscopia o la colonoscopia con ileoscopia y toma de biopsias debe ser la prueba de elección en estos pacientes. Si el diagnóstico es concordante con EII el estudio debe completarse con un tránsito baritado del intestino delgado y en algunas ocasiones con una TC de abdomen.

4.2.3.2.- Descartar infección

La infección puede asociarse con una diarrea inflamatoria o agravar una preexistente secundaria a EII. Los patógenos con mayores probabilidades de causar diarrea inflamatoria crónica son C. difficile, citomegalovirus, amebiasis y tuberculosis por lo que habrá que realizar coprocultivos y estudios serológicos para descartar estas infecciones.

4.2.4.- Diarrea con esteatorrea

Suele tratarse de pacientes que refieren heces voluminosas, líquidas o pastosas y brillantes, generalmente acompañadas de dolor cólico periumbilical y pérdida de peso progresiva. Con frecuencia el enfermo se queja además de flatulencia, borborigmos y ruidos hidroaéreos aumentados, así como deposiciones "explosivas". Inicialmente, la concentración de grasa fecal (gramos de grasa por 100 g de materia fecal) orienta hacia la posible causa de esteatorrea y nos ayudará a distinguir entre malabsorción por enfermedades de la mucosa (< 9.5 g por 100 g de materia fecal) o maldigestión por trastornos pancreáticos o biliares (> 9.5 g por 100 g). En la evaluación posterior del paciente con diarrea grasa crónica se tendrán en cuenta los siguientes aspectos:

4.2.4.1.- Descartar enfermedad estructural

Deberá realizarse un tránsito gastrointestinal, una TC de abdomen y una endoscopia con biopsias del intestino delgado. En el momento de la biopsia debe aspirarse el contenido luminal para cultivo y descartar sobrecrecimiento bacteriano en el intestino delgado. La TC también podrá mostrarnos datos de pancreatitis crónica con aumento de tamaño de la glándula pancreática y calcificaciones en su interior.

4.2.4.2.- Descartar una insuficiencia pancreática exocrina

En ausencia de trastornos estructurales debe considerarse la posibilidad de disfunción exocrina del páncreas mediante pruebas funcionales pancreáticas como la prueba de la secretina, prueba de la bentiromida o la determinación directa de la actividad de quimiotripsina en la materia fecal (aunque escasa sensibilidad y especificidad en pacientes con diarrea crónica) o de la elastasa fecal. Posiblemente, la "prueba" más conveniente para evaluar una posible insuficiencia pancreática exocrina sea un ensayo terapéutico con suplementos de enzimas pancreáticas.

4.2.5.- Otras: fármacos y alcohol

Hay que considerar la posibilidad de una diarrea inducida por fármacos. Las clases de medicamentos que con mayor frecuencia pueden causar diarrea son: antiácidos, antiarrítmicos, antibióticos, antineoplásicos, antihipertensivos, colchicina, colinérgicos, lactulosa, suplementos de magnesio y prostaglandinas. También debe evaluarse la posibilidad de un consumo abusivo del alcohol que se asocia con frecuencia a diarrea crónica por múltiples mecanismos.

5.- TRATAMIENTO DE LA DIARREA CRÓNICA

El tratamiento de la diarrea crónica debe ser etiológico siempre que se posible, por ejemplo dieta sin gluten en la celiaquía, metronidazol en la giardiasis, esteroides o inmunosupresores en la enfermedad inflamatoria intestinal, etcétera.

El tratamiento empírico de la diarrea crónica se emplea en tres situaciones: 1) como terapéutica inicial o transitoria mientras se realiza la evaluación diagnóstica; 2) cuando las distintas pruebas diagnósticas no permiten llegar a un diagnóstico definitivo; y 3) cuando se obtiene un diagnóstico concluyente, pero no se dispone de un tratamiento específico o éste no es eficaz.

5.1.- ANTIBIÓTICOS

El tratamiento empírico con antibióticos es menos eficaz en la diarrea crónica que en la aguda, dado que en los casos crónicos es mucho menos probable que la causa sea infecciosa. Puede considerarse como tratamiento inicial si la prevalencia de infecciones bacterianas o por protozoos es elevada en la comunidad o en una situación específica (por ejemplo metronidazol ante la sospecha de giardiasis en personas que trabajan en guarderías).

5.2.- ANTIDIARREICOS

Los opiáceos naturales y sintéticos han sido ampliamente utilizados como tratamiento sintomático de la diarrea crónica sin diagnóstico etiológico. Los opiáceos potentes, como opio, morfina o codeína (15-60 mg./6-8 h v.o.) tienen elevada eficacia excepto en los casos con diarreas de gran volumen y se utilizan con escasa frecuencia debido al temor a la adicción. Los derivados sintéticos, difenoxilato (2,5-5 mg./6-8 h v.o.) y loperamida (0,03 mg./Kg./8 h en niños, 2-4 mg./6-8 h en adultos, v.o.) son menos potentes pero igualmente efectivos en el control de las diarreas no intensas.

Otra alternativa es el racecadotrilo (1,5 mg./Kg./8 h en niños, 100 mg./8 h en adultos, v.o.), inhibidor de la encefalinasa, que disminuye la hipersecreción de agua y electrolitos sin efectos sobre la motilidad intestinal.

5.3.- OCTEÓTRIDO

El octeótrido (50-300 g/8 h, s.c.) es un análogo de la somatostatina efectivo en el control de la diarrea del síndrome carcinoide y en diarreas secundarias a otros tumores neuroendocrinos, en el síndrome de dumping, en la diarrea asociada al síndrome de intestino corto y al SIDA. Su eficacia en otras enfermedades diarreicas es más dudosa.

5.4.- COLESTIRAMINA

La colestiramina (4g/6-8 h v.o.) y otras resinas fijadoras de sales biliares reducen el volumen y el peso de las heces en pacientes con diarrea crónica idiopática en los que existe una alta frecuencia de malabsorción de ácidos biliares y en pacientes con diarrea postcolecistectomía.

5.5.- AGENTES PROBIÓTICOS

El uso de agentes probióticos del tipo de ciertas bacterias "beneficiosas" (por ejemplo ciertas cepas de lactobacilos) modifican la flora del colon y por este mecanismo estimulan la inmunidad local y aceleran la resolución de la diarrea del viajero, la asociada con antibióticos y la infantil.

5.6.- FIBRA

La fibra dietética (plantago, metilcelulosa, psyllium) puede ser eficaz en modificar la consistencia de las deposiciones pero no disminuye el peso de las mismas por lo que puede ser útil en algunos pacientes con diarrea funcional o incontinencia fecal.

5.7.- SOLUCIONES DE REHIDRATACIÓN ORAL

Las soluciones de rehidratación oral que incluyen glucosa u otros nutrientes y sal son útiles para la reposición de fluidos corporales. Las soluciones de rehidratación a base de cereales se han utilizado en los últimos años, demostrando su eficacia en las diarreas agudas secretoras con deshidratación tales como el cólera, pero tienen poca utilidad en la mayoría de las diarreas crónicas.

CRIBAJE Y SEGUIMIENTO DE CÁNCER COLORRECTAL (CCR)

El cáncer colorrectal es una de las neoplasias más frecuentes en nuestro medio, constituyendo la segunda neoplasia, tanto en hombres como en mujeres. En los últimos años hemos asistido a un mayor conocimiento sobre el desarrollo y progresión de CCR, lo que ha permitido llevar a cabo diversas estrategias preventivas para disminuir su incidencia y la morbimortalidad asociada a ella. Los síntomas y signos más frecuentes son la rectorragia y el cambio del ritmo deposicional, aunque también puede detectarse a partir de estudios de anemia ferropénica. Otras manifestaciones, como oclusión intestinal o la presencia de una masa, implican un proceso avanzado.

El objetivo de este capítulo es conocer las medidas de prevención primaria, secundaria y terciaria, que se pueden implementar en nuestro medio en la práctica clínica diaria.

La identificación de grupos de riesgo resulta indispensable para establecer la estrategia de vigilancia adecuada, ya que será diferente según se trate de riesgo medio o alto. El cribado de cáncer colorrectal deberá ofrecerse a todos los individuos a partir de los 50 años de edad, que es la población considerada de riesgo medio (ver **Tabla 40**).

1.-PROFILAXIS PRIMARIA

Entre las medidas dietéticas es recomendable moderar el consumo de carne roja, procesada (embutidos) o muy hecha, y de grasas poliinsaturadas que parecen incrementar el riesgo de CCR. El papel de la fibra, frutas y vegetales es controvertido, sin estudios fiables al respecto. Una dieta rica en leche y otros productos lácteos podría estar justificada, según diversos estudios.

La OMS recomienda disminuir el consumo de grasa, aumentar la ingesta de vegetales, mantener el peso adecuado, no fumar, y evitar la ingesta de alcohol, entre otras medidas.

El uso de antiinflamatorios no esteroideos parece asociarse a una menor probabilidad de desarrollar adenomas. Desde hace varios años se valora la quimioprofilaxis con ácido acetilsalicílico y sulindaco, demostrando su uso una menor incidencia de pólipos y cáncer colorrectal, pero con importantes efectos colaterales. En la actualidad se evalúa la utilidad de inhibidores de la COX-2, que tendrían menos efectos secundarios. El papel del tratamiento hormonal sustitutorio como prevención es controvertido.

2.-PROFILAXIS SECUNDARIA

En la población de riesgo medio (mayores de 50 años), se puede realizar a través de la detección de sangre oculta en heces anual o bianual. Un reciente metaanálisis con los datos más actualizados estima una reducción de la mortalidad en un 16%.

La sigmoidoscopia flexible hasta los 60 cms del margen anal ha demostrado reducir la mortalidad por CCR localizado en el trayecto explorado. El intervalo recomendado es cada 5 años. La presencia de adenomas o carcinoma en la misma obliga a realizar la colonoscopia completa.

La colonoscopia cada 10 años se considera la prueba más eficaz en el despistaje del CCR, aunque no está exenta de riesgos, y en ocasiones depende de los recursos sanitarios del centro.

3.-PROFILAXIS TERCIARIA

La profilaxis terciaria va dirigida a establecer un seguimiento correcto de la población de riesgo alto, y realizar un cribaje diferente según la patología (**Tabla 39**).

Tabla 39. Condiciones de riesgo para desarrollo de CCR
Riesgo medio
Individuos asintomáticos > 50 años
Alto riesgo
CCHNP (a partir de los 25 años o 5 años antes de la edad del diagnóstico del familiar afecto más joven)*

Historia familiar (a partir de los 40 años o 5 años antes de la edad del diagnóstico del familiar afecto más joven):
     -CCR
     -Adenomas.

Historia personal:
     - Adenomas.
     - CCR.
     - Cáncer de útero y ovario.

Enfermedad inflamatoria intestinal: -Colitis ulcerosa (a partir de 10 años del diagnostico de pancolitis y de 15 años en colitis izquierda).

Enfermedades polipósicos hereditarias:
     - Poliposis cólica familiar (a partir de los 15-20 años).
     - Síndrome de Peutz-Jeghers (antes de los 20 años)
     - Poliposis juvenil (a partir de los 10-15 años).
     - Otras poliposis hamartomatosas.

*Entre paréntesis se indica la edad de inicio del cribaje según la condición de riesgo para desarrollo de CCR

A continuación se describen los distintos cribados según la patología.

3.1.- CRIBADO EN EL CÁNCER COLORRECTAL HEREDITARIO NO ASOCIADO A POLIPOSIS (CCHNP)

El cáncer colorrectal hereditario no asociado a poliposis o síndrome de Lynch, es una enfermedad autosómica dominante caracterizada por el desarrollo precoz de CCR, de predominio en colon derecho, y con tendencia a presentar lesiones sincrónicas o metacrónicas en el propio intestino y neoplasias de otro origen (endometrio, ovario, estómago, intestino delgado, páncreas, vías biliares y sistema urinario).

Desde el punto de vista molecular, se desencadena por múltiples mutaciones repetitivas de ADN. Este fenómeno, denominado inestabilidad de microsatélites, es consecuencia de mutaciones germinales en los genes responsables, fundamentalmente MLH1, MSH2 y MSH6.

El diagnóstico se realizará a través de los criterios de Ámsterdam y de Bethesda revisados (**Tabla 40**).

Tabla 40. Criterios de CCHNP
Criterios de Ámsterdam II
Tres ó mas familiares afectados de tumores asociados al Síndrome de Lynch, uno de ellos de primer grado.
Afectación de dos generaciones consecutivas.
Diagnóstico de uno de los casos antes de los 50 años.
Exclusión de poliposis adenomatosa familiar
Criterios de Bethesda revisados (2004)
CCR diagnosticado antes de los 50 años
Presencia de CCR sincrónico o metacrónico u otra neoplasia asociada al CCHNP, con independencia de la edad.
CCR con infiltración linfocitaria, células en anillo de sello o crecimiento medular diagnosticado antes de los 60 años.
CCR en uno o más familiares de 1º grado con una neoplasia asociada al CCHNP, uno de los canceres diagnosticado antes de los 50 años.
Paciente con CCR con dos o más familiares de 1º ó 2º grado con una neoplasia asociada al CCHNP, independientemente de la edad.

Los criterios de Bethesda permiten identificar a los pacientes portadores de mutaciones genéticas, los cuales serán candidatos a estudio de inestabilidad de microsatélites, y susceptibles de análisis mutacional. La disponibilidad de estas pruebas no es generalizada, siendo necesario en ocasiones derivar a centros especializados.

Ante la sospecha de inestabilidad de microsatélites, los controles endoscópicos deben iniciarse a los 25 años, con colonoscopia de seguimiento cada 2 años hasta los 40, y anualmente a partir de esta edad. Si se descarta (síndrome X), los controles pueden empezar 10 años antes de la edad del familiar afecto más joven y limitarse a la colonoscopia, con revisión a los 3 o 5 años.

Se realizará un control ginecológico anual, con citología y ecografía vaginal, control de la función renal, y examen completo de la piel. El control con endoscopia digestiva alta se iniciará a partir de los 30 años.

3.2.-CRIBADO EN PACIENTES CON FAMILIARES PORTADORES DE ADENOMAS

Se define pólipo como cualquier tumor o crecimiento circunscrito, pediculado o sesil que se proyecta sobre la superficie mucosa.

El número puede ser variable, único o múltiple, denominándose esporádicos cuando la cantidad es reducida y poliposis si el número de pólipos es alto (mayor de 10).

Según su histología se clasifican en neoplásicos y no neoplásicos (**Tabla 41**).

Tabla 41. Clasificación de los pólipos colónicos	
Pólipos neoplásicos	**Pólipos no neoplásicos**
-Adenomas:	-Hiperplásicos.
*Tubulares.	-Hamartomatosos.
*Tubulovellosos.	-Inflamatorios.
* Vellosos.	-Juveniles
	-Agregados linfoides.

Los adenomas son lesiones premalignas con capacidad para transformarse en adenocarcinomas y constituyen más del 60% de los pólipos esporádicos del colon. Se clasifican en tubulares (menos de un 20% de componente velloso y habitualmente pediculados), tubulovellosos, y vellosos (80% o más de componente velloso, habitualmente sesiles).

Los adenomas pueden presentar toda clase de cambios displásicos, que van desde bajo a alto grado, considerando este último equivalente al carcinoma *in situ* (no supera la muscularis mucosa). El carcinoma invasor (más allá de la muscularis mucosa) constituye el 3-7% de los adenomas, y es mayor el riesgo de presentarlo cuanto mayor sea el tamaño (mayor de 1 cm) y el componente velloso del pólipo.

Se han descrito una serie de mecanismos moleculares implicados en la secuencia adenoma-carcinoma:

- El primer fenómeno es la inactivación del gen supresor APC, que condiciona la transformación de epitelio normal a adenoma con displasia de bajo grado.
- En un segundo paso se observa la activación del oncogen K-ras, que determina la progresión a displasia de alto grado.
- Posteriormente, la inactivación de los genes supresores TP53 y SMAD4 conduce al desarrollo de carcinoma (**Figura 5**).

231

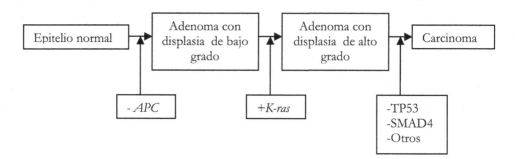

Figura 5. Correlación fenotipo-genotipo en la secuencia adenoma-carcinoma

Por lo general los pólipos suelen ser asintomáticos. Cuando presentan síntomas, miden al menos 1 cm, y lo hacen frecuentemente en forma de hemorragia digestiva oculta o manifiesta. Los pólipos vellosos pueden producir emisión de moco con diarrea secretora e hipokaliemia. Lesiones voluminosas pueden causar dolores abdominales y cambios del ritmo deposicional.

La colonoscopia es el patrón oro en el diagnóstico de los pólipos colorrectales, por su elevada sensibilidad y porque permite tanto la biopsia como extirpación de lesiones. Cuando la exploración no es completa o factible, esta indicado el enema opaco o la colonoscopia virtual, aunque ninguna de ellas permite la extirpación de pólipos.

El tratamiento de los pólipos colónicos es la resección endoscópica o polipectomía, con toma de biopsias para análisis por el anatomopatólogo.

La extirpación con pinzas o asa de diatermia permite en la mayoría de las ocasiones la resección completa del pólipo, valorar el grado de displasia, y la presencia o no, de malignidad. Si esto ocurre, es importante determinar el grado de diferenciación celular, la invasión vascular ó linfática y los márgenes de resección.

Los pólipos menores de 1 cm pueden extirparse con pinza o con asa de diatermia y electrocoagulación, siendo este método preferible a la biopsia fría en la que existe un 29% de riesgo de resección incompleta.

Tras la extirpación de pólipos sesiles de gran tamaño, debe efectuarse una colonoscopia control a los 3-6 meses para evaluar la base del pólipo y confirmar la resección completa.

Un seguimiento a largo plazo de los pólipos malignos (que alcanzan muscularis mucosa) ha demostrado que el riesgo de metástasis linfática y de recurrencia local es muy bajo, por lo que en principio la polipectomía es preferible a la cirugía.

Los pacientes diagnosticados de adenoma colorrectal deben ser incluidos en un programa de vigilancia periódica, mediante colonoscopia completa. Va dirigido a tratar de identificar lesiones sincrónicas que pasaron desapercibidas en la primera exploración, y metacrónicas. La periodicidad de las revisiones dependerá del resultado de la exploración inicial.

Ante una colonoscopia incompleta o con preparación inadecuada con presencia de adenomas, es necesario repetir la exploración.

En pacientes con adenomas de tipo avanzado (tamaño mayor de 1 cm, o con componente velloso o displásico), o múltiples (>3), la revisión debe realizarse a los 3 años de la primera exploración, mientras que los que presentan menor número de adenomas y no tengan antecedentes familiares serán revisados a los 5 años.

Los pacientes con carcinoma invasor a los que se les realizó polipectomía endoscópica, deben ser reevaluados a los 3 meses para toma de biopsias y confirmación de resección completa; la misma actitud se debe seguir con los pólipos grandes extirpados, que se revisarán a los 3-6 meses de la primera exploración (**Algoritmo 17**).

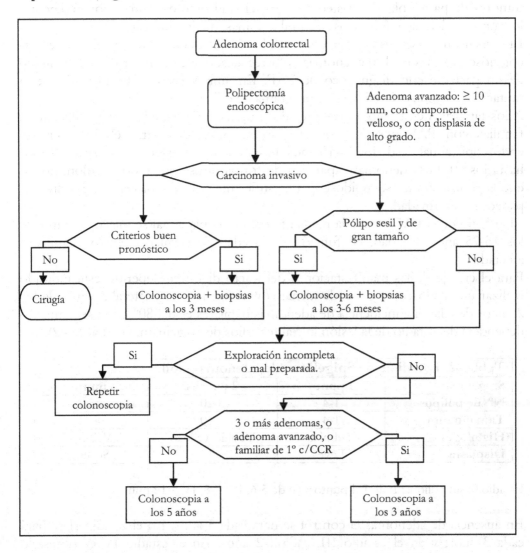

Algoritmo 17. Estrategia de vigilancia en los adenomas colorrectales

233

3.3.-CRIBADO EN LA POLIPOSIS ADENOMATOSA FAMILIAR (PAF)

La poliposis adenomatosa familiar es una enfermedad genética autosómica dominante, causada por mutaciones en el gen APC. Se caracteriza por la presencia de más de 100 pólipos adenomatosos en colon y recto, con alto potencial de malignización, y con un riesgo de 100% de desarrollar CCR si no se realiza un tratamiento precoz. Se asocia además a una alta incidencia de neoplasias extracolónicas.

Existe una variante atenuada de PAF, que se caracteriza por un menor número de pólipos (20-100), localizados en el colon derecho y con una edad de presentación 10 años más tardía que la anterior. El síndrome de Gardner constituye otra variante con manifestaciones extracolónicas (adenomas, pólipos hiperplásicos, tumores de partes blandas, osteomas). En el síndrome de Turcot son frecuentes los tumores del sistema nervioso central (gliomas, meduloblastomas, etcétera).

El diagnóstico se establece en aquellos individuos que presentan en la colonoscopia más de 100 adenomas colorrectales, o si es familiar de primer grado de un paciente con diagnóstico de PAF. En ambos casos debe identificarse la mutación del gen APC, e iniciar el programa de cribaje familiar.

A los familiares de riesgo, portadores de la mutación, o aquellos pertenecientes a familias con PAF pero en los que no se pudo detectar, debería realizarse endoscopia anual desde los 13-15 años, hasta los 35, y posteriormente cada 5 años hasta los 60. Los adenomas aparecen de forma difusa por todo el colon, por lo que la realización de sigmoidoscopia es suficiente para establecer si un individuo padece la enfermedad.

El cribado de la PAF atenuada mediante colonoscopia anual se iniciará a partir de los 15-25 años de edad, en función de la edad de comienzo en los familiares afectados.

Para el cribaje de las manifestaciones del tracto digestivo superior, esta indicado realizar una endoscopia gastroduodenal con visión frontal y lateral a partir de los 20 años de edad. La incidencia de adenomas papilares es del 80%, y el seguimiento dependerá del estadio de la lesión inicial (estadios de Spigelman, ver **Tabla 42**).

Tabla 42. Estadiaje de Spigelman de adenoma papilar			
Spigelman	1 punto	2 puntos	3 puntos
Nº de pólipos	1-4	5-20	>20
Tamaño mm	1-4	5-10	>10
Histología	Tubular	Tubulo-velloso	Velloso
Displasia	Leve		Severa

Estadio 0: sin pólipos; I: de 1-4 puntos; II: de 5-6; III: 7-8; IV 9-12 puntos.

En ausencia de adenomas el control se hará cada 5 años. En el estadio II se hará cada 3 años, y en el estadio III, cada 1-2 años. En el estadio IV es necesario intervención quirúrgica profiláctica. Los pólipos gástricos de glándulas fúndicas son los más frecuentes en la PAF, y se localizan normalmente en fundus y cuerpo gástrico.

Los pacientes con PAF deben ser tratados quirúrgicamente para evitar el desarrollo de neoplasias. La técnica de elección es la proctocolectomía total con reservorio ileal o colectomía con anastomosis ileorrectal, a una edad temprana (20-25 años).

Se recomienda un seguimiento endoscopio tras colectomía, con una periodicidad de 6-12 meses en aquellos con remanente rectal y de 3-5 años en el reservorio ileoanal.

En pacientes intervenidos esta aceptado el uso de AINES (sulindaco, celecoxib) como terapia adyuvante para los pólipos residuales, pero no parece estar justificado su uso para prevenir la recurrencia de adenomas colorrectales ni duodenales.

3.4.-CRIBADO DE CÁNCER COLORRECTAL EN INDIVIDUOS CON FAMILIARES AFECTOS

El cribado de CCR en pacientes con familiares afectos dependerá del número de ellos, el grado de parentesco y la edad de aparición del mismo. Es importante por tanto, una buena historia clínica que recoja antecedentes familiares de adenoma o CCR, de al menos tres generaciones.

Los individuos con dos o más antecedentes familiares de primer grado (padres, hermanos e hijos) deberán realizarse una colonoscopia completa cada 5 años a partir de los 40 años, o 10 años antes de la edad de diagnóstico del familiar afecto más joven.

Cuando existe un único familiar afecto de primer grado, dependerá de la edad de aparición del CCR; por debajo de los 60 años, el cribado es similar a lo establecido en el punto anterior. Por encima de 60 años, se recomienda la misma estrategia que en la población de riesgo medio, pero comenzando a los 40 años de edad.

Cuando la neoplasia afecta a dos o más familiares de segundo grado (abuelos, tíos y sobrinos), el cribado es similar a la población de riesgo medio, pero con inicio a partir de los 40 años de edad; en caso de ser un único familiar afecto de segundo grado, el cribado recomendado es el propuesto para la población de riesgo medio (**Algoritmo 18**).

3.5.-CRIBADO EN LA ENFERMEDAD INFLAMATORIA INTESTINAL (EII)

La prevalencia de CCR esta aumentada en la colitis ulcerosa y en la enfermedad de Crohn con afectación colónica. El riesgo se encuentra relacionado con la duración de la EII y el grado de extensión de la misma. La prevalencia es mayor en pacientes con pancolitis que en colitis izquierda, siendo en la proctitis mínima. En los pacientes con colangitis esclerosante asociada, el riesgo de CCR parece estar aumentado.

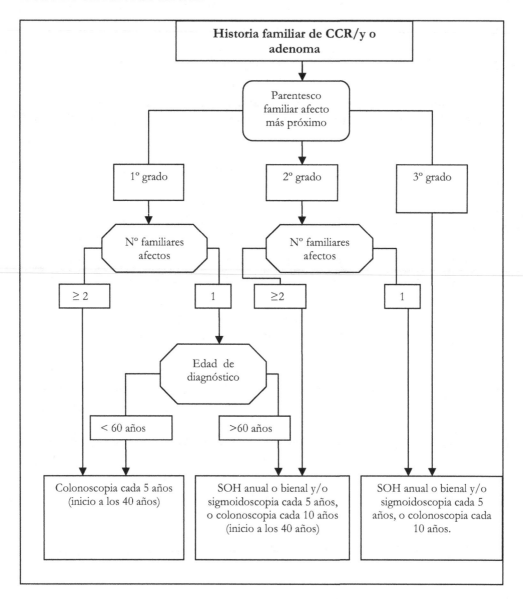

Algoritmo 18. Cribado en el cáncer colorrectal familiar

A pesar de la poca evidencia disponible en estos casos, las guías de práctica clínica recomiendan iniciar la vigilancia endoscópica a partir de 8-10 años del diagnóstico en colitis extensas, y a partir de los 15 años en las izquierdas. Se recomienda repetir la exploración cada 1-2 años, con colonoscopia completa con toma de biopsias cada 10 cms en los cuatro cuadrantes. En los pacientes con colangitis esclerosante el intervalo de revisión será menor. A partir de la segunda década de evolución de la enfermedad, se efectuará la colonoscopia cada 3 años; cada 2 años en la tercera y anual en la cuarta (**Algoritmo 19**).

En los pacientes en los que se ha realizado una colectomía con anastomosis ileoanal deberá realizarse control endoscópico cada 2-3 años.

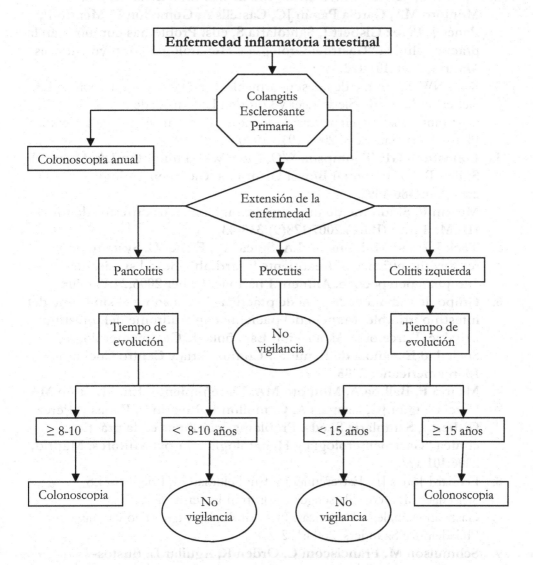

Algoritmo 19. Cribado y seguimiento en la EII

BIBLIOGRAFIA

1. Mearin F, Montoro MA. Síndrome de intestino irritable. En: Montoro MA, García Pagán JC, Castells A, Gomollón F, Mearín F, Panés J, Pérez Gisbert J, Santolaria S, eds. Problemas comunes en la práctica clínica "Gastroenterología y Hepatología". Jarpyo editores. Madrid, 2006:101-122.
2. Read NW. Síndrome de intestino irritable. En: Feldman M, Friedman LS, Sleisenger MH, eds. Sleissenger y Fordtran Enfermedades Gastrointestinales y Hepáticas: Fisiopatología, diagnóstico y tratamiento. Philadelphia: Saunders, 2004:1910-1920.
3. Longstreth GF, Thompson WG, Chey WD, Houghton LA, Mearin F, Spiller RC. Functional Bowel Disorders. Gastroenterology 2006;130:1480-1491.
4. Mearin F. Síndrome de intestino irritable: nuevos criterios de roma III. Med Clin (Barc).2007;128(9):335-43.
5. Tack J, Fried M, Houston LA, Spicaks J, Fisher G. Systematic review: the efficacy of treatments for irritable bowel syndrome-a european perspective. Aliment Pharmacol Ther 2006;24:183-205.
6. Grupo de trabajo de la guía de práctica clínica sobre el síndrome del intestino irritable. Manejo del paciente con síndrome del intestino irritable. Barcelona: Asociación Española de Gastroenterología, Sociedad Española de Familia y Comunitaria y Centro Cochrane Iberoamericano, 2005.
7. Mearín F, Balboa A, Montoro MA. Estreñimiento. En: Montoro MA, García Pagán JC, Castells A, Gomollón F, Mearín F, Panés J, Pérez Gisbert J, Santolaria S, eds. Problemas comunes en la práctica clínica "Gastroenterología y Hepatología". Jarpyo editores. Madrid, 2006:101-122.
8. Lennard-Jones JE. Estreñimiento. En: Feldman M, Friedman LS, Sleisenger MH, eds. Sleisenger y Fordtran Enfermedades Gastrointestinales y Hepáticas: Fisiopatología, diagnóstico y tratamiento. Philadelphia: Saunders, 2004:192-218.
9. Schmulson M, Francisconi C, Orden K, Aguilar L, Bustos-Fernández L, Cohen H, et al. Consenso Latinoamericano de Estreñimiento crónico. Gastroenterol Hepatol. 2008;31(2):59-74.
10. Shiller LR, Sellin JH. Diarrea. En: Feldman M, Friedman LS, Sleisenger MH, eds. Sleisenger y Fordtran Enfermedades Gastrointestinales y Hepáticas: Fisiopatología, diagnóstico y tratamiento. Philadelphia: Saunders, 2004:139-163.
11. Fine KD, Shiller LR. AGA technical review on the evaluation and management of chronic diarrhea. Gastroenterology 1999;116:1464-86.
12. Shiller LR. Chronic diarrhea. Gastroenterology 2004;127:287-93.

13. **Fernández Bañares F, Esteve M. Diarrea crónica. En: Montoro MA, García Pagán JC, Castells A, Gomollón F, Mearín F, Panés J, Pérez Gisbert J, Santolaria S, eds. Problemas comunes en la práctica clínica "Gastroenterología y Hepatología". Jarpyo editores. Madrid, 2006:101-122.**

14. Gil Páez C, Barranco Cao R, Martín Relloso M J, Sánchez-Fayos P, Porres Cubero JC. Diarrea crónica. En: Caballero A. Manual del Residente de Aparato Digestivo. ENE Publicidad. Madrid, 2005;249-58.

15. Fernández Bañares F, Esteve M, Rosinach M. Cribado de la enfermedad celíaca en grupos de riesgo. Gastroenterol Hepatol 2005;28:561-6

16. National Institutes of Health Consensus Development Conference Statement on Celiac Disease, June 28-30, 2004. Gastroenterology 2005;128:S1-9.

17. Szilagyi A, Shrier I. Systematic review: the use of somatostatin or octreotide in refractory diarrhoea. Aliment Pharmacol Ther 2001;15:1889-97.

18. **Castells A, Marzo M, Bellas B et al.Guia clínica de prevencion del cáncer colorrectal. Gastroenterol Hepatol 2004; 27:773-634.**

19. **Sociedad Española de gastroenterología, Sociedad Española de medicina de familia y comunitaria y Centro Cohrane Iberoamericano. Guía de práctica clínica de prevención de cáncer colorrectal.2004.**

20. **John H, Bond MD. Polyp Guideline:Diagnosis, Treatment, and Surveillance fro Patients with colorectal polyps. The American journasl of Gastroenterology. 2000; 95:3053-3058.**

21. Parés D, Pera M, González S, et al. Poliposis adenomatosa familiar. Gastroenterología y Hepatología. 2006:625-635.

22. Sydney J, Winawer , Ann G, et al. Gudelines for colonoscopy surveillance after polypectomy. Gastroenterology. 2006; 130: 1872-1885.

23. Charles J kahi, Douglas K. Primer: applying the new postpolypectomy Surveillance guidelines in clinical practice.Nature clinical practice. 2007; 571-578

ENFERMEDAD INFLAMATORIA INTESTINAL CRÓNICA Y PATOLOGÍA ANORECTAL

Raúl Vicente Olmedo Martín - Víctor Amo Trillo

De acuerdo con los objetivos generales de este manual, no ofreceremos una aproximación académica y compleja de una entidad de difícil manejo en la práctica clínica que presenta una marcada heterogeneidad entre los pacientes afectos y una vertiginosa evolución en cuanto a innovaciones diagnóstico-terapéuticas. Nuestra pretensión es la de esbozar de forma ágil y clara las claves para el manejo de los pacientes afectos de una enfermedad inflamatoria intestinal crónica (EIIC). Se tratara en primer lugar las patologías más frecuentes, que son la Enfermedad de Crohn (EC) y la Colitis Ulcerosa (CU), describiendo luego la Colitis Microscópica (CM) y la Colitis Indeterminada (CI). Finalmente se abordará al final del capítulo el manejo de la patología ano-rectal. Es importante recalcar que se describirá el manejo que es posible hacer de forma ambulatoria (desde la consulta), sin abordar el tratamiento de las situaciones de urgencia y/o pacientes hospitalizados pues escapa a los objetivos de este manual.

ENFERMEDAD DE CROHN

1.- CONCEPTO
Junto a la CU y CI, la EC forma parte de un grupo genérico de trastornos inflamatorios crónicos del tracto digestivo (EIIC) que tienen en común:

- Etiología desconocida.
- Patogenia / fisiopatología no totalmente dilucidada.
- Ritmo de presentación típico en forma de brotes de exacerbación alternados con periodos de quiescencia clínica.

La EC se caracteriza además por afectar a todo el tracto digestivo (desde la boca hasta el ano) a diferencia de la colitis ulcerosa (afectación en continuidad desde recto hasta un límite variable de colon), si bien mayoritariamente son el ileon terminal y/o colon las regiones topográficas más frecuentemente afectadas. Otros dos factores que ayudarán al diagnóstico y diferenciación con otras entidades así como a entender sus síntomas y complicaciones serán la implicación transmural y segmentaria del tracto digestivo.

2.- CONSIDERACIONES FISIOPATOLOGICAS Y GENÉTICAS
Dado que no es el objetivo de este manual profundizar en la patogenia y fisiopatología de la enfermedad, basta reseñar que actualmente el modelo de mayor consenso es el que sostiene que la enfermedad es el resultado de una respuesta inmune anómala y exagerada frente a la microbiota saprofita intestinal, desencadenada por factores ambientales en un individuo genéticamente susceptible.

Con respecto a los factores genéticos cabe resaltar que el componente hereditario parece mayor en la EC que en la CU, y que se han identificado varios genes sobre todo en la EC siendo el NOD2/CARD15 el más caracterizado. Probablemente en el futuro dispondremos de marcadores genéticos/moleculares que permitan guiar el manejo de este grupo tan heterogéneo de pacientes.

3.- CLÍNICA Y CRITERIOS DIAGNÓSTICOS

Es de capital importancia reseñar que no existe ningún hallazgo patognomónico de la EC y que el diagnóstico se sustenta en la combinación de datos clínicos, de laboratorio, pruebas de imagen /endoscópicas y en una histología compatible.

La sospecha clínica se establece en base a una serie de datos clínicos y epidemiológicos que hemos de integrar y que deben verificarse para sospechar una EC:

- Presencia de antecedentes familiares: Hasta un 13% de pacientes con EC tienen familiares con EIIC.
- Hábito tabáquico: La EC es más frecuente en fumadores (además tiene connotación pronostica y de respuesta a tratamiento).
- Otros antecedentes epidemiológicos que justifiquen procesos agudos: Consumo de antibióticos, AINEs, viajes recientes, hábitos sexuales.
- Síntomas más frecuentes, que son los siguientes:

Diarrea: síntoma más frecuente al diagnóstico.
Es importante delimitar algunas características generales de las deposiciones: Presencia de sangre (orienta a compromiso colónico), volumen o cantidad (menos volumen orienta a afectación de colon), ritmo, presencia de síndrome rectal acompañante (poco frecuente en EC).
Causas diversas: Propia actividad inflamatoria, sobrecrecimiento bacteriano (estenosis intestinales), malabsorción de ácidos biliares.

Dolor abdominal: origen multifactorial
Características dependientes del fenotipo de la enfermedad (localización y patrón): características suboclusivas en pacientes con estenosis ileales, síndrome peritoneal en caso de absceso-fístula, indistinguible de úlcera péptica en la afectación gastroduodenal.

Pérdida ponderal: mucho más frecuente en la EC que en la CU.
Origen multifactorial: anorexia frecuente, hipercatabolismo por la actividad inflamatoria, malabsorción.

Enfermedad perianal: aparece en el 20% en el curso de la historia natural de la EC. Puede presentarse en forma de fístulas perianales, abscesos ano-rectales y perianales, ó fisuras de localización y clínica atípica.

Alta sospecha de EC si coexiste en pacientes con historia de diarrea y dolor abdominal. La enfermedad perianal puede preceder en varios años a las manifestaciones digestivas clásicas. Es llamativo lo abigarrado de las lesiones con respecto a la clínica que producen.

Fiebre: aparece en caso de actividad inflamatoria grave o como acompañante a otros síntomas en caso de complicaciones sépticas de la enfermedad (abscesos o fístulas).

Manifestaciones extraintestinales: al igual que en el caso de la enfermedad perianal, estos síntomas pueden anteceder en varios años a la clínica gastrointestinal y al diagnóstico definitivo de la EC.

Investigar sobre la semiología de las manifestaciones extraintestinales más frecuentes entre los antecedentes del paciente: articulares (artritis, espondiloartropatía, sacroileítis), oculares (uveítis, epiescleritis), cutáneas (eritema nodoso, pioderma gangrenoso).

4.- CLASIFICACIÓN FENOTÍPICA DE LA EC

Con el progresivo conocimiento de nuevos datos, tanto a nivel de la investigación básica como desde la vertiente clínica, se han realizado varios intentos de definir grupos fenotípicos homogéneos de pacientes con EC. El objetivo de estas clasificaciones es facilitar el estudio de la historia natural y determinantes genéticos así como optimizar estrategias terapéuticas y de manejo. Tras el poco conocido intento de Roma, la clasificación de Viena (2000) fue ampliamente difundida, considerándose necesarias por un panel de expertos algunas leves modificaciones que quedan recogidas en la actual clasificación de Montreal. Esta se subdivide en tres grandes apartados: edad al diagnóstico, localización de la enfermedad y patrón de comportamiento clínico (**Tabla 43**).

5.- EXPLORACIONES COMPLEMENTARIAS

Tras una buena historia clínica y exploración física, las pruebas complementarias nos van a ser útiles en: la confirmación del diagnóstico, descarte de otros procesos, evaluación de la extensión topográfica, evaluación de la actividad y confirmación o exclusión de complicaciones.

Repasaremos desde una aproximación práctica la información más significativa que nos puede aportar cada una de las pruebas complementarias:

5.1.- DETERMINACIONES DE LABORATORIO

5.1.1.- Analítica de sangre: hemos de atender a parámetros como VSG, PCR (parámetro muy fiable para evaluar actividad y respuesta al tratamiento), presencia de trombocitosis, anemia, leucocitosis (complicaciones sépticas) y proteínas plasmáticas (albúmina)

5.1.2.- Analítica de heces: como es obvio y para descartar infecciones intestinales con expresión clínica y endoscópica indistinguible de la EC, es precisa la determinación seriada de coprocultivos y parásitos en heces así como de la toxina de Clostridium difficile en pacientes con ingesta de antibióticos de amplio espectro en los meses previos. En los últimos años cada vez tiene más predicamento la determinación en heces de calprotectina fecal (sólo nos serviría en caso de compromiso colónico) como indicador y cuantificador de la actividad inflamatoria, sin embargo es inespecífica (alto numero de falsos positivos) y su mayor rendimiento estriba en descartar organicidad.

Edad al diagnóstico:	A1: Diagnóstico a los 16 años o antes
	A2: diagnóstico entre los 17 y los 40 años
	A3: Diagnóstico por encima de los 40 años
Localización:	L1: Ileon Terminal (tercio distal del intestino)
	L2: Colon (exceptuando sólo ciego)
	L3: Ileon y colon
Patrón de comportamiento:	B1: No estenosante - no fistulizante
	B2: Estenosante
	B3: Fistulizante

- Añadir a cada una de estas categorías "p" si el paciente ha presentado enfermedad perianal

Tabla 43. Clasificación fenotípica de Montreal

5.2.-ENDOSCOPIA

Se considera la exploración de mayor rendimiento en el diagnóstico de la enfermedad, pues permite apreciar las características macroscópicas de la mucosa y así evaluar el grado de actividad y extensión de la enfermedad, al mismo tiempo que la toma de biopsias permite el estudio histológico de las lesiones. Es mucho más útil si se puede acceder a ileon terminal y tomar biopsias.

Gastroscopia: No se realiza rutinariamente, se suele indicar cuando hay elevada sospecha clínica de afectación gastrointestinal alta.

Enteroscopia / Cápsula endoscópica: Cada vez hay más tendencia a intentar clarificar la presencia de enfermedad en tramos de intestino delgado no susceptibles al alcance de la endoscopia convencional, mediante estas técnicas paulatinamente más accesibles, en detrimento de la radiología.

5.3.- TÉCNICAS DE IMAGEN

Ecografía abdominal: Es muy dependiente del operador pero es inocua y muy accesible. Puede orientar el diagnóstico y descartar la presencia de complicaciones sobre todo a nivel ileal.

Gammagrafía abdominal con leucocitos marcados: Tiene su papel en la valoración de la extensión de la enfermedad cuando la colonoscopia no es posible.

Radiología intestinal: Además de las clásicas técnicas baritadas (Transito intestinal, Enteroclisis) hay que incluir en este apartado la TC abdominal (exploración de elección en la demostración de abscesos abdominales), y la RMN pélvica, cada vez más importante en la clasificación de las lesiones de la enfermedad perianal.

En los últimos años, se han desarrollado técnicas como la TC-enterografía y TC-enteroclisis, que combinan las ventajas del TC-multidetector y los estudios baritados. Ambas técnicas utilizan un contraste intravenoso y otro en el tubo digestivo (administrado por vía oral o por sonda según sea TC-enterografía o enteroclisis). Han demostrado sensibilidades superiores a las técnicas tradicionales baritadas para el diagnóstico de lesiones mucosas intestinales en la EC, teniendo la ventaja de poder detectar afectación extraintestinal como flemones o abcesos. Se han desarrollado también recientemente la RM-enterografía y RM-enteroclisis, que constituyen una alternativa válida a los estudios de enteroclisis convencionales y que compiten con los estudios de TC-enterografía o enteroclisis.

Por último, la PET-TC es un método novedoso y no invasivo que permite detectar pequeños segmentos intestinales inflamados en la EC con una alta sensibilidad, sobre todo en áreas con moderado o importante componente inflamatorio. Su principal inconveniente es la importante dosis de radiación que va a recibir el paciente, lo que va a significar una limitación ya que, en muchas ocasiones, se trata de pacientes jóvenes a los cuales se va a realizar un seguimiento prolongado.

5.4.- HISTOLOGÍA
El hallazgo más distintivo es la presencia de granulomas no caseificantes (sólo aparecen en el 10-30% de las biopsias endoscópicas y en el 50% de las piezas quirúrgicas). Otros hallazgos característicos son el carácter focal y discontinuo de la inflamación, así como la afectación transmural.

6.- DIAGNÓSTICO DIFERENCIAL
6.1.- ENTRE EC Y CU
Hasta en un 10% de pacientes con EIIC del colon no puede diferenciarse entre una y otra enfermedad. En primer lugar deben apurarse los esfuerzos para

discriminar el diagnóstico en las muestras histológicas o la demostración de afectación extracólica. Otros datos que no son definitorios pero que ayudan a la diferenciación son la presencia de afectación rectal, enfermedad perianal, o el patrón serológico (p-ANCA/ ASCA).

6.2.- ENTRE EC Y OTRAS ENTIDADES

Principalmente hay que considerar:

- Síndrome de intestino irritable.
- Procesos inflamatorios agudos en fosa ilíaca derecha: Apendicitis aguda, procesos ginecológicos, etcétera.
- Ileítis, ileocolitis y colitis infecciosas.
- Tuberculosis intestinal.
- Tumores: En especial linfomas y adenocarcinoma de ciego.

7.- VALORACIÓN DE LA ACTIVIDAD

Hay que considerar:

- Índices clínicos: CDAI, Van Hess, Índice de Harvey Bradshaw.
- Índices endoscópicos: Índice de actividad endoscópica simplificado (SES-CD).
- Valoración de la recurrencia posquirúrgica: Índice de Rutgeerts.
- Cuestionarios de calidad de vida.

De ellos quizás el más utilizado a nivel clínico es el de Harvey por su menor complejidad. El CDAI (validado) es utilizado mayoritariamente en ensayos clínicos.

Para su cálculo remitimos al lector a monografías destinadas a tal fin.

8.- TRATAMIENTO

La elección del tratamiento vendrá determinada por la actividad de la enfermedad, la localización y el fenotipo. Estableceremos de forma somera los principios generales del tratamiento:

8.1.- BROTE DE ACTIVIDAD LEVE

-No requiere ingreso hospitalario y puede ser tratado ambulatoriamente.

-En la inducción de la remisión se utilizan los aminosalicilatos: Mesalazina o Sulfasalazina (este último ya en desuso por tener más efectos adversos y similar eficacia que la mesalazina).

-La dosis de aminosalicilatos de nueva generación con liberación ph-dependiente o con mesalazina encapsulada en gránulos de metilcelulosa oscila entre 4-6 gr./día.

-En pacientes con enfermedad leve-moderada de localización ileocecal la budesonida a dosis de 9 mg./día por vía oral es una opción a considerar, pudiéndose pautar la dosis total en una sola toma por la mañana.

-El tratamiento antibiótico (metronidazol y ciprofloxacino) en monoterapia ha sido poco evaluado y sólo debería administrarse como adyuvante de otras terapéuticas sobre todo en pacientes con masas inflamatorias y fístulas.

8.2.- BROTE DE ACTIVIDAD MODERADO-GRAVE

-En pacientes con actividad inflamatoria grave el ingreso hospitalario es obligado, siendo en este contexto el tratamiento de soporte (manejo de las alteraciones hidroelectrolíticas, sépticas y/o nutricionales) tan importante como el específico con corticoides sistémicos intravenosos.

-En los brotes de actividad moderada, los esteroides sistémicos por vía oral son los fármacos de primera elección, dejando la vía intravenosa para los brotes graves o refractarios al tratamiento por vía oral y cuyo manejo escapa a los objetivos de este manual.

-Se recomienda prednisona a dosis de 1 mg./kg./día v.o. o la dosis equivalente de otras formulaciones de esteroides. Si hay una buena respuesta, se disminuye gradualmente la dosis de prednisona a partir de 7-10 días de tratamiento, a razón de 10 mg. cada 7-10 días hasta llegar a 20 mg, y luego 5 mg. cada 7 días hasta los 10 mg y luego suspender.

-Hay que considerar el papel adyuvante de la nutrición enteral asociado a corticoides en este contexto.

8.3.- CORTICODEPENDENCIA O CORTICORREFRACTARIEDAD

-Se define corticodependencia como la imposibilidad de retirar esteroides una vez conseguida la remisión por reaparición de los síntomas de actividad inflamatoria, o la necesidad de tratamiento con esteroides en 3 ocasiones en 1 año o 2 ocasiones en los últimos 6 meses.

-Se define corticorrefractariedad como la existencia de actividad persistente que no responde a tratamiento esteroideo en 1 mes (plazo de tiempo arbitrario que se reduce obviamente en caso de enfermedad grave).

-En este contexto el fármaco más utilizado es el inmunomodulador de inicio de acción lenta (en torno a los 3 meses) Azatioprina (AZA) o su derivado 6-mercaptopurina (6-MP). Se utilizan a dosis de 2,5 mg./kg./día y 1,5 mg./kg./día por vía oral, respectivamente. Previamente se recomienda medición de la actividad eritrocitaria de la enzima tiopurina metiltransferasa (TPMT). Un 0,3% de la población es homocigoto para la baja actividad de esta enzima, lo cual está ligado a una elevada posibilidad de mielotoxicidad grave.

-En pacientes alérgicos o intolerantes a azatioprina, el metotrexato vía SC o IM es una buena alternativa. La dosis de inducción es de 25 mg. semanales, siendo la de mantenimiento de 15 mg. semana. En estos casos es recomendable el uso de acido fólico concomitante para prevenir los efectos secundarios, a dosis de 5-10 mg./semana (2 comprimidos semanales). Los inhibidores de la calcineurina (Tacrolimus y Ciclosporina A) tienen un papel limitado en la enfermedad luminal, habiéndose estudiado más en el ámbito de la enfermedad perianal sin cosechar tampoco resultados importantes.

-Infliximab y Adalimumab son agentes anti-TNF indicados en situaciones de corticodependencia y fracaso de otros inmunosupresores, tanto en la enfermedad perianal como en la luminal/fistulizante. En el caso de infliximab se recomiendan 3 infusiones intravenosas iniciales de inducción a dosis de 5 mg./kg. de peso en las semanas 0,2 y 6. Posteriormente en caso de respuesta, retratamiento cada 8 semanas. En caso de pérdida de eficacia se puede aumentar la dosis a 10 mg./kg. de peso o acortar a 6 semanas los retratamientos. Antes de iniciar infliximab ha de descartarse minuciosamente tuberculosis latente u otros procesos infecciosos intercurrentes. Inicialmente se pensó que lo idóneo era que un inmunomodulador como azatioprina o metotrexato acompañara en el tratamiento a infliximab, pues esto aumentaba su eficacia por la menor producción de ATI (anticuerpos frente a infliximab), pero actualmente hay controversia en cuanto a esta aseveración en función de los resultados de recientes trabajos.

-Adalimumab es un anticuerpo monoclonal anti-TNF humanizado y por tanto menos inmunogénico que infliximab, con la ventaja de su vía de administración (subcutánea), con lo que al paciente se le evita la estancia en hospital de día para recibir el tratamiento. Por otra parte existen menos datos de eficacia y seguridad con respecto a infliximab. Recientemente se ha aprobado no sólo en caso de refractariedad y pérdida de respuesta a tratamiento con infliximab (indicación previa), sino que también puede administrarse a pacientes naive. La dosis recomendada en la inducción de la remisión es de 80 mg. s.c. seguida de retratamientos cada 15 días de 40 mg. También se puede utilizar una pauta de inducción mas agresiva con 160 mg. SC., seguido de 80 mg. a las 2 semanas y luego retratamientos similares que en el caso anterior (40 mg. cada 15 días). En caso de respuesta parcial pueden acortarse los plazos de administración (semanales).

8.4.- MANEJO DE LA ENFERMEDAD PERIANAL

-De modo genérico y sin profundizar en aspectos que escapan a los objetivos de este manual hay que mencionar que es importantísima la colaboración estrecha entre gastroenterólogo y cirujano.

-Es muy importante la correcta graduación de las lesiones: distinguir fístulas simples o complejas y descartar la presencia de abscesos, para elegir un tratamiento adecuado.

-En el caso de fístulas simples el tratamiento se planifica secuencialmente:

Primero se utilizan antibióticos (metronidazol o ciprofloxacino), ayudándonos de azatioprina si no hay respuesta-remisión.

-En caso de fístulas complejas puede ser necesaria la participación del cirujano mediante la colocación de setones tras una exploración minuciosa bajo anestesia y la administración de tratamiento biológico (Infliximab), retirando los setones en torno a la segunda infusión si hay respuesta.

-En casos graves refractarios puede ser necesaria la realización de una diversión fecal con ileostomía temporal con lo que se suele conseguir mejoría. La afectación rectal debe ser tratada vigorosamente con tratamiento tópico antes de proceder a manejo quirúrgico.

8.5.- PAPEL DE LA CIRUGÍA EN LA EC

La cirugía en la EC ha de ser económica y destinada a tratar únicamente las complicaciones (fundamentalmente sépticas, perforativas u obstructivas). En caso de cirugía electiva el paciente debe ir a quirófano en las mejores condiciones nutricionales y con la mínima dosis de esteroides posible.

8.6.- TRATAMIENTO DE LA RECURRENCIA POSQUIRÚRGICA

Se definen distintos tipos de recurrencia: endoscópica, clínica y quirúrgica.

La recurrencia endoscópica es un hecho que tiene lugar de forma casi invariable en estos pacientes en un lapso de tiempo determinado. La prevención de la recurrencia va a depender de la agresividad de la enfermedad (fenotipo y actividad) previa a la cirugía y de los hallazgos de la endoscopia de control a los 3-6 meses de la cirugía. Estos hallazgos se engloban en la clasificación de Rutgeerts de forma que los grados inferiores (0-2) precisan de un tratamiento menos intensivo que los mayores (3-4), donde las lesiones son abigarradas y que exigen tratamiento inmunosupresor potente.

9.-MANEJO AMBULATORIO EN CONSULTA

En la práctica clínica los pacientes en tratamiento inmunosupresor de reciente instauración deben ser monitorizados de forma estrecha al inicio del tratamiento:

- Azatioprina: a las 2 y 4 semanas el primer mes; luego a los 2 y 3 meses, y luego de forma trimestral mientras se mantenga el fármaco. En cada revisión se debe solicitar hemograma, amilasa y perfil hepático, así como realizar una historia clínica detallada.
- Metotrexato: Seguimiento superponible a azatioprina.
- Infliximab: control mensual durante la inducción y posteriormente bimensual.

El resto de las revisiones se hará según la evolución de la enfermedad (Historia natural). Se debe comprobar en cada visita:

- Peso.
- Historia clínica detallada.
- Exploración física.
- Hemograma, bioquímica básica con perfil hepático y reactantes de fase aguda (PCR, VSG).
- Es conveniente utilizar un índice de actividad clínico para dotar de objetividad a nuestra valoración (el más sencillo es el de Harvey-Bradshaw).
- Insistir en el abandono del hábito tabáquico en fumadores.

- Evaluar el metabolismo óseo mediante densitometría en pacientes con consumo prolongado de corticoides.

10.- COLABORACIÓN CON ATENCIÓN PRIMARIA

Es importante establecer una relación de colaboración con el médico de Atención Primaria del paciente, manteniéndole puntualmente informado de la evolución de la enfermedad. Además deben ser notificadas una serie de normas básicas; a saber:

- Cumplimiento estricto de calendario de vacunación en pacientes inmunosuprimidos.
- Informar de analgésicos y antibióticos no recomendados (AINEs, Amoxicilina-Acido Clavulánico).
- No prescribir corticoides orales ante cualquier síntoma sugestivo de agudización de la enfermedad hasta no tener absoluta certeza de que hay un brote de actividad inflamatoria.

COLITIS ULCEROSA

1.- DEFINICIÓN

La Colitis Ulcerosa (CU) es una enfermedad inflamatoria crónica que afecta la mucosa colónica, típicamente de forma continua, y cuya etiopatogenia todavía es poco conocida. Una de sus características más típicas es la evolución en brotes de inflamación, de gravedad variable, seguidos por periodos de remisión bien inducidos por tratamiento o espontáneamente (un pequeño grupo de pacientes que va del 5 al 10% presentan síntomas permanentes, conocido como curso crónico-continuo). No es posible conocer a priori ni la extensión de la enfermedad, ni cuantos brotes aparecerán ni durante cuento tiempo la enfermedad permanecerá estable.

2.- DIAGNÓSTICO

Para llegar a un diagnostico certero de esta enfermedad, se debe de llevar a cabo una evaluación conjunta de datos clínicos, endoscópicos e histológicos. Además, debido a que en multitud de ocasiones otras patologías pueden simular sus síntomas, se debe de llevar a cabo siempre en la evaluación de estos pacientes un estudio de heces, coprocultivo y determinación de parásitos.

2.1.- CLÍNICA

El síntoma mas habitual de esta enfermedad es la rectorragia, acompañada o no por la existencia de aumento del numero de las deposiciones. Su frecuencia suele oscilar, alcanzando mas de 10 veces por día en los brotes graves, siendo habitual la necesidad de defecar durante la noche, y se acompaña de dolor abdominal de carácter cólico sobre todo en flanco izquierdo y previo a la deposición, fiebre de hasta 38-39º (en caso de brotes severos) y pérdida de peso. Otro grupo de síntomas típicos que pueden aparecer en brotes leves o severos son los síntomas distales, caracterizados por la aparición de urgencia y tenesmo rectal y emisión de esputos rectales con sangre y moco, estos síntomas a pesar de considerarse leves son muy incapacitantes para los pacientes. En las formas distales (aquellas en las que se afecta recto y sigma) es frecuente la aparición de estreñimiento de colon derecho que causa dolor abdominal frecuentemente.

Junto a estos síntomas de afectación intestinal, pueden asociarse síntomas de afectación extraintestinal siendo frecuentemente las articulaciones (artritis, artralgias) y la piel (eritema nodoso, pioderma gangrenoso) las mas habituales, aunque también pueden aparecer afectación ocular (uveítis) ó afectación hepática (Colangitis esclerosante primaria).

Para evaluar correctamente la actividad clínica, ya que ésta tiene implicaciones terapéuticas y pronosticas, se han evaluado una serie de Índices de actividad siendo hoy día todavía el más usado el Índice de Truelove-Witts modificado. (Ver **Tabla 44**).

Tabla 44. Índice de Truelove-Witts modificado			
PUNTUACION	**3 PUNTOS**	**2 PUNTOS**	**1 PUNTO**
Num. de deposiciones	>6	4-6	<4
Sangre en las deposiciones	+/+++	+	-
Hemoglobina (g/l): Hombres	<10	10-14	>14
Mujeres	<10	10-12	>12
Albúmina (g/l)	<30	30-32	>33
Fiebre (ºC)	>38	37-38	<37
Taquicardia	>100	80-100	<80
VSG	>30	15-30	<15
Leucocitos (x 1000)	>13	10-13	<10
Potasio	<3	3-3,8	>3,8
Tras la suma de los 9 parámetros se obtendrá una puntuación que corresponderá a : Inactivo: <11. Brote leve: 11-15. Brote moderado: 16-21. Brote severo: 22-27.			

2.2.- ENDOSCOPIA

Las características típicas de la enfermedad se resumen en:

- Afectación difusa y en continuidad sin evidencia de áreas de mucosa sana en la zona afecta (aunque se ha descrito la afectación cecal en pacientes con afectación de colon izquierdo).

- Afectación desde recto en sentido proximal (el recto puede verse indemne por la realización de tratamiento tópico, aunque también puede ser una forma de presentación de la enfermedad, en menos de un 10% de los casos).

En función de la zona afecta se diferencian según la clasificación de Montreal en:

- Proctitis ulcerosa: afectación limitada al recto.

- Colitis izquierda (o distal): afectación limitada al colon izquierdo (sin afectación proximal al ángulo esplénico).

- Colitis extensa (Pancolitis): afectación de colon izquierdo y proximal al ángulo esplénico.

- Hay buena correlación entre gravedad de lesiones endoscópicas y situación clínica del enfermo.

- Se observan de menor a mayor severidad de las lesiones, oscilando desde perdida del patrón mucoso, apariencia granular y eritema difuso, hasta exudados, microulceraciones (que aumentan de tamaño en relación con la gravedad del brote inflamatorio), y sangrado mucoso al roce del endoscopio, llegando incluso a ser espontáneo.

2.3.- HISTOLOGÍA

Tampoco ésta es totalmente definitoria para su diagnóstico, ya que no existen hallazgos patognomónicos. Frecuentemente se evidencia, sobre todo en los brotes agudos, importante infiltrado neutrofílico típicamente en las criptas (abscesos crípticos), pérdida de la capacidad mucosecretora debido a la disminución de las células caliciformes, evidenciándose también una distorsión de las criptas (dato que suele perdurar incluso en fases de quiescencia).

3.- TRATAMIENTO

3.1.- CONSIDERACIONES GENERALES
3.1.1.- Nutrición

La alimentación en estos pacientes debe de ser lo más normal posible, siendo la única limitación en general las comidas excesivamente especiadas. No hay ningún alimento que no sea posible consumirlo salvo que exista intolerancia individual. Con relación a los lácteos, deben de consumirse normalmente, ya que no se ha demostrado la existencia de déficit de lactasas en estos pacientes. El aporte de fibra, sobre todo la derivada de semillas de Plantago ovata, es ideal ya que se ha demostrado que puede mantener la remisión alcanzada con los 5-Aminosalicilatos (5-ASA). El único momento en el cual se debería de evitar su ingesta, además de alimentos ricos en ésta, sería cuando se evidencia un brote de actividad para intentar reducir en lo posible el número de las deposiciones. La nutrición enteral en pacientes adultos no aporta nada en cuanto al control de la enfermedad, siendo necesaria en caso de malnutrición asociada.

3.2.- FARMACOS EMPLEADOS

3.2.1.- 5-Aminosalicilatos

Constituyen el grupo de fármacos que durante mayor tiempo se llevan empleando en este grupo de enfermedades. Se pueden administrar por vía oral o bien por vía tópica (supositorios, espuma, enema), y actúan a nivel local sobre la mucosa colónica aunque su mecanismo de acción todavía no está completamente aclarado. Esta indicado su uso tanto para conseguir la remisión en brotes leves-moderados como en el mantenimiento de ésta. El primer fármaco de esta familia fue la Sulfasalazina (Salazopirina 500 mg.) formada por la unión del acido 5-aminosalicílico con sulfapiridina mediante un enlace azo. Se evidenció que el responsable de la actividad antinflamatoria era el primero, con lo que posteriormente se desarrollaron los denominados nuevos salicilatos, con diferentes galenitas. La acción de la sulfasalazina tiene lugar a nivel del colon donde la molécula llega intacta gracias al enlace azo; a éste nivel gracias al efectos de bacterias colónicas se rompe la unión y se liberan los dos componentes: de la molécula 5-ASA se absorbe sólo el 25% permaneciendo el resto en la luz intestinal donde actúa, mientras que la otra fracción se absorbe por completo, siendo ésta la responsable de los efectos secundarios. Se ha demostrado útil en inducir la remisión en brotes leves o moderados de CU a dosis entre 2-6 gr./día, siendo el principal problema para su utilización los efectos secundarios (30-40%) generalmente leves, reversibles y dosis-dependientes (nauseas, vómitos, cefalea, oligospermia). Ocasionalmente se han descrito otros de mecanismo idiosincrásico como pancreatitis, hepatitis o neumonitis. Es recomendable dar suplementos de ácido fólico durante su utilización.

Los nuevos salicilatos son preparaciones sin la fracción sulfapiridina, consiguiendo un doble objetivo: por un lado disminuir los efectos secundarios y por otro mayor eficacia al poder tolerarse más dosis. Se ha demostrado que son eficaces en inducir la remisión en brotes leves-moderados de CU y que al menos son tan eficaces como la sulfasalazina en inducir dicha remisión con menos efectos secundarios. Ambas formulaciones han demostrado ser útiles en el mantenimiento de la remisión.

En el mercado nos encontramos diferentes productos con diferencias en cuanto a su transportador , en cuanto a su liberación ph-dependiente o a su liberación tiempo-dependiente, no existiendo estudios en los que unas formas destaquen respecto a otras, sugiriendo que es la dosis empleada mas que la presentación lo que realmente es importante para conseguir el efecto deseado. Esta debe de encontrarse entre los 3-4 gr./día en la inducción de la remisión y entre 1.5-2 gr./día en el mantenimiento, el cual por las características de la enfermedad y la escasez de efectos secundarios debería de ser de por vida (a largo plazo se han descrito casos de insuficiencia renal en relación con nefritis intersticial, aunque su frecuencia es escasa). Otro dato importante para utilizarlos a largo plazo es porque podría reducir el riesgo de cáncer de colon.

En las últimas publicaciones hay una nueva presentación denominada sistema MMX (Multimatrix, no disponible aún en España), gracias al cual parece ser que se podrá llevar a cabo una reducción de la tomas (con el beneficio en cuanto al cumplimiento) ya que va a presentar una liberación continua con una sola toma al día (pendiente de realización de estudios para conocer su verdadera utilidad). Sin embargo en 2 ensayos clínicos recientes con presentaciones comerciales de mesalazina disponibles en España (Pentasa 1 gr., Salofalk 1 gr.), se demostró que la dosis única diaria de mesalazina es igual de eficaz que la dosis dividida para inducir o mantener la remisión y con similar tasa de efectos secundarios, pero con más altos índices de cumplimiento.

Por tanto, la mesalazina debería administrarse en una única dosis diaria tanto en el tratamiento agudo como en el de mantenimiento, ya que si bien no se dispone de información directa con todas las formulaciones, no parece nada probable que haya grandes diferencia entre ellas.

En cuanto al tratamiento tópico, es evidente que son útiles para inducir la remisión en colitis distales, y al menos tan útiles como la mesalazina oral para mantenerla.

3.2.2.- Corticoides

Continúan siendo el tratamiento esencial en la inducción de la remisión de un brote moderado que no responde a 5-ASA o en brotes severos, no siendo útiles como opción terapéutica para el mantenimiento de la remisión. A pesar de llevar utilizándose más de 50 años su mecanismo de acción continua siendo desconocido. El mas empleado de ellos es la Prednisona que se emplea en dosis única diaria por vía oral de entre 40-60 mg./día en caso de brote moderado, obteniéndose la respuesta entre 1 a 2 semanas de iniciado el tratamiento; en caso de falta de respuesta se trataría como brote severo siendo necesario su ingreso hospitalario. La repuesta a los corticoides es variable, cerca del 50 % de los pacientes alcanzan la remisión y esta se mantiene por periodos mas o menos prolongados, mientras que el otro 50% presenta situación de corticodependencia o bien de corticorrefractariedad, situaciones que hacen necesarias otras opciones, debido al importante número de efectos secundarios a corto y largo plazo. Dentro de los efectos secundarios hemos de diferenciar entre los que aparecen por su reducción como la insuficiencia suprarrenal aguda o el "pseudotumor cerebri", y los que son mas frecuentes debido a la exposición excesiva: alteraciones cutáneas (hirsutismo, estrías, acne, cara en "luna llena"), edemas, miopatía proximal, favorecer infecciones, alteraciones del comportamiento, alteraciones oculares (cataratas, glaucoma), alteraciones óseas (osteoporosis, osteonecrosis), hiperglucemia e hipertensión arterial.

En resumen deben usarse los corticoides siempre que estén indicados, pero con prudencia y mesura para prevenir al máximo sus efectos secundarios, teniendo en cuenta que su empleo solamente es útil en la inducción de la remisión y no en el mantenimiento.

En cuanto a los corticoides no sistémicos como la budesonida y la beclometasona dipropionato, en su empleo como medicación oral poca evidencia científica avala su empleo en esta enfermedad encontrándose ambas pendientes de realización de estudios más amplios. En cuanto a su empleo como tratamiento tópico parecen tan eficaces como los 5-ASA o corticoides tradicionales.

3.2.3.- Inmunosupresores / Inmunomoduladores
3.2.3.1.- Azatioprina y 6-Mercaptopurina

Ambos fármacos son análogos de las purinas. La Azatioprina (AZA) es un pro fármaco que es convertido por una vía no enzimática mediada por glutation en 6-Mercaptopurina (6-MP) en los eritrocitos y otros tejidos. Este último puede ser metabolizado por tres vías enzimáticas que compiten entre si: dos de ellas que producen metabolitos inactivos (Xantina-oxidasa y la Tiopuril Metil Transferasa o TPMT) y una de ellas que da lugar a los metabolitos activos 6-Tioguanin Nucleótidos (6-TGN) por medio de la Hipoxantina fosforribosil transferasa. Los 6-TGN actúan como antagonistas de las purinas dando lugar a la inhibición de la síntesis de ácidos nucleicos y proteínas y por tanto de la proliferación celular; no obstante, el mayor efecto en la EII lo ejerce a través de su acción bloqueadora de la co-estimulación del linfocito T. De su complejo metabolismo individual dependerá en gran medida tanto su eficacia como su toxicidad. Así, la actividad de la TPMT esta sujeta a una importante variabilidad genética, de manera que el 90% de la población presenta una actividad alta, un 9.5 % actividad intermedia y un 0.5% ausencia de actividad, siendo en estos casos no recomendable su empleo por la elevada frecuencia de toxicidad medular.

El papel esencial de estos se encuentra en llevar a cabo el mantenimiento de la remisión obtenida por medio del empleo de Ciclosporina A (CyA) ó Infliximab tras un brote severo y en situación de corticodependencia. Su empleo es por vía oral a dosis de 2.5-3 mg./kg./día y 1.5-2 mg./kg./día respectivamente, y debido a su comienzo de acción lento no se recomienda retirar por falta de repuesta al menos después de 6 meses de su inicio. Se obtiene una respuesta favorable en el 60-70% de los pacientes.

Dentro de sus efectos secundarios, debemos de tener en cuenta que a largo plazo presentan menos efectos secundarios que los corticoides y que la mayor parte de estos son leves y de fácil control, que cerca del 90% tolera el tratamiento, y que la mayoría de las complicaciones graves suceden al inicio del tratamiento por lo que es el periodo de mas control. Dentro de estos podemos diferenciar:

1.- Los de mecanismo idiosincrásico que ocurren dentro de las primeras 3-4 semanas, como la pancreatitis (complicación grave más frecuente), hepatitis y reacciones alérgicas (exantema, fiebre, artralgias) que descartan el uso de ambos medicamentos.

2.- Los de mecanismo dosis-dependiente como la intolerancia digestiva en forma de nauseas-vómitos y epigastralgia (es el mas habitual y mejora con reducción de dosis y subida lenta o bien cambio de un fármaco por otro), supresión medular, y las infecciones (raras en la practica clínica). A largo plazo se ha descrito incremento en la incidencia de algunos tumores como linfomas o tumores cutáneos, pero estos datos no son muy diferentes de los que aparecen en la población general.

Con el fin de obtener el máximo rendimiento con el mínimo riesgo se recomienda que el tratamiento sea individualizado, utilizándose la dosis mas cercana a la comentada (ya que la causa mas frecuente de fallo del fármaco es la infradosificación), realizándose un control exhaustivo sobre todo durante los primeros meses, por medio de control clínico y analítico para detectar lo antes posible la aparición de efectos secundarios. Dicho control se recomienda que sea al menos trimestral mientras dura el tratamiento, que sea probablemente de por vida.

3.2.3.2.- Anticalcineurínicos

Se encuadran en los denominados inmunosupresores de acción rápida, muy importantes en situaciones como brote agudo severo corticorresistente, en el que la AZA como consecuencia de sus características no tiene ninguna indicación.

Vamos a destacar por una lado la Ciclosporina-A (Sandimun) y por otro el Tacrolimus (Prograf). Ambos actúan bloqueando la producción de IL-2 y su receptor en los linfocitos T helper, interfiriendo así con la respuesta inmune en sus fases iniciales. Su efecto es prácticamente inmediato, siendo posible apreciar la respuesta clínica en horas o días. La CyA se emplea a dosis de 4 mg./kg./día (aunque 2 mg./kg./día es igual de eficaz con menos efectos secundarios) por vía intravenosa evidenciándose la respuesta en 7-10 días; el principal escollo son los efectos secundarios, destacando las infecciones oportunistas, la nefro y neurotoxicidad. Se consigue evitar la colectomía en un 60-70% de los casos. El Tacrolimus es de características parecidas, con la salvedad de que se emplea por vía oral a dosis 0.10-0.15 mg./kg./día para alcanzar unos niveles séricos de 5-10 ng/ml. Presenta una absorción intestinal mayor, una potencia inmunosupresora mayor y parece ser que menos efectos secundarios (sobre todo de tipo estético: hirsutismo, acne e hiperplasia gingival).

Actualmente sólo la CyA presenta un nivel de evidencia suficiente como para ser la indicación fundamental en esta situación, considerándose el tratamiento con Tacrolimus como una alternativa, siendo empleado como uso compasivo.

3.2.3.3.- Metotrexate

Aunque en la Enfermedad de Crohn (EC) ha demostrado ser eficaz tanto en la inducción como en el mantenimiento de la remisión, en la CU a pesar de datos preliminares positivos esto no se ha confirmado en el único estudio controlado. Sin embargo algunos estudios observacionales indican lo contrario, por lo que la evidencia actual no es suficiente para descartarlo como posibilidad terapéutica de 2ª línea en caso de fallo o intolerancia a AZA.

3.2.3.4.-Micofenolato mofetil

Antimetabolito que actúa inhibiendo de forma irreversible la guanosin monofosfato deshidrogenasa, enzima fundamental en la síntesis de guanina, dando lugar a la inhibición de la proliferación y función de linfocitos B y T. No existen estudios controlados en CU, solamente estudios observacionales, en los que parece tener una capacidad parecida a la AZA en inducir la remisión; sin embargo todavía no se puede considerar de forma habitual su empleo, no habiéndose establecido la dosis optima ni la importancia de la determinación de sus niveles.

3.2.4.- Tratamientos biológicos

Dentro de estos, son los Anticuerpos anti-TNF y concretamente el Infliximab (Remicade) el que recientemente ha sido aceptado para el tratamiento de CU tras el éxito de los estudios ACT1 y ACT 2. La dosis a emplear es 5 mg./kg. iv. utilizándose al igual que en la EC una pauta de inducción a las 0-2-6 semanas y posteriormente cada 8 semanas. La indicación fundamental son los brotes de actividad severa corticorrefractarios, obteniéndose respuesta hasta en un 60-70% de los casos, aunque el lugar que ocupa en el esquema terapéutico en relación con la CyA no esta establecido. Otra indicación seria en casos de corticodependencia e intolerancia o falta de repuesta a AZA. La posibilidad de infecciones oportunistas, y sobre todo la reactivación de tuberculosis (TBC) latente y de Hepatitis B, son las principales complicaciones del tratamiento, además de empeoramiento de la insuficiencia cardiaca y desarrollo de enfermedades autoinmunes, por lo que previo a su utilización todas estas situaciones deben de haberse descartado para contraindicar el tratamiento o para llevar a cabo tratamiento previo al uso de Infliximab.

Otros tratamientos biológicos que en un futuro reciente se incorporaran como opciones terapéuticas serán Adalimumab (Humira- AntiTNF humanizado de empleo s.c. bisemanal 160-80, y 40 de mantenimiento), Visilizumab (Anticuerpos antiCD3 en estudio para brotes severos)

3.2.5.- Otros tratamientos

- **Granulocitoaféresis**

Consistiría en la extracción del torrente sanguíneo de leucocitos activados por medio de un circuito extracorpóreo vena-vena al quedar atrapados en una membrana de celulosa. La indicación mas estudiada es su empleo en caso de colitis corticodependiente, en la que se ha producido fallo de inmunosupresores o efecto secundario a estos, consiguiéndose inducir la remisión por encima del 50% con una sesión semanal durante 5 semanas. Situaciones como la corticorrefractariedad o el mantenimiento de la remisión son indicaciones más dudosas, la primera por la ausencia de estudios y la segunda por la existencia de datos contradictorios. Su principal ventaja es la escasez de efectos secundarios, siendo su limitación más importante el acceso venoso.

- **Probióticos**

Dentro de estos merece la pena reseñar el conocido como VSL-3, el cual aunque donde mas importancia tiene es en la prevención de la aparición de reservoritis aguda y en evitar que una vez que esta aparezca se cronifique, también en algunos estudios ha demostrado su eficacia tanto en el mantenimiento de la remisión como en la inducción en casos de actividad leve-moderada en pacientes con CU.

3.3.- ADECUACION DEL TRATAMIENTO SEGÚN ACTIVIDAD DE LA ENFERMEDAD

Para plantear correctamente el tratamiento en estos pacientes hemos de conocer por un lado su extensión y por otro la gravedad clínica.

3.3.1.- Colitis sin actividad inflamatoria

En esta situación en la que el paciente se encuentra asintomático se requiere un tratamiento de mantenimiento, ya que se ha demostrado que este disminuye la frecuencia de aparición de nuevos brotes de actividad. De forma general el fármaco mas empleado es el 5-ASA, principalmente la mesalazina por vía oral, a dosis mínima de 2 gr./día. En casos de proctitis se optara por la administración por vía tópica en forma de supositorios. En casos de afectación distal más allá del recto se pueden emplear espumas o enemas de 5-ASA. En aquellas situaciones en las que la remisión se haya conseguido con inmunosupresión y/o inmunomodulación se recomienda el empleo de Azatioprina.

3.3.2.- Brote leve
En estos casos el 5-ASA será el tratamiento fundamental, empleando su forma tópica (supositorio, espuma o enema) en caso de colitis distal, asociando a este la vía oral (hasta 4 gr./24 horas) en caso de colitis izquierda (no en casos de proctitis) y por supuesto en casos de colitis extensa, ya que dicha asociación ha demostrado un mayor efecto en menor tiempo. La evaluación de la repuesta debe de llevarse a cabo a las 2-4 semanas, tratando al paciente con falta de repuesta como un brote moderado.

3.3.3.- Brote moderado
Los corticoides son considerados el tratamiento fundamental en esta situación, administrándose habitualmente prednisona por vía oral a dosis de 1 mg./kg. Debe tomarse preferentemente una vez al día por la mañana asociándola a Calcio y vitamina D, y evaluando su respuesta en 10-14 días, ya que si en este periodo no se evidencia respuesta habría que tratarlo como brote severo a pesar de no cumplir todos los criterios de este. Es importante continuar con tratamiento tópico, siempre que el paciente lo tolere.
La retirada de los corticoides debe de llevarse a cabo de forma paulatina, con un descenso entre 5-10 mg. cada 7-10 días hasta su suspensión.
En las situaciones de corticodependencia, en las que se produzca reactivación de la enfermedad durante el descenso del tratamiento corticoideo o bien escasas semanas después de su suspensión, o bien sean necesarias al menos 2 pautas de corticoides en 6 meses o 3 en un año, el fármaco que ha demostrado mas eficacia es la Azatioprina, a la dosis recomendada previamente, valorando su asociación o sustitución por Infliximab en caso de falta de respuesta o efectos secundarios.

3.3.4.- Brote severo
En este caso el paciente debe de ser hospitalizado, escapando a los objetivos del manual el manejo de esta situación.

4.- SEGUIMIENTO AMBULATORIO
- **Monitorización del tratamiento**
  Aquellos pacientes que llevan a cabo tratamiento con 5-ASA no necesitan ningún control con relación al empleo de estos fármacos (aunque si es recomendable valorar la función renal anualmente). Cuando se lleva a cabo tratamiento con AZA o 6-MP, se debe de llevar a cabo controles analíticos (hemograma, función hepática, amilasa) cada 2 semanas el primer mes, mensual durante el primer trimestre-semestre y posteriormente de forma trimestral.

- **Indicación y modificación del tratamiento**

A la hora de valorar el empleo de tratamiento por sospecha de brote de actividad, hemos de tener en cuenta por un lado que no todos los síntomas que padecen estos pacientes se deberán a actividad inflamatoria, de manera que es posible la existencia de síntomas funcionales, relacionados con estreñimiento de colon derecho (en caso de colitis izquierda) e incluso síntomas por enfermedades infecciosas (Clostridium difficile, salmonella, etcétera), por lo que hemos de evaluar correctamente al paciente descartando estas situaciones antes de plantear tratamiento corticoideo o inmunosupresor.

- **Empleo de Antibióticos**

Su utilización con vista a controlar la actividad de la enfermedad en la CU está descartada, encontrándose indicados solo en casos de colitis severa ante la sospecha de perforación o en caso de presencia de signos de infección asociados al brote de actividad (fiebre, leucocitosis).

Si su empleo es necesario por la aparición de cuadros infecciosos de otra índole, se han de evitar aquellos cuyo efecto secundario sea producir diarrea como la Amoxicilina-Clavulánico o Levofloxacino, ya que en esta situación puede aparecer un brote de actividad.

- **Empleo de Analgésicos**

El analgésico mas recomendable en estos pacientes es el Paracetamol, asociado en caso de necesidad con opiáceos (codeína, tramadol). El empleo de anti-inflamatorios en estos pacientes, debido a que pueden dar lugar a colitis por si mismos e incluso favorecer la aparición de brote de actividad, es mejor evitarlo, aunque en situaciones como la artropatía central o periférica u otras situaciones fuera de la EII (esguince, lumbociática o patologías traumáticas), podrían hacer necesario su empleo, a la menor dosis y el menor tiempo posible, valorando el empleo de Coxib en lugar de los clásicos.

- **Gestación**

Durante el embarazo los fármacos empleados en el control de la CU (5-ASA, Corticoides, AZA, Infliximab) pueden ser empleados sin riesgo para la madre o el feto por lo que no deben de suspenderse, ya que esto ultimo si seria una situación de riesgo pues si aparece un brote durante la gestación, este puede dar lugar a complicaciones como parto prematuro o bajo peso al nacimiento.

COLITIS MICROSCÓPICA

Empleamos este termino para referirnos a aquellas entidades que dan lugar a una diarrea acuosa crónica con estudio endoscópico y radiológico sin evidencia de alteraciones, y alteraciones histológicas típicas. Aunque existen varias entidades que pueden lugar a dicho cuadro, cuando nos referimos a Colitis Microscópica (CM), hacemos referencia a la Colitis colágena (CC) y la Colitis linfocítica (CL).

1.- EPIDEMIOLOGÍA

Suelen afectar con mayor frecuencia al sexo femenino, siendo su edad mas frecuente de aparición entre los 50-60 años. Presenta una prevalencia variable entre 1-9 pacientes por 100.000 habitantes.

2.- ETIOLOGÍA

Continúa siendo desconocida habiéndose relacionado con el hábito tabáquico, con infecciones intestinales y últimamente con exposición a fármacos, destacando entre estos los AINES, y también la sertralina, lanzoprazol, ranitidina, aspirina y ticlopidina.

3.- CLÍNICA

Destaca la existencia de una diarrea crónica acuosa, acompañada de dolor abdominal cólico, generalmente leve, distensión abdominal, y frecuentemente urgencia y tenesmo rectal. En ocasiones también deposiciones nocturnas y perdida de peso. Suele tener un curso benigno con recaídas frecuentes, y no se ha descrito aumento del riesgo de cáncer de colon ni aumento de la mortalidad. Es típico que se asocie a otras enfermedades autoinmunes como Diabetes Mellitus, patología tiroidea, asma, etcétera.

4. DIAGNÓSTICO

Se basa en criterios clínicos (diarrea acuosa de mas de un mes evolución) junto con un aspecto macroscópico de la mucosa colónica sin alteraciones evidentes, además de unos criterios histológicos comunes para ambas (aumento del infiltrado inflamatorio crónico en lamina propia, aumento de los linfocitos intraepiteliales y alteración del epitelio de superficie con mínima distorsión de las criptas) y otros específicos de cada una de ellas: así en la CC se observa una banda colágena subepitelial mayor o igual de 10 mm de grosor en la tinción con tricrómico, mientras que en la CL se aprecia un incremento del numero de linfocitos intraepiteliales por encima de 20 x 100 células epiteliales y ausencia de la banda de colágena subepitelial mencionada.

5.- TRATAMIENTO

En algunas ocasiones el cuadro remite espontáneamente y en otros casos puede mejorar con la ayuda de tratamiento sintomático (antidiarreicos); en aquellos casos en los que esto no es posible existen diferentes opciones terapéuticas, siendo la mas utilizada la Budesonida a dosis de 9 mg./24 horas por vía oral, obteniéndose en la mayor parte mejoría clínica a las 2-4 semanas, llevándose a cabo reducción gradual de la dosis hasta su suspensión. En caso de recidiva precoz tras la suspensión, podría plantearse tratamiento de mantenimiento a dosis bajas. También se ha valorado el empleo de Resinas de intercambio iónico (Resincolestiramina) a dosis inicial de 8 gr./24 horas, cuya utilidad se ha demostrado sobre todo en la CL, siendo necesaria una dosis de mantenimiento por la tendencia a la recaída. También una opción podría ser los 5-ASA, aunque su empleo no se basa en estudios controlados.

En las escasas situaciones en las que la enfermedad es grave y refractaria a los tratamientos comentados, podría plantearse la inmunosupresión con Azatioprina e incluso la colectomía.

COLITIS INDETERMINADA

En la actualidad este termino se emplea para referirnos a aquellos casos de colitis que tras la realización del estudio habitual (clínico, analítico, endoscópico, histológico y radiológico) no son encuadrables dentro de las entidades con mayor peso dentro de la Enfermedad Inflamatoria Intestinal. Su frecuencia es escasa, representando entre el 5-10% de los casos de EII, siendo la mayor parte de los casos diagnosticados con el tiempo bien de CU (en su mayor parte, por encima de 2/3 de los casos) o como EC, y solamente por debajo del 5% permanecen como colitis indeterminada, por lo que no parece ser una situación clínica definida sino mas bien una situación transitoria.

Desde el punto de vista de la evolución clínica, se conoce que suele tener una presentación más agresiva, siendo típico su debut como colitis severa, por lo que el empleo de tratamiento inmunosupresor se suele iniciar con mayor precocidad. Una de las características para poder diferenciarla podría ser el perfil serológico de anticuerpos (Ac), de manera que la negatividad para pANCA (anticuerpos anticitoplasma perinuclear de los neutrófilos) y ASCA (anticuerpos anti-Saccharomyces cerevisiae) parece indicar que nos encontramos ante esta situación. Así ante un brote de colitis severa indeterminada, en ocasiones la serología nos va a permitir predecir la evolución de la misma, de forma que hay una alta especificidad para CU cuando se tiene una prueba pANCA positiva / ASCA negativa, y una alta especificidad para colitis de EC con prueba ASCA positiva / pANCA negativa.

Los hallazgos macroscópicos típicos suelen ser:

- Afectación mucosa de forma difusa (aunque con frecuencia el recto esta indemne), generalmente con mayor compromiso de colon transverso y derecho.
- La existencia de importantes ulceraciones pudiendo existir incluso zonas de aspecto sano en áreas afectas.

Desde el punto microscópico llama la atención la existencia de ulceraciones en forma de "V" sin tejido inflamatorio alrededor, fisuras penetrantes hasta capa muscular propia ("Knife-like") además de inflamación linfoide transmural y extensa ulceración con zona de transición a mucosa adyacente normal.

El tratamiento llevado a cabo en esta entidad, debido a que en su mayor parte terminarán diagnosticadas de CU, se hace de la misma manera que en esta patología, pasando de los 5-ASA en brotes leves hasta los corticoides orales o intravenosos según la gravedad del brote, y tratamiento inmunosupresor en casos de corticodependencia o corticorrefractariedad, e incluso también se han descrito algunos casos de empleo de Ac anti-TNF. En caso de requerirse una colectomía por mala evolución, hace años la realización de un reservorio ileo-anal se consideraba contraindicado por la posibilidad de la existencia de una EC como causante de la enfermedad, pero hoy día no se considera contraindicación existiendo publicaciones en las que la evolución del reservorio es comparable a cuando se indica la cirugía por CU.

PATOLOGÍA ANORRECTAL

1.- SINDROME HEMORROIDAL

Las hemorroides son estructuras anatómicas fisiológicas constituidas por plexos vasculares arteriovenosos que conforman un almohadillado a lo largo del canal anal.

El síndrome hemorroidal engloba a una serie de síntomas y signos (dolor, sangrado, prurito anal, prolapso, etcétera) que tienen su origen en alteraciones estructurales del tejido hemorroidal y/o de sostén.

1.1.- CLASIFICACIÓN

1.1.1.- Hemorroides internas

Situadas por encima de la línea dentada y cubiertas de mucosa rectal y transicional. Se subclasifican en 4 grados atendiendo al grado de prolapso:

- **1° grado:** protrusión en canal anal sin descender por debajo de la línea dentada durante la defecación.
- **2° grado:** prolapso a través del canal anal durante la defecación, con desaparición espontánea al cesar la maniobra defecatoria.
- **3° grado:** prolapso por debajo del margen anal, desapareciendo sólo con maniobras de reducción digital.
- **4° grado:** prolapso mantenido por debajo del margen anal o reproducción inmediata tras su reducción.

1.1.1.1.- Clínica

-Rectorragia de sangre roja y brillante al final de la de la deposición, impregnando el papel higiénico tras limpiarse.

-Prolapso: en los grados 3 y 4 se asocia a malestar perianal y manchado mucoso.

-Dolor: suele traducir trombosis hemorroidal y/o atrapamiento de plexos hemorroidales en un ano hipertónico.

1.1.1.2.- Diagnóstico

Se basa en:

- Inspección anal.
- Rectosigmoidoscopia o colonoscopia total (si existe indicación).

1.1.1.3.- Tratamiento

Es importante tener en cuenta que la presencia de hemorroides en si no es indicación de realizar algún tipo de tratamiento; es decir, las hemorroides asintomáticas no requieren tratamiento. Cuando hay síntomas, el tratamiento para la resolución o mejoría de los mismos engloba varias vertientes:

- Medidas higiénico-dietéticas

-Disminución del esfuerzo defecatorio y evitar la prolongación del mismo, mediante reducción de la consistencia de las heces: Incrementando la ingesta de agua (2 litros diarios), con dieta rica en fibra y/o fibra dietética suplementaria (entre 3,5 y 10,5 g/día de Plantago ovata). Si no es suficiente pueden añadirse laxantes tipo lactulosa (20-100 g/día).

-Higiene de la zona evitando la maceración perianal, sustituyendo la limpieza con papel higiénico por baños de asiento, sobre todo en los procesos agudos. Idealmente debe hacerse con agua templada o caliente, aunque no se debe permanecer mucho tiempo (no más de 10 minutos), ya que puede favorecer el edema perianal. Aunque algunos abogan por agua fría dado cierto componente analgésico, esto puede producir espasmo del esfínter anal y empeoramiento de los síntomas.

- Alivio local de los síntomas

-Existen multitud de pomadas antihemorroidales, que no deben utilizarse durante más de una semana consecutiva por la posible aparición de dermatitis de contacto, infecciones o atrofia cutánea en relación a su composición corticoidea y anestésica.

-Venotónicos como la diosmina a dosis elevadas (300 mg./6 hrs.) pueden mejorar los síntomas.

- Actuación mediante refuerzo de mecanismos de sujeción

-Este tipo de tratamiento se reserva para pacientes que no responden a las anteriores medidas.

-Escleroterapia: Se recomiendan en pacientes con hemorroides de 1° grado. No tienen ventajas sobre la escleroterapia técnicas como la electrocoagulación, la criocirugía o la fotocoagulación con infrarrojos.

-Ligadura con bandas elásticas: Indicadas en hemorroides de 2° y 3° grado.

- ¿Cuándo indicar tratamiento quirúrgico?

-En caso de hemorroides de 4° grado se recomienda hemorroidectomía abierta.

-Si se asocia gran prolapso mucoso se puede optar por una hemorroidectomía circular cerrada.

1.1.2.- Hemorroides externas

Se sitúan por debajo de la línea pectínea. Están recubiertas por anodermo y piel perianal.

-En la clínica suele predominar el dolor postdefecatorio en la mayoría de ocasiones relacionado con la trombosis del plexo.

-El diagnóstico lo da la inspección anal: nódulos subcutáneos, violáceos, duros y dolorosos al tacto.

-El tratamiento es superponible al de las hemorroides internas en cuanto a las medidas higiénico-dietéticas anteriormente mencionadas. Es importante conseguir una buena analgesia (metamizol o ibuprofeno).

-En las primeras 72 horas de evolución de la trombosis hemorroidal puede realizarse una exéresis mediante anestesia local. Si el tratamiento es más tardío o los síntomas son mínimos puede forzarse el tratamiento médico.

2.- FISURA ANAL

Se define como un desgarro longitudinal o ulceración de la piel del canal anal situada por debajo de la línea dentada.

2.1.- CLASIFICACIÓN

Se hace en función de la etiología: idiopática (la mayoría) o secundaria.
En función de la evolución temporal:

- Agudas: desgarro superficial de bordes limpios.
- Crónicas: evolución de unos 2 meses, profundas, úlcera de bordes indurados pudiendo apreciarse fibras del esfínter anal interno. Suelen asociar pliegue cutáneo en el extremo distal y papila hipertrófica proximal.

2.2.- LOCALIZACIÓN

El 90% se localizan en la línea media posterior.

2.3.- DIAGNÓSTICO

-Lo sugiere el dolor anal agudo e intenso durante y tras la defecación. Pueden asociarse mínimo sangrado y prurito/secreción (sobre todo en fisuras crónicas).

-La Inspección anal debe hacerse con sumo cuidado por la hipertonicidad del esfínter y la reproducción de dolor (a veces es preciso anestesiar localmente mediante pomadas o inyectables).

2.4.- TRATAMIENTO

2.4.1.- Fisura aguda

Hay una serie de medidas generales que persiguen la corrección del estreñimiento, la fácil apertura del canal anal durante la defecación y la disminución de dolor:

- Estreñimiento: Dieta rica en fibra, con suplementos de fibra dietética si es preciso (Plantago ovata), lactulosa.
- Dolor anal: Analgésicos orales/tópicos antes de defecar.

  Si fracasan estas medidas (aunque la mayoría de las fisuras agudas curan si se cumplen):
- Ungüentos de nitroglicerina (0,2%) dos aplicaciones locales diarias siendo el efecto adverso más documentado la cefalea (20-60%). También se utilizan (aunque hay menos experiencia) los ungüentos de diltiazem (2%) que inducen cefalea con menos frecuencia.

2.4.2.- Fisura crónica

Son aplicables las medidas generales expuestas en las fisuras agudas.

Además en el caso de las fisuras crónicas pueden ensayarse las inyecciones intraesfintéricas de toxina botulínica (5-25 unidades). Su efectividad a los 6 meses del tratamiento es apreciable (80-100%), si bien el porcentaje de recidiva a los 4 años es elevado (40%).

La nitroglicerina tópica (ungüentos) también puede tener su papel en algunos pacientes tal como se expuso para la fisura aguda.

Indicaciones de tratamiento quirúrgico:

- Obviamente se indicará cuando exista fracaso del tratamiento médico.
- El procedimiento más eficaz y seguro es la esfinterotomía lateral interna.

3.- ABSCESOS ANORRECTALES

Son infecciones localizadas en los espacios adyacentes al ano y/o recto

Tienen su origen:

- Mayoritariamente criptoglandular.
- Lesiones superficiales/traumáticas
- Fisuras
- Hemorroides prolapsadas

Determinadas entidades cursan con una frecuencia mayor de abscesos a este nivel (Enfermedad de Crohn, tuberculosis, neoplasias, estados de inmunodepresión, etcétera).

3.1.- DIAGNÓSTICO Y CLÍNICA

Se caracteriza por dolor constante que aumenta al sentarse y andar de corta evolución. En algunos casos puede acompañar al dolor un cuadro séptico.

3.2.- CLASIFICACIÓN

De forma práctica se clasifican en perianales, interesfinterianos, isquiorrectales y supraesfinterianos.

3.3.- EXPLORACIONES COMPLEMENTARIAS ÚTILES

Ecografía endoanal, TC o RM pélvica.

Exploración bajo anestesia en los casos más complejos.

3.4.- TRATAMIENTO

Drenaje quirúrgico precoz

4.- FISTULAS ANORRECTALES

Se definen como trayectos tubulares fibrosos con tejido de granulación, con un orificio interno que se abre al canal anal o recto y uno o varios orificios fistulosos externos que comunican a la piel perianal.

La mayoría son producto de la evolución a la cronicidad de un absceso previo.

4.1.- DIAGNÓSTICO

La clínica se caracteriza por:

- Supuración perianal de sangre, pus o material fecal.
- Se da en el contexto clínico del drenaje espontáneo o quirúrgico de un absceso.
- La inspección pone de manifiesto el orifico secundario y la compresión exterioriza material purulento.

Entre las Exploraciones complementarias para el diagnóstico tenemos:

- El orificio primario se localiza mediante endoscopia.
- La ecografía endoanal con/sin peróxido de hidrógeno inyectado en el tracto   fistuloso puede ser útil en caso de fístulas más complejas.
- La RM pélvica define los trayectos fistulosos con gran exactitud.

4.2.- TRATAMIENTO

4.2.1.- Fístulas bajas (sin afectación de esfínter externo ni músculo puborrectal): requieren tratamiento quirúrgico (fistulectomía).

4.2.2.- Fístulas altas o de trayecto complejo: requieren técnicas más específicas, como sedales, colgajos de avance, etcétera.

4.2.3.- Enfermedad perianal (Enfermedad de Crohn): exige un manejo individualizado y una colaboración estrecha entre gastroenterólogo y cirujano, debiendo implementarse tratamiento médico específico y teniendo como principio el cirujano que su intervención ha de ser lo menos agresiva posible.

5.- PROLAPSO RECTAL

Lo subdividiremos en dos tipos:

5.1.- PROLAPSO RECTAL COMPLETO

Protrusión de todas las capas de la pared rectal a través del canal anal.

5.1.1.- Clínica y Diagnóstico

Es evidente en la inspección del periné en reposo y tras esfuerzo defecatorio observando la protrusión.

Predominan malestar perianal, sensación de evacuación incompleta, tenesmo, manchado de contenido fecal o sangre.

Se asocia a incontinencia anal y debilidad de la musculatura del suelo pélvico.

5.1.2.- Tratamiento

Se inicia mediante la implementación de medidas correctoras del esfuerzo defecatorio.

-En niños: hay que ser conservador (reducción manual).

-En adultos: técnicas quirúrgicas como rectopexia (fijación del recto).

5.2.- PROLAPSO RECTAL INTERNO

La porción superior del recto y sigma se prolapsan dentro de la ampolla rectal sin alcanzar el orificio anal.

5.2.1.- Clínica y Diagnóstico

Sensación de evacuación incompleta, tenesmo, pesadez y sensación de llenado pélvico.

En la Rectoscopia: observar la protrusión en el momento del esfuerzo defecatorio. También puede realizarse una videodefecografía.

5.2.2.- Tratamiento

Individualizar: algunos autores preconizan una cirugía precoz mediante rectopexia y otros abogan por una aproximación conservadora mediante medidas higiénico-dietéticas o farmacológicas. Si apareciera incontinencia está indicada la cirugía.

6.- ÚLCERA SOLITARIA DE RECTO

Se trata de una entidad propia de adultos jóvenes, preferentemente mujeres y que se caracteriza por:

- Presencia de una o varias ulceras en recto.
- Defecación dificultosa o esfuerzo excesivo en la fase expulsiva de la defecación.
- Dolor perineal.
- Eliminación de moco.

6.1.- DIAGNÓSTICO

Rectoscopia: pone en evidencia la presencia de ulceraciones en la pared anterior del recto, rodeadas de mucosa eritematosa (a 4-10 cm. del margen anal).

Diagnóstico diferencial: el análisis de especimenes de biopsia debe descartar carcinoma, enfermedad de Crohn, linfogranuloma venéreo o proctitis.

Es frecuente la presencia de un prolapso rectal asociado.

6.2.- TRATAMIENTO

Es fundamentalmente conservador y basado en evitar el esfuerzo defecatorio (medidas higiénico-dietéticas, laxantes).

Indicación de cirugía: cuando hay una ausencia de respuesta a las medidas conservadoras y un prolapso importante asociado.

7.- INCONTINENCIA ANAL

Escape involuntario de heces y/o gases por el ano. Se subdivide en:

7.1.- INCONTINENCIA FUNCIONAL

Evacuación incontrolada de material fecal durante al menos 1 mes en personas mayores de 4 años asociada a impactación fecal, diarrea o disfunción no estructural del esfínter anal.

7.2.- INCONTINENCIA NO FUNCIONAL

Se demuestran lesiones estructurales en el ano-recto mediante exploración física, técnicas manométricas, ecográficas, radiológicas o electromiográficas.
Las causas fundamentales suelen ser:

- Traumatismos quirúrgicos.
- Desgarros obstétricos.
- Neuropatías selectivas del nervio pudendo.
- Alteraciones mixtas de la sensibilidad rectal.

Son signos frecuentemente observados la presencia de alteraciones morfológico-estructurales de la piel perianal y del canal anal (cicatrices, estenosis, prolapso) y lesiones de la piel debidas al escape (dermatitis).
El tono del canal anal estará disminuido en el tacto tanto en reposo como tras contracción voluntaria.

7.3.- TRATAMIENTO

7.3.1.- Incontinencia por lesión estructural

7.3.1.1.- Medidas generales/higiénico-dietéticas

Corrección del hábito defecatorio: Dietas astringentes, antidiarreicos, programas de limpieza para eliminar y prevenir fecalomas, apoyo psicológico, etcétera.

7.3.1.2.- Biofeedback

Consisten en programas de aprendizaje basados en la ejercitación de la musculatura esfinteriana con ayuda de estimulación visible/audible. Esta vertiente de tratamiento no puede implementarse en pacientes con alteraciones neurológicas o miopáticas que carecen de capacidad de contracción de la musculatura estriada esfinteriana.

7.3.1.3.- Cirugía

Se indica en las siguientes situaciones:

- Pacientes jóvenes con traumatismo esfinteriano evidente.
- Fracaso del tratamiento médico-rehabilitador con menoscabo de la calidad de vida social/laboral.
- Técnicas empleadas: esfinteroplastía con plicatura del músculo puborrectal (la más empleada), trasposición de músculos, esfínter artificial, etcétera. En caso de fracaso de las técnicas anteriores o lesión del periné que impide la realización de cirugía, se suele recurrir a una colostomía de descarga.

- Otras técnicas: se emplean en pacientes con incontinencia e integridad de los esfínteres anales y ausencia de neuropatía pudenda.

7.3.2.- Incontinencia funcional

Se realizará tratamiento específico de la diarrea o el estreñimiento.

BIBLIOGRAFÍA

1. **Carter MJ, Lobo AJ, Travis SP. IBD Section, British Society of Gastroenterology. Guidelines for the management of inflammatory bowel disease in adults. Gut 2004;53 (Suppl 5): V1-16**

2. Sandborn WJ, Feagan BG, Hanauer SB et al. A review of activity indices and efficacy endpoints for clinical trials of medical therapy in adults with Crohn´s disease. Gastroenterology 2002; 122:512-30

3. **American Gastroenterological Association Institute Technical Review on Corticosteroids, Immunomodulators, and Infliximab in Inflammatory Bowel Disease. Gastroenterology 2006;130:940–987**

4. **Nos P, Clofent J. Enfermedad de Crohn. En: Tratamiento de las enfermedades gastroenterológicas, 2ª Ed, pp 261-271.**

5. **Gassull MA, Gomollon f, Hinojosa J, Obrador A. Enfermedad Inflamatoria Intestinal. 3ª Edición. Aran Ediciones SL. Madrid. 2007.**

6. **Satsangii J, Sutherland LlR. Inflamatory Bowel Diseases. London: Churchill Livingstne, 2003.**

7. **Kozuch PL, Hanauer SB. Treatment of inflammatory bowel disease: a review of medical therapy. World J Gastroenterol 2008 January 21; 14 (3): 354-377.**

8. Martland G T, Shepherd N A. Indeterminate Colitis: definition, diagnosis, implications and a plea for nosological sanity. Histophatolgy 2007; 50: 83-96.

9. **Pardi Ds, Smyrk TC, Tremaine WJ, Sandborn WJ. Microscopic colitis: A review. Am J Gastroenterol 2002; 97: 794-802.**

10. Fernandez Bañares F, Salas A, Esteve M, Espinos JC, Foren M, Viver JM. Collagenous and lymphocytic colitis: evaluation of clinical and histological features, reponse to treatment, and long-term follow-up. Am J Gastroenterol 2003; 98: 340-7.

11. Kruis W, Gorelow A, Kiudelis G, Ráez I et al. Once daily dosing of 3 g mesalazine (Salofalk®️ granules) is therapeutic equivalent to a three-times daily dosing of 1 g mesalazine for the treatment of active ulcerative colitis. Gastroenterology. 2007;132;4 Suppl 2:130A.

12. Dignass A, Mross M, Klugmann T, Dintel P et al. Maintenance therapy with once daily 2 g mesalazine (Pentasa®️) treatment improves remission rates in subjects with ulcerative colitis compared to twice daily 1 g mesalazina: data from a randomized controlled trial. J Crohn Colitis. 2008;2 Suppl:55.

13. Madoff RD, Fleschman JW. AGA Technical Review on the diagnosis and care of patients with anal fissure. Gastroenterology 2003; 124:235-245.

14. **Madoff RD, Fleschman JW. American Gastrointestinal Association technical review on the diagnosis and treatment of hemorrhoids. Gastroenterology 2004; 126:1463-73.**

15. Minguez Pérez M, Sanchiz Soler V. Enfermedad rectoanal benigna. En: Tratamiento de las enfermedades gastroenterológicas 2ª edición, 2006; pp : 339-350.

PATOLOGÍA DIGESTIVA EN ATENCIÓN PRIMARIA

Maria Elisa Meléndez Barrero – Rebeca Cuenca Del Moral

En este capítulo repasaremos las patologías digestivas más frecuentemente atendidas en los Centros de Atención Primaria, haciendo hincapié en las recomendaciones generales que deben hacerse a los pacientes, el manejo diagnóstico terapéutico inicial y los criterios de derivación al especialista.

1.- ERGE Y OTROS TRASTORNOS ESOFÁGICOS

1.1.- ERGE
1.1.1.- Clínica
Los síntomas más frecuentes de ERGE son la pirosis y la regurgitación, cuyo valor predictivo cuando se presentan conjuntamente es muy alto. Pero debemos estar atentos en la consulta de Atención Primaria a los síntomas de alarma, que son:
- Disfagia persistente y/o progresiva.
- Vómito persistente.
- Hemorragia gastrointestinal.
- Anemia ferropénica.
- Pérdida de peso no intencionada y/o una tumoración epigástrica palpable.

1.1.2.- Diagnóstico
El diagnóstico se basa fundamentalmente en una adecuada anamnesis y exploración física que realizaremos en la consulta de Atención Primaria. Por ello, la mayoría de los pacientes con ERGE no van a requerir, en principio, de la realización de pruebas complementarias.
Cuando la mala evolución del paciente o la presencia de síntomas de alarma hagan considerar la petición de pruebas complementarias, la primera que se debe realizar es la endoscopia digestiva alta, por lo que será necesaria la derivación al especialista en Aparato Digestivo.

1.1.3.- Tratamiento
En los pacientes con síntomas típicos leves u ocasionales el control terapéutico inicial consiste en medidas higiénico dietéticas estándar y antiácidos. Informaremos al paciente de que debe:
- Evitar comidas copiosas, ricas en grasas y alimentos que tolere mal.
- Abstención de tabaco y alcohol.
- Reducción de peso en obesos.
- Disminuir la ingestión de café, té, chocolate y zumos de cítricos.
- Elevar la cabecera de la cama 15-20 cm.
- No acostarse hasta 2 horas después de comer.
- No usar prendas ajustadas sobre el abdomen.

- Evitar fármacos que provocan reflujo como progesterona, teofilina, anticolinérgicos, diazepam, nitratos y calcioantagonistas.

La decisión de usar antagonistas H$_2$, IBP o antiácidos puede depender de la rapidez de acción del fármaco, la respuesta individual y el precio del producto.

En el caso de no conseguir la remisión de los síntomas con dichas medidas o los síntomas sean frecuentes, es de gran utilidad diagnóstica la realización de un análisis empírico con inhibidores de la bomba de protones (IBP) a dosis estándar durante 4 semanas. Han demostrado ser más eficaces que los antiH$_2$ en el control de los síntomas, en la curación de la esofagitis y en la prevención de las recurrencias. No existen diferencias clínicas significativas entre los distintos IBP a dosis estándar. En caso de fracaso terapéutico es eficaz doblar la dosis en el caso de Omeprazol y Lansoprazol.

Si el paciente en la endoscopia no presentara lesiones o presentara esofagitis grado A o B, seguiría seguimiento por Atención Primaria con tratamiento de IBP a dosis estándar. Si persistieran los síntomas, podríamos doblar la dosis durante 4-8 semanas. En el caso de la remisión de los síntomas, se intentará la retirada. Puede que, al reaparecer los síntomas tras la suspensión del tratamiento, sea necesario pautar de nuevo un IBP pero a la dosis mínima eficaz.

El papel de los procinéticos en la ERGE es limitado, siendo sus principales indicaciones en los pacientes en los que predomina la regurgitación o los que presentan reflujo nocturno a pesar de la terapia con IBP. En Atención Primaria pueden usarse la domperidona (10-20mg./8horas) o la cinitaprida (1mg/8horas).

Los pacientes que presenten esofagitis grado C o D o esófago de Barrett en la endoscopia continuarán en seguimiento por digestivo.

1.2.- OTROS TRASTORNOS ESOFÁGICOS

Dentro de estos trastornos incluiremos aquéllos que se caracterizan por presentar, como clínica principal, la disfagia.

1.2.1.- Diagnóstico

En la anamnesis debemos preguntar por antecedentes de enolismo, tabaquismo, uso de fármacos o enfermedades subyacentes que puedan producir disfagia. Se investigará el inicio frente a sólidos o líquidos, la forma de evolución y los síntomas acompañantes.

En la exploración se deben buscar lesiones estructurales locales y signos de posibles enfermedades sistémicas asociadas, realizar una valoración neurológica, así como determinar las posibles secuelas nutricionales o respiratorias de la disfagia.

La analítica puede ayudar tanto a establecer la etiología como la repercusión de la disfagia:

- Hemograma.
- Glucemia, iones y lípidos.
- Pruebas hepáticas y renales.
- Se pueden incluir TSH y otros estudios según la sospecha clínica.

La radiografía de tórax y cuello puede mostrar edema, cuerpos extraños o compresión extrínseca.

Ante la sospecha de un trastorno motor son preferibles los estudios baritados, que sirven también para descartar lesiones obstructivas previamente a la endoscopia.

1.2.2.- Tratamiento

Desde la consulta de Atención Primaria se comenzará con el establecimiento de unas medidas generales para disminuir el riesgo de aspiración y mejorar la capacidad deglutoria y el estado nutricional:

- Se aconsejarán alimentos semisólidos, que ofrecen menos problemas para su deglución.

- Evitar el alcohol, el tabaco, el café o la toma de fármacos sin líquidos.

- Existen técnicas de rehabilitación deglutoria específicas, maniobras posturales y ejercicios para fortalecer la musculatura.

- Cuando la alimentación oral no sea posible o haya un alto riesgo de aspiración, se puede optar por sonda nasogástrica o por gastrostomía percutánea.

La acalasia puede mejorar con tratamiento médico (dinitrato de isosorbide 5 mg. oral o sublingual previo a las comidas, o 20mg cada 12 horas en formas de liberación sostenida; nifedipino 10 mg oral o sublingual antes de las comidas).

En el espasmo esofágico difuso la respuesta farmacológica es menos predecible. Se pueden usar inhibidores de la bomba de protones a dosis altas ya que se puede asociar a reflujo gastroesofágico.

2.- DISPEPSIA Y HELICOBACTER PYLORI: INDICACIONES DE DIAGNÓSTICO Y ERRADICACIÓN

2.1.- DISPEPSIA

2.1.1.- Diagnóstico

La anamnesis debe recoger los antecedentes familiares y personales de enfermedades digestivas, la presencia de hábitos tóxicos y la ingestión de fármacos gastrolesivos, así como la descripción detallada de todos los síntomas actuales tanto de la esfera digestiva (dolor, plenitud postprandial, náuseas, vómitos, etc.) como extradigestiva (pérdida de peso, anorexia, etc.). Por otra parte hay que determinar la presencia de síntomas o signos de alarma que orienten al padecimiento de una enfermedad grave:

- Edad mayor de 55 años.
- Anorexia o pérdida de peso.
- Vómitos reiterados.
- Disfagia u odinofagia.
- Hemorragia digestiva.

- Ictericia.
- Masa palpable.
- Anemia.
- Uso prolongado de AINEs.
- Antecedentes de cirugía gástrica.
- Fracasos terapéuticos previos.
- Historia familiar de cáncer digestivo.

En el caso de presentar dichos síntomas de alarma, está indicada la realización de endoscopia, por lo que será necesaria la derivación al especialista en Aparato Digestivo.

2.1.2.- Tratamiento

La pauta de actuación más rentable en Atención Primaria frente al paciente con dispepsia de inicio sin signos de alarma es el tratamiento empírico con fármacos antisecretores de 2-4 semanas y reevaluación posterior. Si no hubiera respuesta clínica, lo más acertado sería investigar la presencia de Helicobacter pylori mediante métodos no invasivos (serología, test del aliento con urea C13 o antígeno en heces) y administrar tratamiento erradicador cuando el test sea positivo. Si fuera negativo, el paciente sería candidato a endoscopia por digestivo, diagnosticándolo de dispepsia funcional u orgánica según los hallazgos.

2.1.3.- Tipos de dispepsia

2.1.3.1.- Dispepsia funcional

Para el diagnóstico de dispepsia funcional se tienen que cumplir los siguientes criterios aceptados internacionalmente, al menos 12 semanas no necesariamente consecutivas y en los 12 meses precedentes:

- De forma persistente o recurrente, dolor o malestar centrado en hemiabdomen superior.
- No evidencia de enfermedad orgánica (incluyendo endoscopia digestiva alta) que puedan explicar los síntomas.
- La evidencia de que los síntomas se alivien exclusivamente con la defecación o se asocien a cambios en la frecuencia o consistencia de las deposiciones.
- No tener síntomas predominantes de reflujo gastroesofágico.

Su control terapéutico debe ser individualizado ya que desempeña un papel fundamental la adecuada relación médico-paciente. El primer paso será una explicación detallada del proceso y en convencer al paciente de que se comprende que se trata de un problema real a pesar de no evidenciar una patología orgánica. Debemos tranquilizar al paciente que suele estar preocupado por enfermedades malignas, sobre todo si existen casos en familiares directos o amigos. Habrá que informar del carácter crónico y recurrente de los síntomas y nunca hablar de curación completa ni resultados garantizados.

El manejo de la dispepsia funcional en la consulta de Atención Primaria no es sencillo por distintos motivos:

- No hay un consenso en cuanto a la estrategia terapéutica.
- El efecto placebo puede alcanzar cotas de hasta el 60% de mejoría en el primer mes, lo que dificulta la valoración objetiva del resultado de un fármaco o terapia.
- La subclasificación atendiendo a los síntomas no predice la respuesta al tratamiento, pero permite un punto de partida para iniciarlo.
- Los síntomas pueden ser variables en el tiempo dentro de un mismo paciente.
- La etiopatogenia es multifactorial, lo que dificulta un tratamiento eficaz.
- La duración y el tipo de tratamiento deben adaptarse individualmente.

Otros aspectos generales del tratamiento serán delimitar los factores desencadenantes, valorar la posibilidad de realizar tratamiento psicológico y evitar el exceso de pruebas diagnósticas. Aunque no hay evidencia que lo apoye, es sensato insistir en el cumplimiento de las medidas higiénico dietéticas:

- Evitar los alimentos que desencadenen el cuadro, el tabaco, el alcohol y los fármacos que no sean estrictamente necesarios.
- Disminuir la ingesta y producción de aire (masticar despacio, sin prisas, no tomar bebidas carbónicas ni masticar chicle).
- Comer pequeñas cantidades varias veces al día, respetar unos horarios en la medida de lo posible.
- Evitar las legumbres por sus efectos flatulentos.
- Evitar la ingesta de grasa por sus efectos inhibidores sobre la motilidad gástrica.
- Recomendar ejercicio físico moderado y control de peso.

Algoritmo terapéutico del paciente con diagnóstico de dispepsia funcional por endoscopia negativa (Figura 1).

2.1.3.2.- Dispepsia orgánica: enfermedad ulcerosa péptica

Si disponemos de un diagnóstico endoscópico reciente de úlcera duodenal, iniciaremos un tratamiento erradicador del H. pylori, consiguiéndose en la mayoría de los pacientes la desaparición de la sintomatología, la cicatrización de la úlcera, la eliminación casi completa de las recidivas ulcerosas y una disminución muy notable de las complicaciones.

Se informará al paciente sobre la patología que padece en un lenguaje comprensible, la necesidad de realizar un cumplimiento correcto del tratamiento, así como de los posibles efectos secundarios a la medicación instaurada:

- Omeprazol: cefalea, diarrea.
- Claritromicina: diarrea, disgeusia, glositis, sabor metálico.

- Metronidazol: efecto antabús si se toma alcohol, urticaria, neuropatía.

Ante un paciente con síntomas dispépticos y diagnóstico antiguo de úlcera péptica, se realizará una anamnesis y exploración física detallada para descartar síntomas y signos de alarma, pérdida de peso no intencionada, palidez de piel y mucosas, hematemesis y/o melenas e iniciaremos un tratamiento erradicador.

2.2.- HELICOBACTER PYLORI

Está indicado hacer un test para H. pylori a:

- Pacientes con enfermedad ulcerosa activa.
- Pacientes sintomáticos con historia documentada de ulcus sin tratamiento erradicador previo. En este grupo de pacientes es tan alta la asociación que puede ser más eficiente tratar sin realizar previamente test alguno.
- Reaparición de los síntomas en un paciente tratado.
- Pacientes con síndrome ulceroso.
- Individuos tratados para confirmar su curación en caso de que: exista úlcera asociada, antecedentes de ulcus y tratamiento antisecretor crónico y persistencia de síntomas dispépticos.

No está indicado hacer el test a:

- Individuos asintomáticos con historia previa de úlcera.
- Individuos consumidores crónicos de antiácidos por reflujo gastroesofágico.
- Para confirmar la curación de forma rutinaria.

Para cualquiera de los métodos (invasivos o no invasivos) utilizados para la detección del H. pylori, es importante que el paciente no haya tomado IBP, antibióticos o bismuto al menos 10 días antes de la determinación, para evitar los falsos negativos.

El test de elección para la confirmación de la erradicación es el test de urea en el aliento, que debe realizarse al menos 4 semanas después de finalizado el tratamiento erradicador.

Algoritmo terapéutico de la erradicación del H. pylori (Figura 2)

3.- CIRROSIS Y COMPLICACIONES

3.1.- DIAGNÓSTICO

Para hacer un diagnóstico de cirrosis el médico se basa en los síntomas, pruebas de laboratorio, la historia clínica del paciente y un examen físico. Es fundamental la demostración de los datos anatomopatológicos que la definen, por lo que se precisa de biopsia hepática que será realizada por el especialista en Aparato Digestivo.

Desde Atención Primaria podemos realizar un diagnóstico de cirrosis hepática ante datos analíticos sugestivos como hipoalbuminemia, hipergammaglobulinemia, leuco y trombopenia, aumento bilirrubina y alargamiento del tiempo de protrombina, en un paciente con estigmas cutáneos y datos ecográficos compatibles.

3.2.- TRATAMIENTO

El daño que produce la cirrosis en el hígado no se puede revertir, pero el tratamiento puede detener o retrasar el avance de la enfermedad y reducir las complicaciones. El tratamiento depende de la causa de la cirrosis y de las complicaciones que tenga la persona. En todos los casos, desde Atención Primaria, insistir en el seguimiento de una dieta sana y evitar el alcohol son dos medidas esenciales. La actividad física moderada puede evitar o retrasar la cirrosis.

También es necesario tratar las complicaciones:

- Ascitis y edema: el médico debe recomendar una dieta baja en sodio, reposo en decúbito, restricción de líquidos o el uso de diuréticos, monitorizándose el peso y la diuresis. Ante el primer episodio de ascitis detectado en consulta en paciente previamente asintomático, debe ser derivado al hospital para realización de paracentesis exploradora. Los pacientes que presentan una ascitis tensa o que tras recibir tratamiento médico intensivo presentan una ascitis refractaria deben ser sometidos a paracentesis evacuadora seguida de infusión de seroalbúmina para evitar el deterioro de la función renal.

- Peritonitis bacteriana espontánea: requiere siempre de derivación al medio hospitalario. Se prescriben antibióticos (quinolonas y trimetoprim-sulfametoxazol) como profilaxis para las recidivas.

- Hipertensión portal.

- Hemorragia digestiva: para la prevención del primer episodio de sangrado han demostrado ser efectivos los betabloqueantes (propanolol 20-40mg/12horas o nadolol 40mg/día). Requiere de derivación al hospital.

- Encefalopatía hepática: sospecharla ante la aparición de los siguientes síntomas: descuido del aspecto personal, indiferencia, pérdida de memoria, dificultad para concentrarse y cambios en los hábitos de sueño. Debemos corregir los factores precipitantes, la restricción proteica y la administración de laxantes.

- Ictericia.

- Prurito: se pueden prescribir fármacos que alivien el prurito provocado por el depósito de la bilis en la piel.

- Cálculos biliares.

- Resistencia a la insulina y diabetes tipo 2.

- Hepatocarcinoma.

El seguimiento del paciente en la fase compensada puede ser asumido por el médico de familia y debe incluir la realización semestral de analítica con hemograma, bioquímica y estudio de coagulación, así como una ecografía abdominal con carácter anual.

4.- HIPERTRANSAMINASEMIA ASINTOMÁTICA Y HEPATOPATÍAS CRÓNICAS

4.1.- HIPERTRANSAMINASEMIA ASINTOMÁTICA

La elevación de las transaminasas tiene un valor impredecible ya que un mismo valor puede corresponder a una variación de la normalidad o ser la primera evidencia de una enfermedad mortal. No obstante, existen unos rangos de valores que nos pueden orientar sobre la etiología.

Es conveniente desde el punto de vista práctico, diferenciar las elevaciones superiores a 10 veces los valores normales, que suelen ser sinónimos de hepatitis aguda (viral, alcohólica o tóxica) y se acompañan en mayor o menor medida de síntomas de afectación hepática (astenia, ictericia, coluria, dolor en hipocondrio derecho), de los incrementos inferiores, generalmente persistentes, en los que los pacientes suelen estar asintomáticos y que son los más frecuentes, con gran diferencia en la consulta del medico de familia.

Cuando en la analítica de un paciente detectamos por primera vez elevación de transaminasas debemos realizar una historia clínica completa centrándonos en antecedentes familiares de hepatopatía crónica (enfermedad de Wilson) y en antecedentes personales como trasfusiones, consumo de drogas por vía parenteral, viajes a áreas endémicas, contacto con hepatitis, manipulaciones dentales, prácticas sexuales de riesgo (hepatitis vírica), consumo de alcohol, exposición a tóxicos, obesidad, hiperlipidemia, diabetes, insuficiencia cardiaca congestiva, neoplasias, o síndromes mieloproliferativos.

A la hora de la exploración física, se deben buscar signos como:

- Ictericia.
- Estigmas cutáneos de hepatopatía crónica.
- Anillos de Kayser-Fleischer.
- Hepatomegalia.
- Esplenomegalia.
- Ascitis y edemas.
- Xantomas y xantelasmas.
- Soplo en HCD.
- Focalidad neurológica.
- Asterixis.
- Señales de rascado.
- Hematomas.

La anamnesis inicial de todo paciente con elevación persistente de las transaminasas debe ir dirigida a descartar la ingestión de fármacos o de consumo excesivo de alcohol. En caso positivo, la normalización analítica tras la retirada de aquellos confirma el diagnóstico. En caso contrario, se debe realizar la determinación de anticuerpos frente a los virus de la hepatitis B y C. La solicitud de las restantes pruebas, aun cuando estén disponibles, debe quedar supeditada a la negatividad de los test serológicos y nunca realizarse inicialmente. Estas pruebas consisten en la determinación de:

- Ceruloplasmina sérica.
- Anticuerpos antinucleares (ANA).
- Anticuerpos antimitocondriales (AMA).
- Alfa1-antitripsina.
- Anticuerpos antiendomisio y antigliadina.
- Hierro, ferritina y saturación de transferrina.
- TSH.
- CPK.
- Proteinograma sérico.

Solicitaremos ecografía abdominal tras descartar hepatopatías virales y cuando el paciente presente obesidad, dislipemia o diabetes, por la alta prevalencia de infiltración grasa del hígado y esteatohepatitis secundaria en estos casos.

A pesar de ser la etiología más prevalente, el diagnóstico de esteatohepatitis no alcohólica se realiza por exclusión una vez que el resto de las pruebas son negativas. Si se tiene en cuenta que la esteatohepatitis no alcohólica es un trastorno generalmente benigno, que las restantes causas son muy poco frecuentes y que apenas existen tratamientos de los que se puedan beneficiar los pacientes, en los casos en que la probabilidad de esteatosis hepática sea elevada (presencia de obesidad, hipercolesterolemia o diabetes) puede ser razonable no efectuar un estudio etiológico exhaustivo, controlando al paciente de forma periódica mediante analítica y ecografía.

4.2.- HEPATITIS VIRALES

La consejería de salud de la Junta de Andalucía editó en el año 2003 el proceso asistencial integrado de hepatitis víricas que ha servido como guía para la elaboración de las directrices a seguir desde Atención Primaria en el manejo de las hepatitis virales por los médicos de familia.

Dentro del papel del médico de familia, además del manejo diagnóstico-terapéutico de las hepatitis virales, se deberían incluir los siguientes puntos:

- Notificación del caso según lo estipulado en el Sistema de Vigilancia Epidemiológica.
- Información y educación para la salud sobre los mecanismos de contagio y prevención de las hepatitis víricas.
- Iniciar estudio de contactos ofertando serología a convivientes y pareja/s sexual/es.
- Profilaxis a convivientes y parejas según las recomendaciones.

4.2.1.- HEPATITIS B

4.2.1.1.- Información y educación para la salud sobre mecanismos de contagio y prevención

- En caso de drogodependencia, no compartir jamás jeringuillas y otros útiles.
- No manipular material contaminado con sangre y derivados.
- Métodos de barrera en las relaciones sexuales y vacunación de la pareja estable.
- No compartir útiles de aseo, como maquinillas de afeitar, cepillos de dientes y otros.
- No compartir material de tatuajes, piercings, acupuntura y útiles cortantes en general.
- La lactancia materna se permite si el niño ha sido vacunado.

4.2.1.2.- Criterios de derivación al Especialista de Aparato Digestivo

- La Hepatitis aguda B no se deriva, salvo criterios de mal pronóstico que son: actividad de protrombina inferior al 70% (INR superior a 1,5), o presencia de signos de encefalopatía hepática.
- Hepatitis crónica B se deriva siempre para la valoración e indicación de tratamiento específico, incluso aquellos casos en los que no está indicado dicho tratamiento.

4.2.1.3.- Indicaciones de profilaxis de la hepatitis B

• **Inmunoprofilaxis pasiva (gammaglobulina hiperinmune)**

La indicación de la inmunoglobulina específica VHB queda restringida a la profilaxis post-exposición de:
- Recién nacidos de madres portadoras del VHB.
- Inoculaciones accidentales con material positivo al VHB.
- Contacto sexual con portadores del VHB.

La administración será lo más precoz posible tras la eventual exposición al VHB y se iniciará la pauta vacunal antihepatitis B.

• **Inmunoprofilaxis activa (vacuna)**

Se realiza la vacunación universal de los recién nacidos (incluida en el calendario vacunal del primer año de vida) y la vacunación universal en los adolescentes no vacunados previamente.

La vacunación selectiva está dirigida especialmente a grupos de población con mayor riesgo de padecer infección:
- Convivientes y contactos sexuales de portadores de HBsAg.
- Recién nacidos de madres portadoras de HBsAg.
- Usuarios de drogas por vía parenteral.
- Actividad laboral con riesgo de contagio como funcionarios de prisiones, policías, personal de limpieza, etc.
- Personal de servicios sanitarios.
- Personas sometidas a hemodiálisis y receptores de hemoderivados.
- Personas internadas en instituciones cerradas.
- Personas con contactos sexuales múltiples o con pareja desconocida.

- Personas que viajan a países endémicos más de 6 meses o si preveen tener relaciones sexuales.
- Personas que comercian con el sexo.
- Pacientes con hepatitis crónica C.

Es recomendable determinar marcadores prevacunales (HBsAg, AntiHBs) para localizar la infección en personas que se hallan en situación de riesgo. No así para la población general.

4.2.1.4.- Cribado de infección por VHB
- Personas con riesgo de infección por VHB (citadas en apartado anterior).
- Inmigrantes procedentes de zonas con alta endemicidad: África subsahariana y Asia.
- Gestantes: en el primer trimestre en gestantes con factores de riesgo de contraer la enfermedad y en todas las gestantes en el tercer trimestre.

4.2.2.- HEPATITIS C

4.2.2.1.- Información y educación para la salud sobre mecanismos de contagio y prevención
- En caso de drogodependencia, no compartir jamás jeringuillas y otros útiles.
- No manipular material contaminado con sangre y derivados.
- Debido a la baja contagiosidad de la vía sexual (0-4% según las series), no es necesario el uso de métodos barrera en las parejas estables, tan sólo durante el periodo menstrual.
- No compartir útiles de aseo (maquinillas de afeitar u otros).
- No compartir material de tatuajes, piercings, acupuntura y útiles cortantes en general.
- La lactancia materna está permitida.

4.2.2.2.- Criterios de derivación al Especialista de Aparato Digestivo
- Los pacientes con hepatitis crónica C, al igual que en la hepatitis crónica B, se derivan siempre para la valoración e indicación de tratamiento específico, incluso aquellos casos en los que no está indicado dicho tratamiento.

4.2.2.3.- Profilaxis virus hepatitis C
No se dispone de profilaxis para el virus de la hepatitis C por lo que las medidas de prevención deben basarse en la difusión de una educación sanitaria especialmente dirigida al conocimiento de los mecanismos de transmisión.

En ambos casos (hepatitis B o C), la derivación al especialista de Aparato Digestivo se realizará aportando los siguientes datos:
- *Anamnesis:* debería incluir antecedentes de etilismo, ingesta de medicamentos, encuesta epidemiológica sobre un posible contagio reciente o remoto por el virus de la hepatitis, antecedentes de dolor en hipocondrio

derecho, fiebre no filiada, ictericia, coluria, acolia, y otros signos/síntomas relacionados con la hepatitis.

- *Exploración física*: descartar la presencia de hepatomegalia, ictericia o subictericia, signos de hepatopatía crónica, hipertensión portal y signos de encefalopatía hepática.
- *Pruebas complementarias*: hemograma y bioquímica que deben incluir necesariamente ALT, AST, GGT, bilirrubina total y fraccionada, fosfatasa alcalina, actividad de protrombina o INR, serología antiVHA-IgM, antiHBc-IgM, HBsAg, antiVHC, HBeAg y AntiHBe, y ecografía hepatobiliar (en algunos distritos sanitarios no es posible solicitarla a nivel de Atención Primaria por no considerarse la hepatopatía viral un criterio para la realización de dicha prueba).

4.3.- HEPATOPATÍAS CRÓNICAS NO VÍRICAS

4.3.1.- Hepatopatía alcohólica

Ante la sospecha clínica de excesiva ingesta de alcohol en un paciente que acude a la consulta de Atención Primaria, debemos interrogarle sobre la cantidad que consume al día y desde cuando. Esta tarea es difícil ya que el paciente minimiza o esconde la ingestión real de alcohol.

Aparte de la exploración física, donde podremos hallar hepatomegalia, malestar general o ictericia, solicitaremos analítica incluyendo hemograma, coagulación y transaminasas. Es característico encontrar elevación VCM en alcohólicos activos y el cociente GOT/GPT superior a 1. Signos de gravedad serían descenso del tiempo de protrombina, hipoalbuminemia e hipogammaglobulinemia.

Además solicitaremos ecografía abdominal para ver el tipo de afectación hepática: esteatosis, hepatopatía crónica o cirrosis, y requerirá del seguimiento por digestivo, más o menos continuado, según dicha afectación. Desde Atención Primaria debemos hacer hincapié en la abstinencia del alcohol ya que es la medida terapéutica fundamental y condiciona el pronóstico de la hepatopatía. Es necesario un aporte nutricional y vitamínico correcto.

4.3.2.- Hemocromatosis

En la práctica habitual la determinación combinada de la saturación de transferrina (valores superiores al 45% en mujeres premenopáusicas y >55% en hombres o mujeres postmenopáusicas son bastante sensibles, aunque poco específicos) y de los niveles séricos de ferritina (350-500 mgr/l, útil a su vez para la monitorización del hierro) constituye el método más sencillo y adecuado de detección selectiva de la hemocromatosis, incluida la fase precirrótica. Si se observa alteración en estas pruebas debe valorarse la realización del test para la detección de la mutación del cromosoma 6 y la biopsia hepática, para lo que será necesaria la derivación al especialista en Aparato Digestivo. Este test debe realizarse también a los familiares en primer grado de pacientes con C282Y homocigotos o C282Y/H63D heterocigotos.

El tratamiento de elección es la sangría periódica mediante flebotomía que puede realizarse en cualquier consulta médica. Es preciso informar al paciente de que debe:

- Mantener una buena hidratación antes y después de la sangría.
- Tener en cuenta el ortostatismo que pueda producirse a continuación.
- Aumentar la ingesta de proteínas, ácido fólico y vitamina B12.
- Restringir la ingesta de hierro.
- Abstenerse totalmente de tomar alcohol.
- Mantener una ingesta normal de alimentos con vitamina C y evitar suplementos.

5.- RECTORRAGIA Y PATOLOGIA ANORECTAL

Esta sección está estructurada en forma de recomendaciones para la actuación en Atención Primaria con respecto al tema de Rectorragia y Patología anorrectal.

Para la realización de este apartado se han seguido las recomendaciones de la Guía de Práctica Clínica sobre el manejo del paciente con rectorragia en Atención Primaria elaborada con la colaboración de la Sociedad Española de Medicina Familiar y Comunitaria, el Centro Cochrane Iberoamericano y la Asociación Española de Gastroenterología.

Dentro de los recursos disponibles en algunos distritos sanitarios está la posibilidad de realizar una consulta de acto único, es decir, valoración por parte del especialista en Aparato Digestivo con realización de pruebas complementarias dentro de la primera valoración (analítica, radiografía simple, ecografía abdominal, colonoscopia o gastroscopia). Dentro de los posibles procesos incluidos en este apartado estarían: rectorragia, síndrome hemorroidal y patología anal.

En caso de sospecha de cáncer colorrectal, se puede solicitar la realización de una colonoscopia desde Atención Primaria si el paciente cumple alguno de los siguientes criterios:

- Tacto rectal positivo
- Rectorragia persistente en mayores de 60 años
- Alteración del hábito intestinal mayor de 6 semanas en mayores de 60 años
- Rectorragia con alteración del hábito intestinal
- Masa palpable en fosa iliaca derecha
- Anemia inexplicable con hemoglobina menor a 11 gr./dl. en varones y anemia inexplicable con hemoglobina menor de 10 gr./dl. en mujer postmenopáusica.

Paciente con rectorragia e historia personal y/o familiar de cáncer de colon

-Con independencia de la edad, se debe realizar una colonoscopia y/o derivar al especialista en Aparato Digestivo a los pacientes que presenten alguna de las siguientes características:

- Historia familiar de cáncer colorrectal o pólipos en un familiar de primer grado (padres, hermanos e hijos) menor de 60 años o en dos familiares de primer grado de cualquier edad.
- Historia familiar de síndromes de cáncer colorrectal hereditario (poliposis adenomatosa familiar y cáncer colorrectal hereditario no polipoide)
- Historia personal de cáncer colorrectal.
- Historia personal de pólipos adenomatosos.
- Historia personal de enfermedad intestinal inflamatoria crónica.

-Una vez descartada la gravedad de la rectorragia, con independencia de la edad, se debe realizar una exploración del abdomen, la región anal y un tacto rectal. En la inspección anal se ha de valorar la existencia de lesiones perianales, fístulas, fisuras, abscesos, hemorroides externas y/o procesos prolapsantes. En el tacto rectal, así como en la palpación abdominal, se debe de valorar la presencia de masas.

Paciente con rectorragia y edad menor de 50 años

-En el caso de encontrar alguna alteración en la exploración (síndrome constitucional, palidez cutáneo-mucosa y/o masas abdominales, masas rectales, visceromegalias), y dependiendo de las circunstancias clínicas, debe realizarse un estudio urgente y/o derivar al paciente al especialista en Aparato Digestivo.

- Todo paciente con rectorragia debe ser evaluado mediante una cuidadosa inspección anal y un tacto rectal.

- En la inspección anorrectal, lo primero que debemos descartar o confirmar es la presencia de hemorroides y/o fisura anal.

- Si a pesar del tratamiento correspondiente la rectorragia no cesa en las siguientes 2 a 4 semanas, y es obvio que ésta continúa siendo producida por las hemorroides y/o la fisura anal (sangrado espontáneo o provocado por el roce del dedo, hemorroides trombosadas y/o coágulos sobre las hemorroides), derivar al paciente al cirujano o al especialista en Aparato Digestivo.

- Si no se observa la presencia de hemorroides y/o fisura anal, ni de ninguna otra lesión aparente, debe realizarse una anuscopia o derivar al paciente al especialista para su realización.

Paciente con rectorragia y edad mayor de 50 años

- Si la anamnesis y la exploración física no revelan ninguna alteración relevante, hay que interrogar con detalle acerca de las características del sangrado.

- Si la rectorragia no se manifiesta como sangre al limpiarse o mínimas gotas de sangre al final de la deposición con quemazón, picor y/o dolor anal, se debe solicitar una colonoscopia o derivar al especialista.

- Si la rectorragia se manifiesta sólo como sangre al limpiarse o mínimas gotas de sangre al final de la deposición con quemazón, picor y/o dolor anal, debe procederse a la exploración anorrectal.

- Si a pesar del tratamiento la rectorragia no cesa en las siguientes 2 a 4 semanas y es obvio que la hemorragia continúa siendo producida por las hemorroides y/o la fisura anal, derivar al paciente al cirujano o al especialista en Aparato Digestivo.

- Si existen dudas acerca de que la rectorragia persistente provenga de la lesión anal (hemorroides y/o fisura), solicitar una colonoscopia y/o derivar al especialista.

- Si no se observa la presencia de hemorroides y/o fisura anal ni de ninguna otra lesión aparente, realizar una anuscopia o derivar al especialista para su realización.

BIBLIOGRAFÍA

1. Barajas Gutiérrez MA, Herrera Municio P. Patología digestiva. Martín Zurro A, Cano Pérez JF. Atención Primaria: conceptos, organización y práctica clínica; 2003; II (58): 1343-1351, 1363-1367.

2. Grupo de trabajo SEMFYC. IV Curso de perfeccionamiento para médicos de familia. Hinojal Jiménez J, Malo Manso A, García López P. Enfermedades del aparato digestivo I; 2007: 5-15.

3. Grupo de trabajo SEMFYC. IV Curso de perfeccionamiento para médicos de familia. Marmesat Guerrero F, Hinojal Jiménez J, García López P. Enfermedades del aparato digestivo II; 2007: 43-72.

4. **Tarrazo Suárez JA. Guía de Práctica Clínica sobre ERGE. Guías para la consulta de Atención Primaria; 2008, 8 (53). Disponible en: www.fisterra.es**

5. Grupo de trabajo de la guía de práctica clínica sobre ERGE. Manejo del paciente con enfermedad por reflujo gastroesofágico (ERGE). Guía de Práctica Clínica. Actualización 2007. Asociación Española de Gastroenterología, Sociedad Española de Medicina de Familia y Comunitaria y Centro Cochrane Iberoamericano; 2007. Programa de Elaboración de Guías de Práctica Clínica en Enfermedades Digestivas, desde la Atención Primaria a la Especializada: 1 . Disponible en: http://www.guiasgastro.net/

6. **Grupo MBE Galicia. Guía de Práctica Clínica sobre Helicobacter pylori. Guías para la consulta de Atención Primaria; 2008. Disponible en: www.fisterra.es**

7. Grupo de trabajo de la guía de práctica clínica sobre dispepsia. Manejo del paciente con dispepsia. Guía de práctica clínica. [Internet] Barcelona: Asociación Española de Gastroenterología, Sociedad Española de Medicina de Familia y Comunitaria, y Centro Cochrane Iberoamericano; 2003. Programa de elaboración de guías de práctica clínica en enfermedades digestivas, desde la Atención Primaria a la Especializada: 3. [Acceso 12-6-04]. Disponible en: http://www.guiasgastro.net/cgi-bin/wdbcgi.exe/gastro/guia_completa.portada?pident=3

8. **Romero Frais MJ. Guía de Práctica Clínica sobre elevación de transaminasas. Guías para la consulta de Atención Primaria; 2001, 1(42). SERGAS. Disponible en: www.fisterra.es**

9. Proceso asistencial sobre dispepsia elaborado por el Servicio Andaluz de Salud.

10. Guías de práctica clínica sobre cirrosis hepática, hemocromatosis y hepatopatía alcohólica: National Institute of Diabetes and Digestive and Kidney Diseases, National Institutes of Health. Disponible en: www.medline.com

11. **Grupo MBE Galicia. Guía de Práctica Clínica sobre hemocromatosis. Guías para la consulta de Atención Primaria; 2008, 8 (43). Disponible en: <u>www.fisterra.es</u>**

12. **Proceso Asistencial Integrado Hepatitis Víricas. Consejería de salud de la Junta de Andalucía. Sevilla. 2003.**

13. Actualización PAPPS 2005. Aten Primaria 2005;36

14. Grupo de trabajo de la guía de práctica clínica sobre rectorragia. Manejo del paciente con rectorragia. Guía de Práctica Clínica. Actualización 2007. Asociación Española de Gastroenterología, Sociedad Española de Medicina de Familia y Comunitaria y Centro Cochrane Iberoamericano; 2007. Programa de Elaboración de Guías de Práctica Clínica en Enfermedades Digestivas, desde la Atención Primaria a la Especializada: 2.

ÍNDICE DE ALGORITMOS, FIGURAS Y TABLAS

A

F

T

294